全国高职高专机电类专业规划教材

机械设计基础

主　编　张志光　沈丽虹　冉书明
副主编　尹盛莲　杨文杰　张雪娜
主　审　李自鹏

黄河水利出版社
·郑州·

内 容 提 要

本书是全国高职高专机电类专业规划教材，是根据教育部对高职高专教育的教学基本要求及中国水利教育协会职业技术教育分会高等职业教育教学研究会组织制定的机械设计基础课程标准编写完成的。全书共分为12个模块，主要内容包括平面机构运动简图、平面连杆机构、凸轮机构、齿轮机构、齿轮传动、蜗杆传动、带传动、链传动、联接、轴承、轴和轮系等，每个模块设有模块导入、学习内容、拓展提高、小结、习题与训练题，在每个模块中还增设了思考题。本书配套教材《机械设计实训指导》（尹盛莲、杨文杰主编，黄河水利出版社）与本书同时出版。

本书可作为高等职业技术学院、高等专科学校、成人高校等机械、机电及近机类专业的教学用书，也可供社会职业教育培训使用，还可作为各级各类学校相关专业师生的教学参考书。

图书在版编目(CIP)数据

机械设计基础/张志光，沈丽虹，冉书明主编.—郑州：黄河水利出版社，2016.8（2021.8 修订重印）
全国高职高专机电类专业规划教材
ISBN 978-7-5509-1443-8

Ⅰ.①机… Ⅱ.①张… ②沈… ③冉… Ⅲ.①机械设计-高等职业教育-教材 Ⅳ.①TH122

中国版本图书馆CIP数据核字(2016)第189179号

组稿编辑：王路平 电话：0371-66022212 E-mail：hhslwlp@163.com

出 版 社：黄河水利出版社 网址：www.yrcp.com
地址：河南省郑州市顺河路黄委会综合楼14层 邮政编码：450003
发行单位：黄河水利出版社
发行部电话：0371-66026940、66020550、66028024、66022620（传真）
E-mail：hhslcbs@126.com
承印单位：河南匠之心印刷有限公司
开本：787 mm×1 092 mm 1/16
印张：15.5
字数：360千字 印数：4 101—7 000
版次：2016年8月第1版 印次：2021年8月第1次印刷

定价：35.00元

前 言

本书是贯彻落实《国家中长期教育改革和发展规划纲要(2010~2020年)》、《国务院关于加快发展现代职业教育的决定》(国发〔2014〕19号)、《现代职业教育体系建设规划(2014~2020年)》等文件精神,在中国水利教育协会指导下,由中国水利教育协会职业技术教育分会高等职业教育教学研究会组织编写的机电类专业规划教材。该套教材以学生能力培养为主线,体现了实用性、实践性、创新性的教材特色,是一套理论联系实际、教学面向生产的高职教育精品规划教材。

为了不断提高教材质量,编者于2021年8月根据近年来在教学实践中发现的问题和错误,对本书进行全面的修订和完善。

本书突出高等职业技术教育的特点,确定机械设计基础的教学目标是使学生掌握机械装置的基本知识和原理,熟悉常用机构和机械零件的工作特性,培养学生设计常用机构、通用零件和一般机械装置的能力。

全书共设12个模块,即平面机构的运动简图、平面连杆机构、凸轮机构、齿轮机构、齿轮传动、蜗杆传动、带传动、链传动、联接、轴承、轴和轮系等,教材内容彰显职业教育的特色。各模块开篇有"模块导入",模块中有"思考题",模块结束有"拓展提高"等,以加强学生理论与实践的结合能力。教材在编写过程中采用了最新的国家标准,力求体现机械学科的前沿性。

本书编写人员及编写分工如下:山东水利职业学院张志光编写模块一、模块二、模块十二;山西水利职业技术学院沈丽虹编写模块三、模块四;重庆水利电力职业技术学院冉书明编写模块五、模块六;山东水利职业学院尹盛莲编写模块七及附录;安徽水利水电职业技术学院杨文杰编写模块八;沧州职业技术学院张雪娜编写模块九;山东水利职业学院张立文编写模块十;山东水利职业学院国磊、刘深编写模块十一。本书由张志光、沈丽虹和冉书明担任主编,由张志光负责全书统稿;由尹盛莲、杨文杰、张雪娜担任副主编;由黄河水利职业技术学院李自鹏担任主审。

本教材在编写过程中,得到了有关企业专家和技术人员的大力支持,中国五征集团有限公司汽车设计院徐万东工程师、莱芜钢铁集团有限公司崔文杰副总经理对教材编写提出了许多宝贵的建议。在此,特向他们表示衷心的感谢!

本书的编写参阅了一些国内外出版的同类书籍,在此特向有关作者表示衷心的感谢!

限于编者的水平,书中不妥之处在所难免,恳请有关专家、同行、读者批评斧正。

编 者

2021年8月

目 录

绪　论

机械是人类在长期的生产实践中创造出来的重要生产工具。它主要用来增加生产数量、提高劳动生产率。机械不仅可以完成人类用双手和双目直接完成和不能直接完成的工作,而且完成得更快、更好。机械在人类的生产活动中历来都担负着十分重要的角色,是现代社会进步的基础。现代机械创造出越来越精巧和越来越复杂的机械和机械装置,使过去的许多梦想变成现实。未来机械产品的研制将以降低资源消耗,发展洁净的再生能源,治理、减轻以至消除环境污染作为低碳经济的目标任务。

一、机械及其组成

(一)机械

机械原指“巧妙的设计”,是机器和机构的统称。

在生产实践和日常生活中,人们广泛使用和接触着各种机械,例如自行车、汽车、洗衣机、机床等。机械的种类繁多,形式各不相同,却有一些共同的特征,就其组成而言,一部完整的机械主要有以下四个部分(见图0-1):

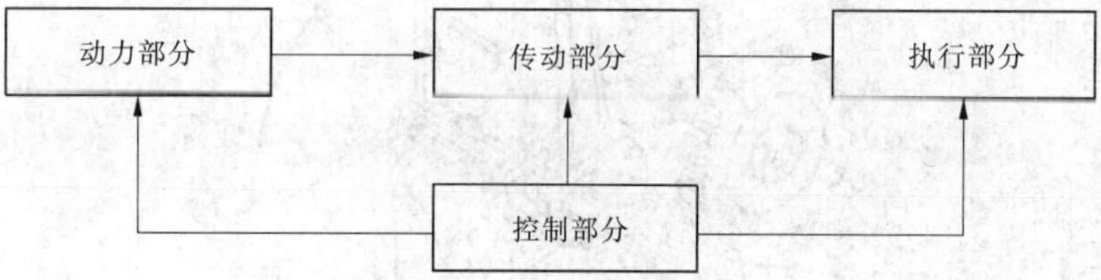

图0-1　机械的组成

(1)动力部分。其是机械的动力来源,其作用是把其他形式的能转变为机械能以驱动机械运动并做功,如电动机、内燃机等。

(2)传动部分。其是将动力部分的运动和能量传递给执行部分的中间环节,它可以改变运动速度、转换运动形式,以满足工作部分的各种要求,如减速器将高速转动转变为低速转动,螺旋机构将旋转运动转换成直线运动等。

(3)执行部分。其是直接完成机械预定功能的部分,如机床的主轴和刀架、起重机的吊钩等。

(4)控制部分。其是用来控制机械的其他部分,使操作者能随时实现或停止各项功能,如机器的开停、运动速度和方向的改变等,这一部分通常包括机械和电子控制系统。

机械的组成不是一成不变的,有些简单机械不一定完整具有上述四个部分,有的甚至只有动力部分和执行部分,如水泵、砂轮机等,而对于较复杂的机械,除具有上述四个部分外,还有润滑、照明装置等。

机械的种类繁多，按不同条件分类不同，如按功能可分为动力机械、物料搬运机械、粉碎机械等；按服务的产业可分为农业机械、水利机械、矿山机械、纺织机械等；按工作原理可分为热力机械、流体机械、仿生机械等。

(二)机器和机构

任何机器都是由许多零部件组成的，如图0-2所示为单缸四冲程内燃机，它由齿轮1和2、凸轮3、排气阀4、进气阀5、气缸缸体6、活塞7、连杆8、曲轴9组成。可见，机器是由零件组成的执行机械运动的装置。当燃气推动活塞作直线往复运动时，经连杆使曲轴作连续转动。凸轮和顶杆是用来开启和关闭进气阀和排气阀的。在曲轴和凸轮轴之间两个齿轮的齿数比为1∶2，曲轴转两周时，进排气阀各启闭一次。这样就把活塞的直线运动转变为曲轴的转动，将燃气的热能转换为曲轴转动的机械能。这里包含了由气缸、活塞、连杆、曲轴组成的曲柄滑块机构，由凸轮、顶杆、机架组成的凸轮机构，由齿轮和机架组成的齿轮机构。

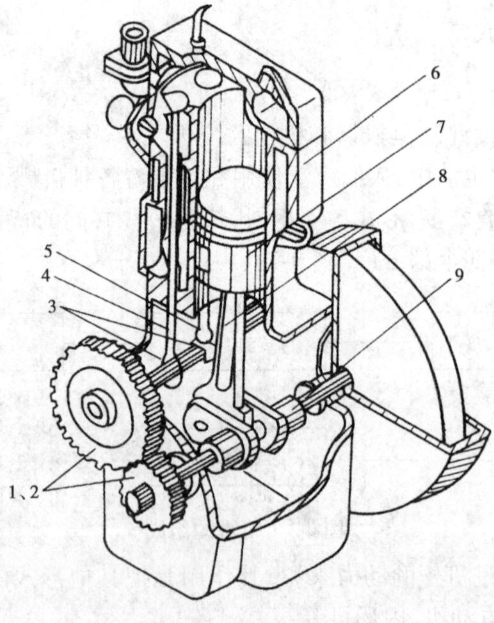

1、2—齿轮；3—凸轮；4—排气阀；5—进气阀；
6—气缸缸体；7—活塞；8—连杆；9—曲轴

图0-2　单缸四冲程内燃机结构示意图

各种机器尽管有着不同的形式、构造和用途，然而都具有下列三个共同特征：

(1)机器是人为的多种实体的组合。

(2)各部分之间具有确定的相对运动。

(3)能完成有效的机械功或变换机械能。

综上所述，机器是由一个或几个机构组成的，机构仅具备机器的前两个特征，它被用来传递运动或变换运动形式。机构是指两个或两个以上的构件通过活动联接以实现规定运动的构件组合。若单纯从结构和运动的观点看，机器和机构并无区别。

(三)构件和零件

组成机构的各个相对运动部分称为构件。构件可以是单一的整体(如活塞),也可以是多个零件组成的刚性结构,如曲轴9和齿轮1作为一个整体转动,它们构成一个构件,但在加工时是两个不同的零件。零件则是组成机械和机器不可分拆的单个制件。由此可知,构件是运动的基本单元,而零件是制造的基本单元。

二、机械设计的基本要求和一般程序

设计是机械产品研制的第一步,设计的好坏直接关系到产品的质量、性能和经济效益。机械设计就是从使用要求出发,对机械的工作原理、结构、运动形式、力和能量的传递方式,各个零件的材料、尺寸和形状,以及使用维护等问题进行构思、分析和决策的创造性过程。本课程主要讨论常用机械传动装置和通用零部件的设计。

(一)机械零件的主要失效形式和设计准则

机械零件不能正常工作或达不到设计要求时,称该零件失效。零件失效与破坏是两个概念,失效并不一定意味着破坏,如用塑性材料制造的零件,工作时虽未断裂,但由于其过度变形而影响其他零件的正常工作也是失效;齿轮由于齿面发生点蚀丧失了工作精度,带传动由于摩擦力不足而发生打滑等都是失效。

机械零件的常见失效形式有:工作表面失效(如磨损、疲劳点蚀、表面压馈、胶合等);断裂或过大的塑性变形;发生强烈的振动以及破坏正常工作条件引起的失效(如联接松动、摩擦表面打滑等)。

机械零件虽然有多种可能的失效形式,但归纳起来主要是强度、刚度、耐磨性和振动稳定性几个方面的问题。设计机械零件时,保证零件在规定期限内不发生失效所依据的原则,称为设计准则。主要有强度准则、刚度准则、寿命准则、振动稳定性准则和可靠性准则等,其中强度准则是设计机械零件首先要满足的一个基本要求。为保证零件工作时有足够的强度,设计计算时应使其危险截面或工作表面的最大工作应力不超过零件的许用应力,即

$$\sigma \leqslant [\sigma]; \quad \tau \leqslant [\tau] \tag{0-1}$$

(二)机械设计应满足的基本要求

机械的性能和质量在很大程度上取决于设计的质量,而机械的制造过程实质上就是要实现设计所规定的性能和质量。机械设计作为机械产品开发研制的一个重要环节,不仅决定着产品的性能好坏,而且决定着产品质量的高低。设计和选用机械零件时,必须满足以下从机械整体出发对其提出的基本要求:

(1)功能性。设计的机械零件应在规定条件下,规定的寿命期限内,有效地实现预期的全部职能。

(2)经济性。在市场经济环境下,经济性要求贯穿于机械设计全过程,应当合理选用原材料,确定适当的精度要求,减少设计和制造的周期。

(3)工艺性。指在一定的生产条件下,采用合理的结构,便于制造、装配和维护,尽可能采用标准零部件。

(4)其他方面。牢固树立安全意识,满足安全性的要求。另外,环保、舒适、美学等方

面的要求,设计者也必须予以考虑。

(三)机械零件设计的一般步骤

机械设计没有一成不变的固定程序,常因具体条件不同而异,但一般设计步骤如下:

(1)根据零件在机械中的地位和作用,选择零件的类型和结构。

(2)分析零件的载荷性质,拟定零件的计算简图,计算作用在零件上的载荷。

(3)根据零件的工作条件及对零件的特殊要求,选择适当的材料。

(4)分析零件可能出现的失效形式,决定设计准则和许用应力。

(5)确定零件的主要几何尺寸,综合考虑零件的材料、受载,以及加工装配工艺和经济性等因素,参照有关标准、技术规范以及经验公式,确定全部结构尺寸。

(6)绘制零件工作图并确定公差和技术要求。

在一般机械中,只有部分主要零件是通过计算确定其尺寸,而许多零件则根据结构工艺的要求,采用经验数据或参照规范进行设计,或使用标准件。

三、本课程的研究任务与基本要求

(一)本课程的研究任务

机械设计基础是一门机械类及近机类专业的一门重要的技术基础课,研究的是各类机械的共性的基础知识,目的是培养学生具有一定设计能力。它主要是在金属工艺学、机械制图与 AutoCAD、工程力学等课程之后,将相关理论和实际相结合来探讨机械内部基本规律的基础性课程。

本课程主要阐述机械设计的一般原则和应满足的基本要求,机械零件的一般设计准则和工作能力,常用工程材料等;常用的机械传动以及通用的联接零件,轴系零件的工作原理、特点和基本设计方法(或选用原则)。

(二)本课程的基本要求

通过本课程的学习,应达到的基本要求是:

(1)掌握机构的结构原理、运动特性,初步具备确定机械运动方案、分析和设计基本机构的能力。

(2)掌握通用机械零件的工作原理、特点、选用和设计计算的基本知识,具备设计一般简单机械的能力。

(3)具备运用标准、规范、手册、图册等有关技术资料的能力。

模块一　平面机构的运动简图

【模块导入】

机构是机器的主要组成部分。机构由哪些部分组成？机构在什么条件下才能具有确定的运动？在这个模块中我们将一一进行讨论。为了分析旧机器、设计新机器，都需要将具体的机器抽象成简单的运动学模型，绘制出机构的运动简图。如图 1-1 所示，先将内燃机的实物图（见图 1-1（a））转变为气缸的结构简图（见图 1-1（b）），再抽象为简单的运动简图（见图 1-1（c））。

机构运动简图可用于机构的运动分析和动力分析，而且机械设计之初也首先是设计机器的机构运动简图，所以对机构运动简图的绘制显得十分重要，能正确阅读和绘制机构运动简图是机械类专业人员的基本技能。绘制时只要搞清运动传递路线、分析构件数、运动副以及运动副所在的位置，就不难将其机构运动简图正确地绘制出来。

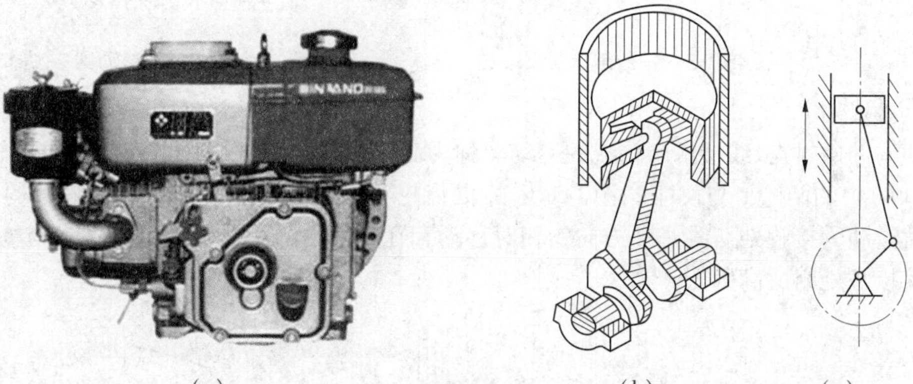

（a）　（b）　（c）

图 1-1　内燃机机构分析

一、平面构件的自由度

一个做平面运动的自由构件有三个独立运动的可能性。如图 1-2 所示，在 xOy 坐标系中，构件 A 可随其上任一点沿 x 轴、y 轴方向移动，也可在 xOy 平面（绕垂直于 xOy 平面的轴线 z）转动，这三个独立的运动称为该构件的自由度。

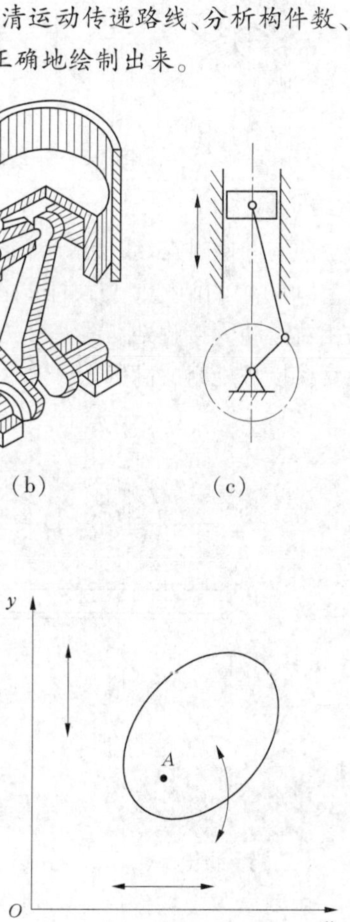

图 1-2　构件的约束

（一）运动副

两构件只能在同一平面做相对运动的运动副称为平面运动副。构成运动副的点、线或面称为运动副元素，根据运动副元素的不同，平面运动副可分为低副和高副。

1. 低副

两构件通过面接触组成的运动副称为低副。根据低副构件间相对运动的形式不同，又分为转动副和移动副。

(1)转动副。若组成运动副的两个构件只能在一个平面内做相对转动，则称为转动副，也称铰链。如图 1-3 所示，构件 1 与构件 2 圆柱面接触，构件 1 可相对构件 2 转动，两者组成转动副。

(2)移动副。若组成运动副的两个构件只能沿轴线相对移动，则称为移动副。如图 1-4所示，构件 1 和构件 2 以棱柱面接触，构件 1 可相对构件 2 沿轴线移动，两者组成移动副。

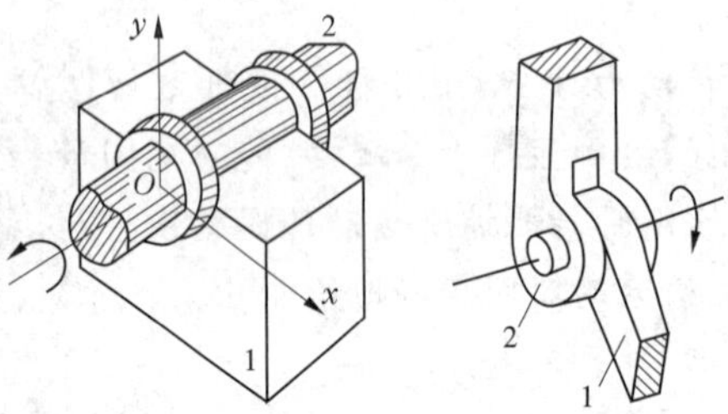

图 1-3 转动副

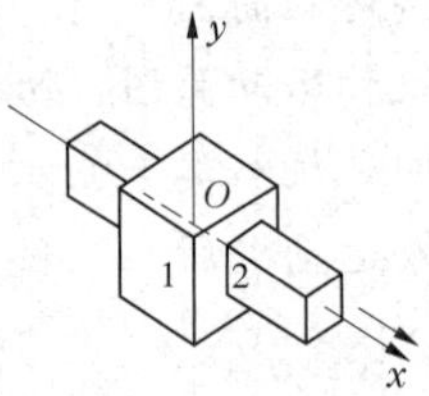

图 1-4 移动副

2. 高副

两构件通过点、线接触所构成的运动副称为高副。如图 1-5(a)中的车轮 2 与钢轨 1，图 1-5(b)中的凸轮 1 与顶杆 2，图 1-5(c)中的齿轮 1 与齿轮 2 皆为点或线接触，两构件间的相对运动为接触处切线 *t*—*t* 方向的相对移动和在平面内的相对转动。构件 1 与构件 2 在直接接触处组成高副。

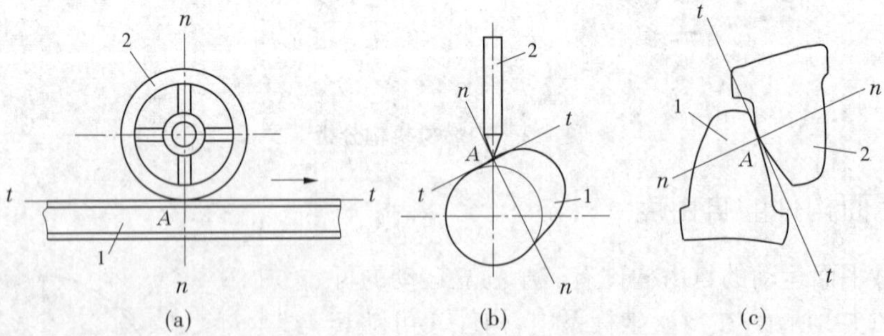

图 1-5 高副

思考题：高副、低副与工程力学中的可动铰、固定铰约束有何联系？

(二)运动链

由两个以上构件以运动副联接而成的系统称为运动链。若组成运动链的各构件形成首尾封闭的系统，则称为封闭运动链，简称闭链，如图 1-6(a)所示；若组成运动链的各构件未形成首尾封闭的系统，则称为开式运动链，简称开链，如图 1-6(b)所示。

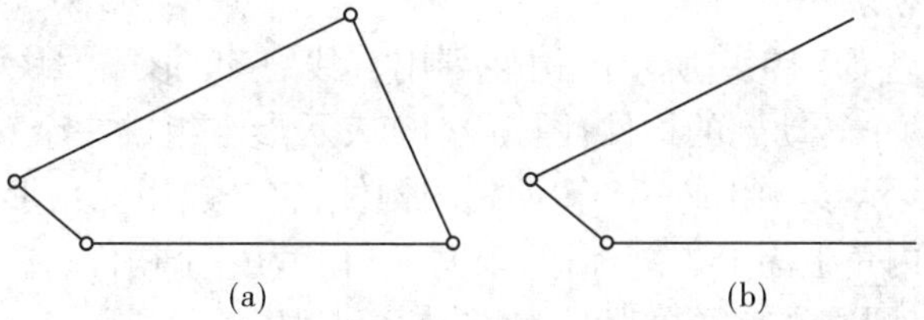

图 1-6　运动链

(三)机构的组成

在运动链中,若将某一构件加以固定,且当一个或几个可动构件按照给定的规律独立运动时,其余构件也随之做一定的运动,这种运动链称为机构。

组成机构的构件,根据运动副的性质可分为以下三类:

(1)固定构件(机架)。机架是机构中视作固定不动的构件,用于支承其他可动构件。例如,各种机床的床身是机架,它支承着轴、齿轮等活动构件。

(2)主动件。主动件指已给定运动规律的活动构件,即直接接受能源或最先接受能源作用有驱动力或力矩的构件,如柴油机中的活塞。它的运动是外界输入的,因此又称为输入构件。

(3)从动件。机构中随着主动件的运动而运动的其他活动构件,如柴油机中的连杆、曲轴、齿轮等都是从动件。当从动件输出运动或实现机构的功能时,便称其为执行件。

二、平面机构运动简图

(一)平面机构的表示方法

1. 运动副的表示方法

(1)转动副。两构件组成转动副的表示方法如图 1-7 所示。圆圈表示转动副,其圆心代表相对转动轴线。若组成转动副的两个构件都是活动件,则用图 1-7(a)表示;若其中一个为机架,则在代表机架的构件上加上斜线,如图 1-7(b)、(c)所示。

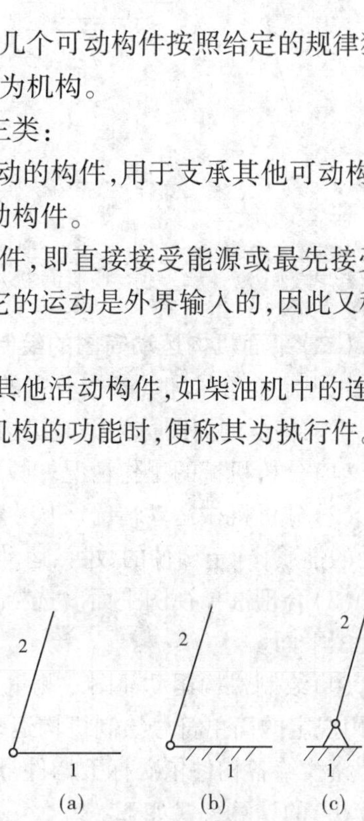

图 1-7　转动副的表示方法

(2)移动副。两构件组成移动副的表示方法如图 1-8 所示。移动副的导路必须与相对移动方向一致。

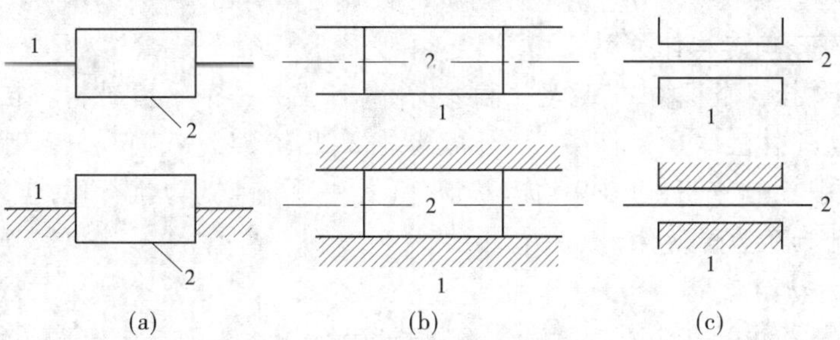

图 1-8　移动副的表示方法

2. 构件的表示方法

构件的表示方法如图1-9所示。构件可用直线、三角形或方块等图形表示。图1-9(a)表示参与组成两个转动副的构件;图1-9(b)表示参与组成一个转动副和一个移动副的构件;图1-9(c)表示参与组成三个转动副的构件,它一般用三角形表示,在三角形内加上剖面线或在三个内角上涂上焊缝标记,表明三角形为一个构件;若三个转动副在同一直线上,则可用跨越半圆符号来联接直线,如图1-9(d)所示。

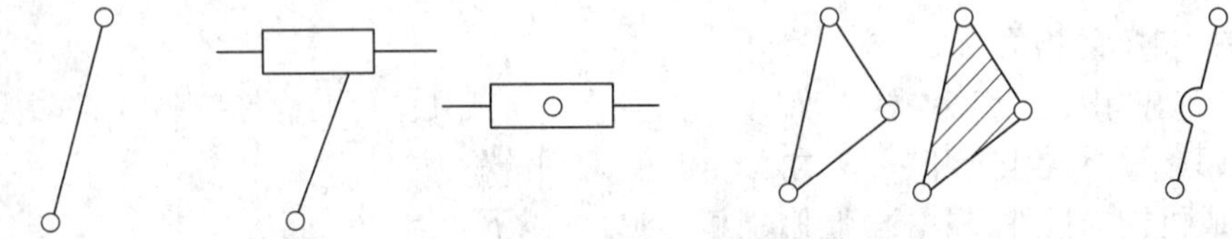

图1-9 构件的表示方法

思考题: 为什么要绘制平面机构的运动简图?

(二)平面机构运动简图的绘制

用规定的符号和线条按一定的比例表示构件的尺寸和运动副的相对位置,并能完全反映机构特征的简图称为平面机构运动简图。机构运动简图的绘制步骤如下:

(1)分析机械的工作情况。找出机架,确定主动件和从动件(包括执行件和传动件)。

(2)分析机械运动情况。从主动件开始,沿着运动传递路线逐一分析各构件间相对运动的性质,确定构件的数目、运动副的类型和数目。

(3)合理选择视图平面。选择多数构件所在的运动平面或平行于运动平面的平面作为视图平面。

(4)绘制机构运动简图。测量构件尺寸,选择合适的比例尺,确定各运动副的相对位置,用规定的简单符号绘制机构运动简图。在机架上加上斜线,在主动件上标上箭头,按传动路线给各构件依次标上构件号1,2,3,…,给各运动副标上$A,B,C,\cdots$。比例尺(比例系数μ_l)的计算公式如下:

$$\mu_l = \frac{\text{实际尺寸(m)}}{\text{图上尺寸(mm)}} \tag{1-1}$$

【例题1-1】 绘制如图0-2所示内燃机的机构运动简图。

解:(1)分析、确定构件类型。

内燃机内包括三个机构,其运动平面平行,故可视为一个平面机构。在图1-10中,活塞7为主动件,气缸缸体6为机架,齿轮1、齿轮2、凸轮3、进气门顶杆4(图1-10中未显示)、排气门顶杆5、连杆8、曲轴9均为从动件(其中顶杆4、5为执行件,齿轮1、齿轮2、凸轮3、连杆8、曲轴9为传动件)。

(2)确定运动副类型。

曲柄滑块机构中活塞7与气缸缸体6组成移动副,活塞7与连杆8、连杆8与曲轴9、曲轴9与气缸缸体6分别组成转动副。齿轮机构中齿轮1与气缸缸体6、齿轮2与气缸缸体6分别组成转动副,齿轮1与齿轮2组成高副。

凸轮机构中凸轮轴3与气缸缸体6组成转动副，排气门顶杆5与气缸缸体6组成移动副，凸轮轴3与排气门顶杆5组成高副。

(3)确定视图方向。

连杆运动平面为视图方向。

(4)选择比例尺，绘制简图。

先画出滑块导路中心线及曲轴中心位置，然后根据构件尺寸和运动副之间的尺寸，按选定的比例尺和规定符号绘出机构运动简图，如图1-10所示。

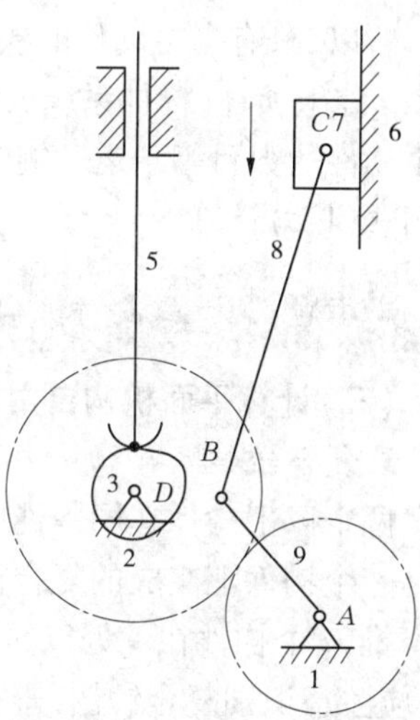

图1-10　内燃机机构运动简图

三、平面机构的自由度

构件通过运动副联接起来的构件系统怎样才能成为机构呢？要想判定若干个构件通过运动副联接起来的构件系统是否为机构，就必须研究平面机构自由度的计算。

平面机构的每个活动构件在未构成运动副之前都是三个自由度。当两个构件直接接触组成运动副之后，它们的相对运动就受到限制，自由度随之减少。运动副对构件的独立运动所加的限制称为约束。不同类型的运动副引入的约束数不同。每引入一个约束，构件就减少一个自由度。

(一)平面机构自由度计算公式

机构的自由度就是机构具有独立运动参数的数目。自由度取决于运动链中构件的数目及运动副的类型和数目。

设一个平面运动链由 k 个构件组成，其中一个构件为机架，则有 $n=k-1$ 个活动构件。未构成运动副之前，这些活动构件应有 $3n$ 个自由度。假设构成 P_L 个低副和 P_H 个高副，而一个低副引入两个约束，一个高副引入一个约束，每引入一个约束构件就失去一个自由度，故整个运动链相对机架的自由度应为活动构件自由度的总数与运动副引入约束总数之差。以 F 表示机构的自由度数，则有

$$F = 3n - 2P_L - P_H \tag{1-2}$$

(二)构件系统成为机构的条件

前已述及机构中各构件之间必有确定的相对运动。由自由度的计算可知，构件的组合能否成为机构，其必要条件为 $F>0$。而构件系统成为机构的充分条件是必须具有确定的相对运动。那么，满足什么条件才具有确定的相对运动呢？

从动件是不能独立运动的，只有主动件才能独立运动。通常每个主动件只有一个独立运动。因此，构件系统成为机构的充分必要条件为：构件系统的自由度必须大于零，且主动件的数目必须等于自由度数。

如果主动件的数目大于自由度数，则运动链中最薄弱的构件或运动副可能被破坏，也不能成为机构，如图1-11所示。

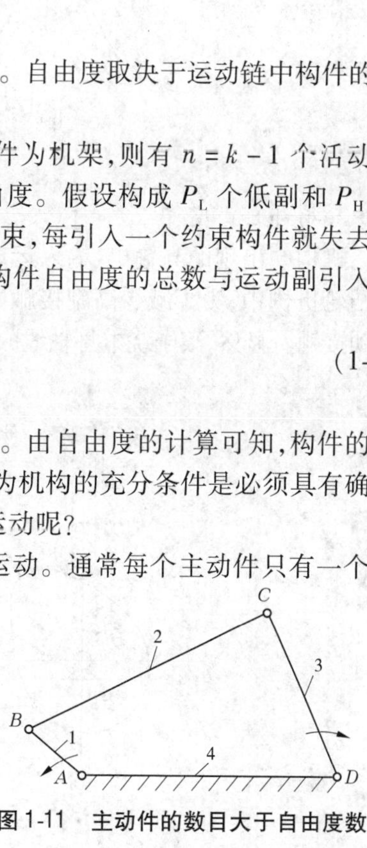

图1-11　主动件的数目大于自由度数

所以,只有当主动件的数目等于运动链的自由度数时,构件之间才能获得确定的相对运动。综上所述,构件系统成为机构的条件是:运动链相对于机架的自由度必须大于零,且主动件的数目等于运动链的自由度数。满足上述条件的运动链即为机构,机构的自由度用式(1-2)计算。

思考题:为什么要对机构进行自由度计算?

(三)计算平面机构自由度时的注意事项

1. 复合铰链

两个以上构件在同一处以转动副相联接构成的运动副称为复合铰链。如图 1-12 所示是三个构件汇交成的复合铰链,图中构件 1 分别与构件 2、构件 3 构成两个转动副。依此类推,k 个构件在一处以转动副相连,应具有 $k-1$ 个转动副。因此,在统计转动副数目时,应注意识别复合铰链,避免遗漏。

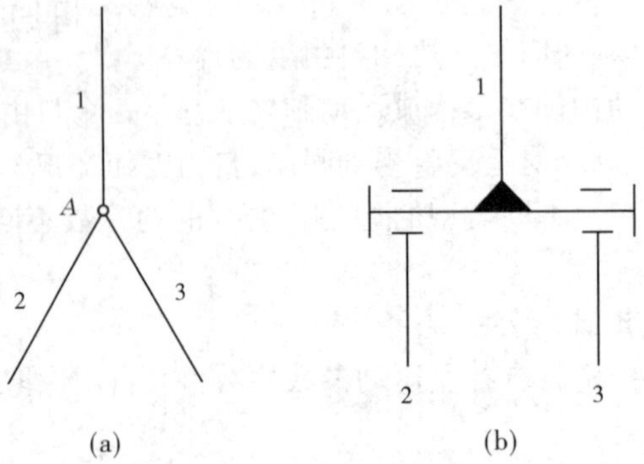

图 1-12　复合铰链

2. 局部自由度

机构中出现的与输出、输入运动无关的自由度称为局部自由度。如图 1-13(a)所示的凸轮机构中,为了减少高副接触处的磨损,在从动件上安装一个滚子,使其与凸轮轮廓线滚动接触。显然,滚子绕本身轴线的转动不影响其他构件的运动,该转动的自由度即局部自

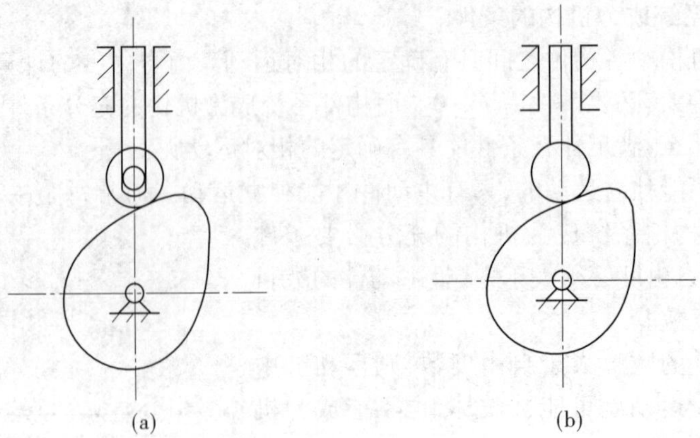

图 1-13　局部自由度

由度。计算时先把滚子看成与从动件连成一体，消除转动副后再计算其自由度，如图 1-13(b)所示。此时机构中 $n=2, P_L=2, P_H=1$，则 $F=3n-2P_L-P_H=3\times2-2\times2-1=1$。

3. 虚约束

在实际机构中，有些运动副所起的约束作用是重复的，这种不起独立限制作用的重复约束称为虚约束。在计算机构自由度时，虚约束应去除不计。

平面机构中的虚约束，常出现在以下情况中：

(1)轨迹重合。联接构件上的轨迹和机构上联接点的轨迹重合时，引入虚约束。如图 1-14(a)所示的平行四边形机构中，联接构件 EF 上 E 点的轨迹与机构连杆 BC 上的轨迹重合，构件 EF 引入了虚约束。计算机构自由度时，应按图 1-14(b)处理，将构件 EF 及两个转动副 E、F 去掉。

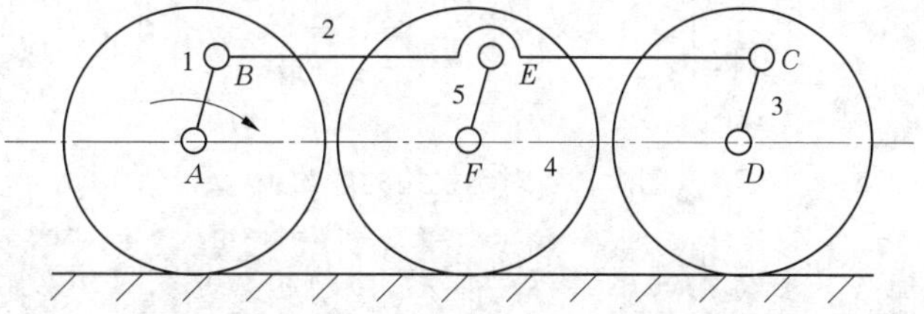

(a)

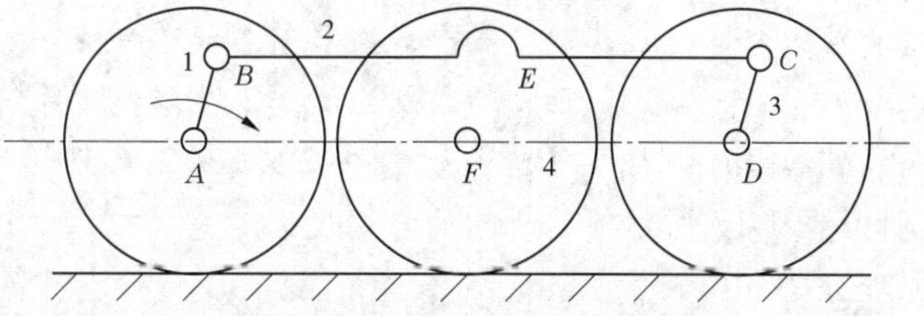

(b)

图 1-14　轨迹重合平行四边形的机构

(2)导路平行或重合的移动副。两构件构成多个导路相互平行的移动副时，会出现虚约束。如图 1-15(a)所示，轮轴 2 与机架 1 在 A、B 两处形成转动副，其实两个构件只能构成一个运动副，这里应按一个运动副计算自由度。又如图 1-15(b)所示，在液压缸的缸

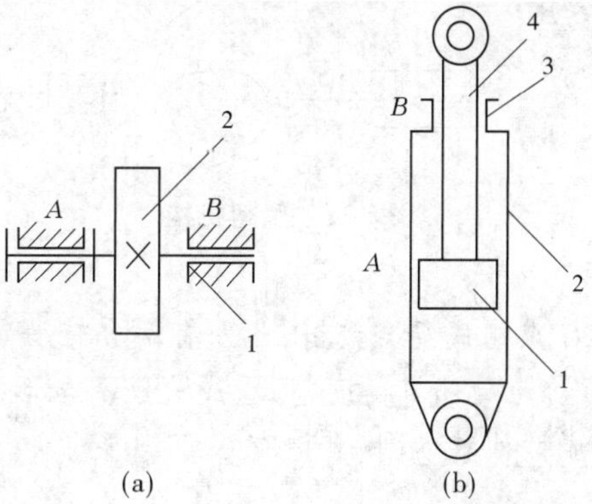

图 1-15　两构件间形成多处运动副的虚约束

筒2与活塞1、缸盖3与活塞杆4两处构成移动副,实际上缸筒与缸盖、活塞与活塞杆是两两固连的,只有两个构件而并非四个构件,因此两个构件也只能构成一个移动副。

(3)传动对称。机构中传递运动而不起独立作用的对称部分形成虚约束,如图1-16所示的差动轮系。

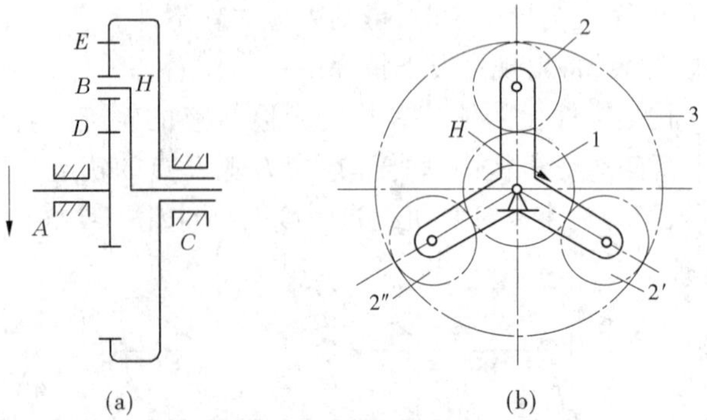

图1-16　对称机构的虚约束

思考题:既然虚约束对机构的运动不起作用,为何机械中仍经常使用虚约束?

【例题1-2】　计算图1-10所示内燃机构件系统的自由度。

解:图1-10中,曲轴9和齿轮1、齿轮2和凸轮轴3皆固连在一起,故可视为一个构件。因此,$n=5$,$P_L=6$(其中有两个移动副、四个转动副),$P_H=2$,则该构件系统的自由度为

$$F = 3n - 2P_L - P_H = 3\times5 - 2\times6 - 2 = 1$$

【例题1-3】　计算图1-17所示筛料机构的自由度。

解:(1)工作原理分析。

机构中标有箭头的凸轮6和曲轴1作为主动件分别绕F点和A点转动,迫使工作构件5带动筛子抖动筛料。

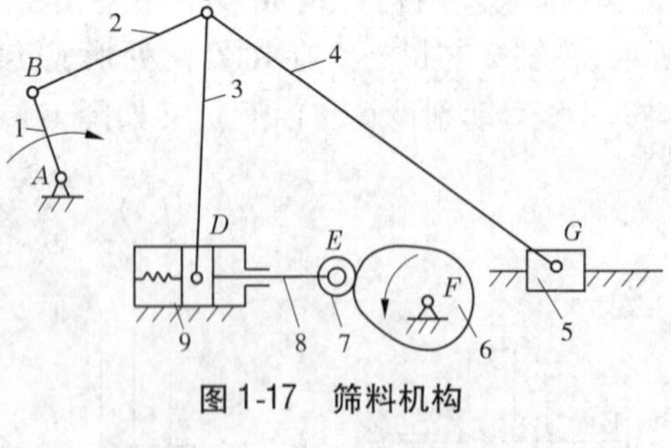

图1-17　筛料机构

(2)处理特殊情况。

①2、3、4三个构件在C点组成复合铰链,此处有两个转动副;

②滚子7绕E点的转动为局部自由度,可看成滚子7与活塞杆8焊接一起;

③8和9两个构件形成两处移动副,其中有一处是虚约束。

(3)计算机构自由度。

机构有7个活动构件、7个转动副、2个移动副、1个高副,即$n=7$、$P_L=9$、$P_H=1$,按

式(1-2)计算得

$$F = 3n - 2P_L - P_H = 3 \times 7 - 2 \times 9 - 1 = 2$$

思考题：例题1-3中C处为复合铰链，含两个转动副，自行分析G处是否为复合铰链？为什么？

四、拓展提高

图1-18所示为李刚设计的一简易冲床的结构简图。设计者的意图是让凸轮2为主动件，做匀速转动，通过构件3带动构件4做上下往复运动，从而实现冲压运动。

(1)绘制该机构的运动简图，并计算其自由度。

(2)该简图能否实现设计者的意图？为什么？

(3)若不能实现设计者的意图，请画出一种改进方案，并计算其自由度。

(4)机械设计中计算自由度有何意义？

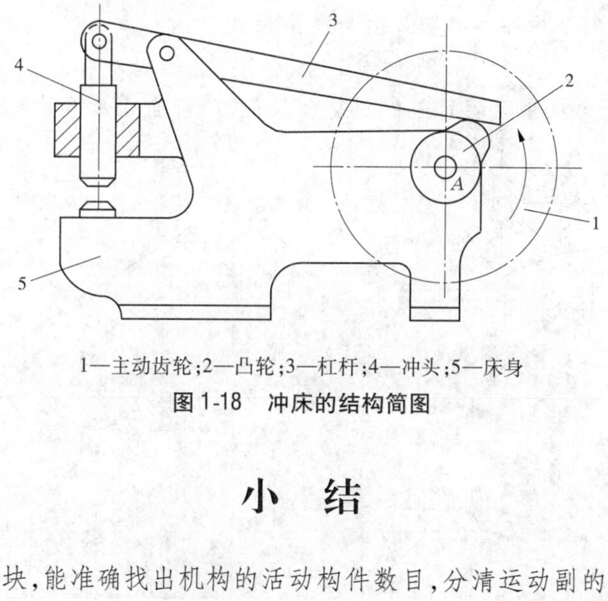

1—主动齿轮；2—凸轮；3—杠杆；4—冲头；5—床身

图1-18　冲床的结构简图

小　结

通过学习本模块，能准确找出机构的活动构件数目，分清运动副的类别和个数，并根据自由度的计算，判断机构是否具有确定的运动条件，从而为机构分析、机器改造、机械设计提供必要的理论支持。

习题与训练题

一、简答题

1. 一个正确的机构运动简图应能说明哪些内容？

2. 绘制机构运动简图时，主动件的位置为什么可以任意确定？会不会影响运动简图的正确性？

3. 为什么可以用简略的符号来表示机构的运动特征？

4. 机构自由度的计算对绘制机构运动简图有何帮助？

5. 什么是虚约束和局部自由度?

二、填空题

1. 机构要能运动,自由度必须______。

2. 机构中相对静止的构件为______。

3. 两构件通过______接触组成的运动副为低副;通过______或______接触组成的运动副为高副。

4. 机构的自由度为 1,则机构需要______个主动件。

5. 在平面机构中有一个低副就引入______个约束。

三、判断题

1. 机构是由两个以上的构件组成的。 ( )

2. 虚约束对机构的运动不起作用。 ( )

3. 3 个构件在一处铰接,则构成 3 个转动副。 ( )

4. 机架是机构不可缺少的组成部分。 ( )

5. 组成平面高副两构件的接触必须是线接触。 ( )

四、计算题

指出图 1-19 所示机构运动简图中的复合铰链、局部自由度和虚约束,并计算各机构

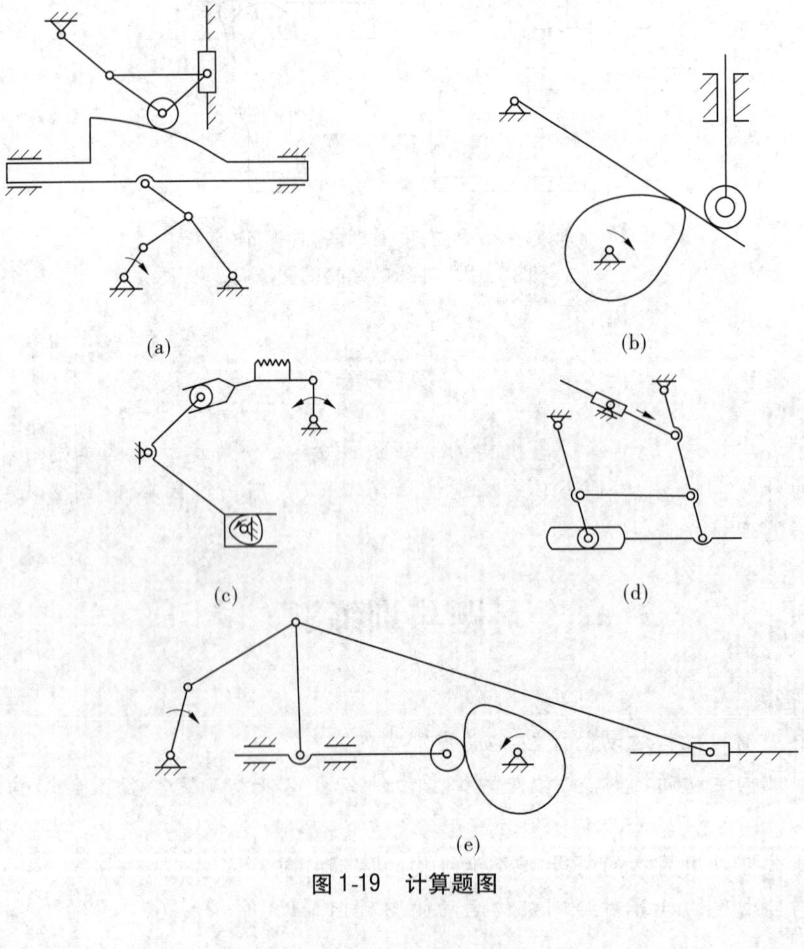

图 1-19 计算题图

的自由度。

五、绘图题

绘制图 1-20 所示机构的机构示意图。

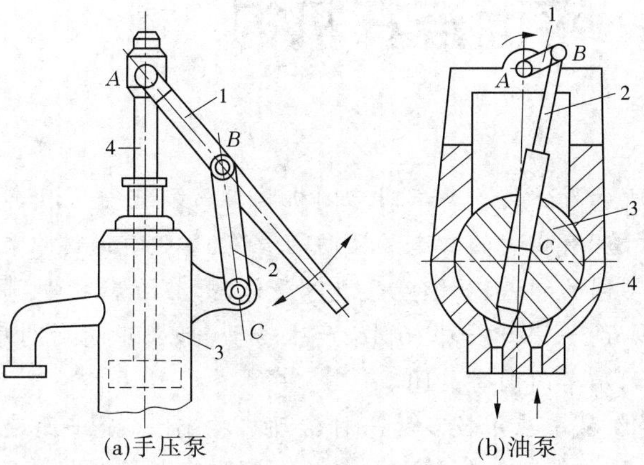

图 1-20　绘图题图

模块二　平面连杆机构

【模块导入】

图 2-1(a)、(b)所示为公共汽车车门启闭机构。压缩空气从汽车的储气囊里通过开关进入开关车门的管道,有正向的管道和反向的管道,驾驶员通过仪表盘上的按钮控制阀门,让压缩空气进入不同的管道,压缩空气进入气缸,推动活塞运动,带动一个逆平行双曲柄机构如图 2-1(c)所示,让其中一根轴 AB 产生转动,如果正向则两扇车门同时开启,打开车门;如果反向则两扇车门同时关闭。

平面连杆机构是机械中应用较多的一种传动机构,什么是平面连杆机构? 平面连杆机构与铰链四杆机构有何关联? 铰链四杆机构有哪些基本类型与应用? 又具有怎样的工作特性? 通过本模块内容的学习,学生能够对平面连杆机构进行初步分析与设计。

(a)　　(b)　　(c)

图 2-1　公共汽车车门启闭机构

由几个构件通过低副联接,且所有构件在相互平行平面内运动的机构称为平面连杆机构。由四个构件通过低副联接而成的平面连杆机构,则称为平面四杆机构,它是平面连杆机构中最常见的形式,也是组成多杆机构的基础,故为本模块的主要介绍内容。由转动副联接四个构件而形成的机构,称为铰链四杆机构。

一、铰链四杆机构的基本类型

(一)铰链四杆机构的主要特点

铰链四杆机构的主要优点是:组成运动副的两构件之间为面接触,构件间承受的压力小,便于润滑,磨损较轻,可以承受较大的载荷;构件形状简单,加工方便,工作可靠;在主动件等速连续运动的条件下,当各构件的相对长度不同时,从动件能够实现多种形式的运动,进而满足多种运动规律的要求。

铰链四杆机构的主要缺点是:低副中存在的间隙会引起运动误差,设计计算比较复杂,不易实现精确的复杂运动规律;连杆机构运动时产生惯性力,不适用于高速运动的场合。

(二)铰链四杆机构的基本类型

铰链四杆机构如图 2-2 所示,固定不动的杆 4 为机架,与机架相连的杆 1 与杆 3 称为连架杆，联接两连架杆的杆 2 为连杆。连架杆 1 与 3 通常绕自身的回转中心 A 和 D 回转，杆 2 作平行运动；能做整周回转（即旋转角度为 360°）的连架杆称为曲柄（图 2-3 为曲柄实物图片），不能做整周回转（即旋转角度小于 360°）的连架杆称为摇杆。铰链四杆机构共有三种基本形式：曲柄摇杆机构、双曲柄机构和双摇杆机构。

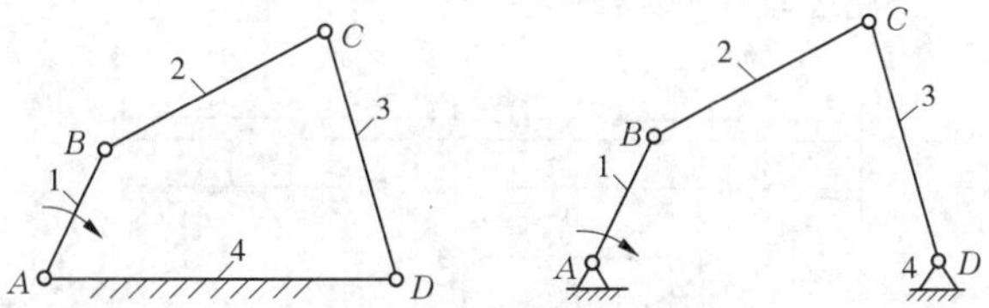

图 2-2　铰链四杆机构

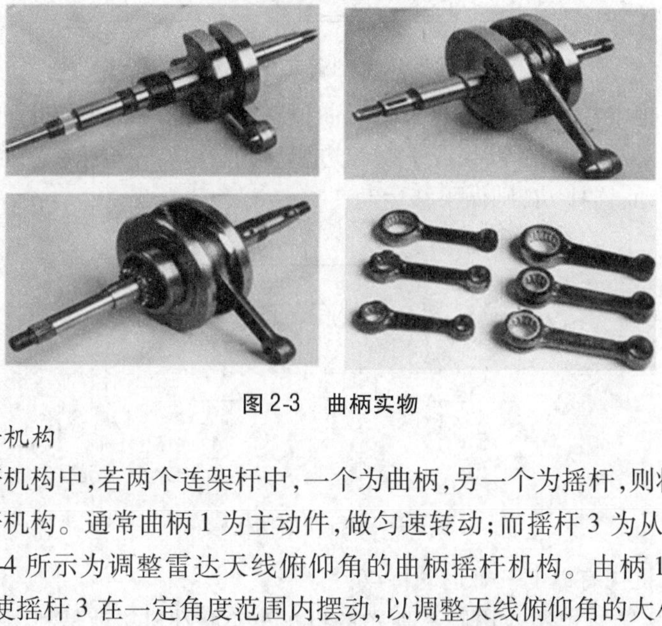
图 2-3　曲柄实物

1. 曲柄摇杆机构

在铰链四杆机构中，若两个连架杆中，一个为曲柄，另一个为摇杆，则将此铰链四杆机构称为曲柄摇杆机构。通常曲柄 1 为主动件，做匀速转动；而摇杆 3 为从动件，做变速往复摆动。如图 2-4 所示为调整雷达天线俯仰角的曲柄摇杆机构。由柄 1 缓慢地匀速转动，通过连杆 2 使摇杆 3 在一定角度范围内摆动，以调整天线俯仰角的大小。

在曲柄摇杆机构中，也可以以摇杆作为主动件，曲柄为从动件，将主动件摇杆的往复运动转换为从动件曲柄的整周运动。如图 2-5 所示为脚踏砂轮机机构。

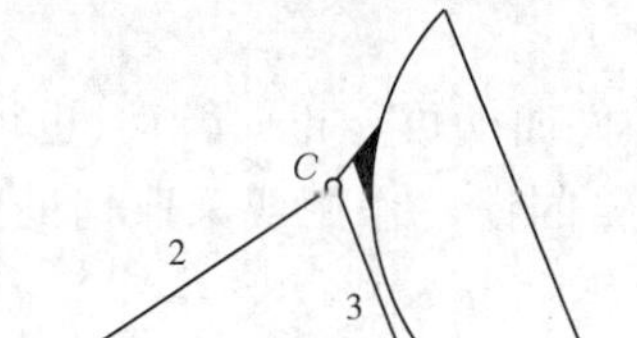

图 2-4　雷达天线俯仰角调整机构

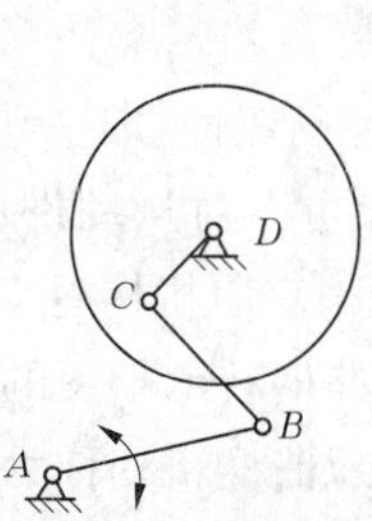

图 2-5　脚踏砂轮机机构

思考题：请读者分析家用缝纫机脚踏机构的形式，并指出该机构中的主动件、从动件、曲柄、连杆和摇杆。

2. 双曲柄机构

在铰链四杆机构中,若两个连架杆均为曲柄,则称为双曲柄机构。

图 2-6 所示为惯性筛,其构件 1、构件 2、构件 3 和构件 4 组成的机构为双曲柄机构。在惯性筛机构中,主轴曲柄 *AB* 等角速度回转一周,曲柄 *CD* 变角速度回转一周,进而通过构件 5 与带动筛子 *EF* 往复运动筛选物料。

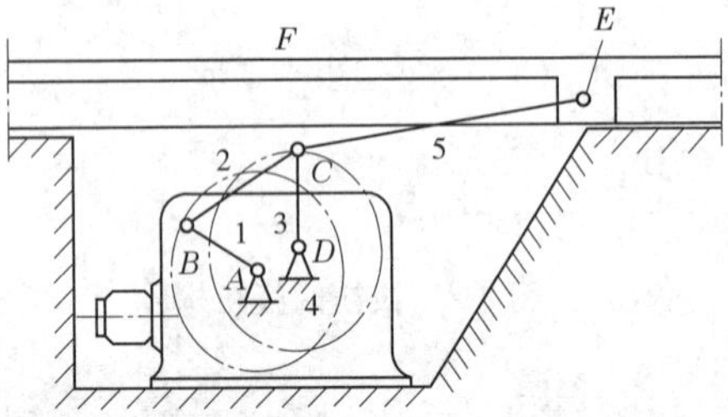

图 2-6　惯性筛工作机构

在双曲柄机构中,用得较多的是平行双曲柄机构,或称平行四边形机构,如图 2-7 所示。这种机构的对边长度相等,组成平行四边形。当杆 *AB* 等角速转动时,杆 *CD* 也以相同角速度同向转动,连杆 *BC* 则做平移运动。

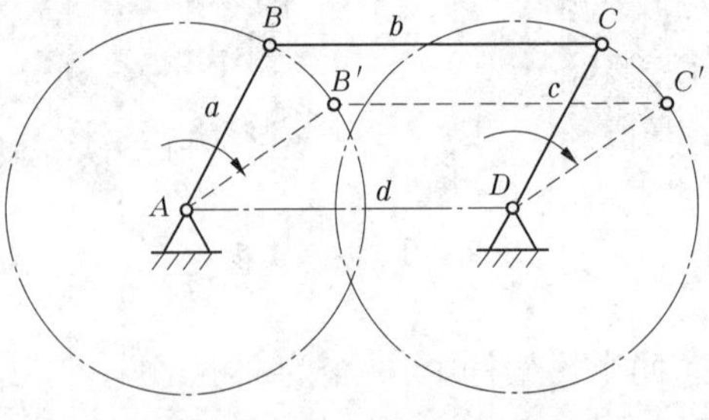

图 2-7　平行双曲柄机构

平行四边形机构有以下三个运动特点:

(1)两个曲柄转速相等,如图 2-7 所示的机车车轮联动机构就是利用平行四边形机构的这一特性。

(2)连杆始终与机架平行,如摄影车升降机构的高度变化就是利用连杆始终做平动这一特性。

(3)运动不确定性,即主动件曲柄连续转动,从动件曲柄可能正向转动,也可能反方向转动。为此,可以对从动件曲柄施加外力、利用飞轮的惯性作用或采取辅助曲柄(见图 2-8)等措施来克服机构运动的不确定性。

对于两个曲柄转向相反的情况,即连杆与机架的长度相等,两个曲柄长度相等所组成的转向相反的双曲柄机构称为反平行四边形机构。图 2-1 所示的公共汽车车门启闭机构就是反平行四边形机构的应用实例。

3. 双摇杆机构

两个连架杆均为摇杆的铰链四杆机构称为双摇杆机构。

图 2-9 所示轮式车辆的前轮转向机构为双摇杆机构,该机构两个摇杆长度相等,称为

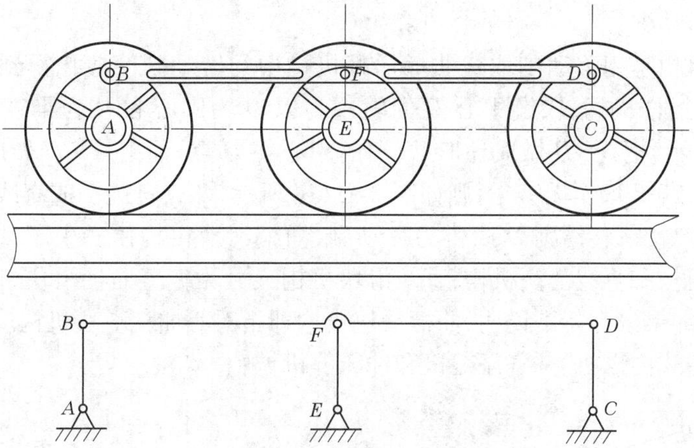

图 2-8 机车车轮联动机构

等腰梯形机构。车子转弯时，与前轮轴固联的两个摇杆的摆角，如果在任意位置都能使两前轮轴线的交点落在后轴线的延长线上，则当整个车身绕交点转动时，四个车轮都能在地面上纯滚动，避免轮胎因滑动而损伤。等腰梯形机构就能近似地满足这一要求。

图 2-10 所示为用于鹤式起重机的双摇杆机构。当摇杆 *AB* 摆动时，另一摇杆 *CD* 随之摆动，选用合适的杆长参数，可使悬挂点 *E* 的轨迹近似为水平直线，以避免因为被吊重物做不必要的上下运动而造成的功耗。

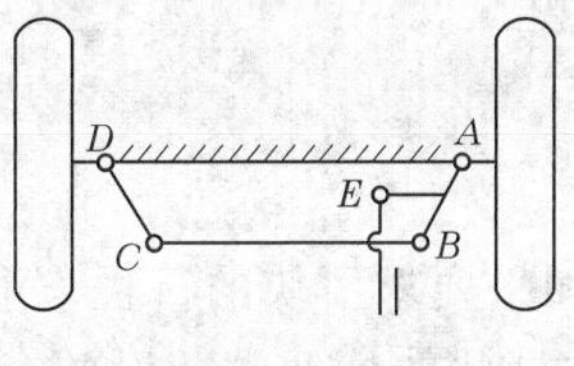

图 2-9 前轮转向机构

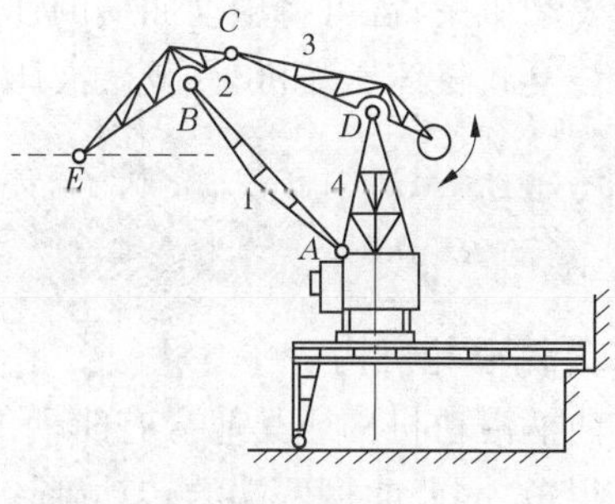

图 2-10 鹤式起重机吊臂机构

思考题：通过仔细观察、分析，请读者自行绘制摇头式风扇摇头机构的运动简图，并判断其机构形式。

二、铰链四杆机构的其他类型

平面四杆机构的各种类型之间存在着一定的内在联系，它们之间可以通过移动副取代转动副、变更机架、变更杆长、扩大回转副等途径相互演化。这种演化方式也是机械创新设计的常用方法。演化机构中被广泛采用的有曲柄滑块机构、偏心轮机构、导杆机构、摇块机构和定块机构。下面介绍由曲柄摇杆机构演化出来的铰链四杆机构的其他类型。

（一）曲柄滑块机构

移动副可以认为是转动副的一种特殊情况，即转动中心位于垂直于移动副导路的无限远处的一个转动副。

曲柄滑块机构是用移动副取代曲柄摇杆机构中的转动副而演化得到的。如图 2-11(a)所示的曲柄摇杆机构，铰链中心 C 的轨迹为以 D 为圆心和 R 为半径的圆弧 $m—m$。如图 2-11(b)所示，把杆 AD 做成环形槽，槽的中心在 D 点，而把杆 CD 做成弧形滑块，与环形槽相配合。若 R 增至无穷大，则如图 2-11(c)所示，C 点轨迹变成直线。于是摇杆演化为直线运动的滑块，转动副 D 演化为移动副，曲柄滑块机构便产生了。曲柄滑块机构分为曲线滑块机构和直线滑块机构，直线滑块机构又分为偏置曲柄滑块机构和对心曲柄滑块机构，今后如果没有特别说明，曲柄滑块机构即指对心曲柄滑块机构。曲柄滑块机构广泛应用于活塞式内燃机、空气压缩机和冲床等机械中。

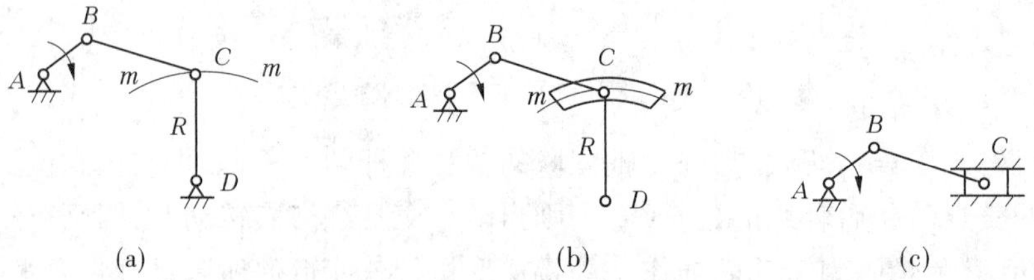

图 2-11　曲柄摇杆机构的演化

曲柄滑块机构可将主动滑块的往复直线运动经连杆转化为从动曲柄的连续运动，如应用于发动机中；也可将主动曲柄的连续转动经连杆转化为从动滑块的往复直线运动，如应用于往复式气体压缩机、往复式液压泵等机械中。

思考题：在上述内容中，提到了"导路"这个名词，在上一个模块中也提到了"导路"，请读者自行查阅资料，学习相关知识。

（二）偏心轮机构

在曲柄滑块机构或其他含有曲柄的四杆机构中，如果要求滑块的行程 H 很小，则曲柄长度很短，因此曲柄两端的转动副 A、B 靠得较近，在杆状曲柄两端装设两个转动副将存在结构设计上的困难。而如果曲柄需安装在直轴的两个支承之间，则将导致连杆与曲柄轴的运动发生干涉。同时，考虑到曲柄的强度，工程中常将曲柄设计成偏心距为曲柄长度的偏心圆盘，此偏心圆盘简称为偏心轮。曲柄为偏心轮结构的连杆机构称为偏心轮机构，如图 2-12 所示。

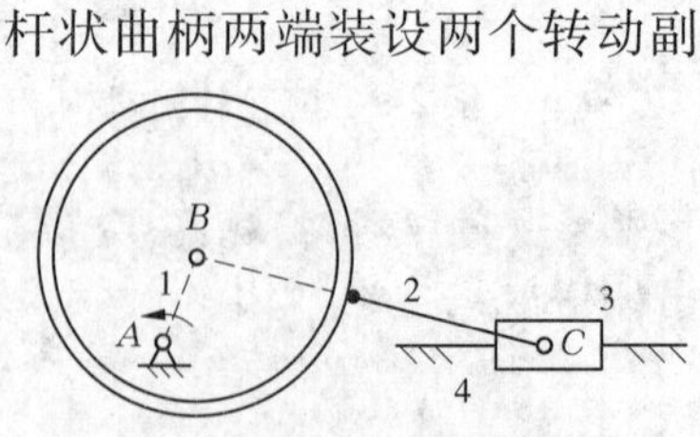

图 2-12　偏心轮机构

在偏心轮机构中，由于偏心距 AB 较小，一般只能以偏心轮为主动件，将它的连续运动转化为滑块的往复运动。偏心轮机构常用于曲柄承受较大冲击载荷或曲柄长度较短的机器中，如应用于小型往复泵、冲床、剪床及颚式破碎机等机械设备中。

（三）导杆机构

在如图 2-13(a)所示的对心曲柄滑块机构中，如果以构件 1 作为机架，构件 2 和构件 4 为连架杆，且构件 2 和构件 4 可以分别绕 B、A 点做整周运动（视为曲柄）；滑块 3 一方面与构件 2 一同绕 B 点转动,另一方面又与构件 4 之间做往复移动。由于构件 4 充当了滑块 3 的导路,因此称为导杆。由曲柄、导杆、滑块和机架组成的机构称为导杆机构。

由于导杆能做整周运动,因此称为转动导杆机构,此时机架长度小于曲柄长度。若取机架长度大于曲柄长度,导杆 4 只能做往复摆动,形成摆动导杆机构,如图 2-13(b)所示。

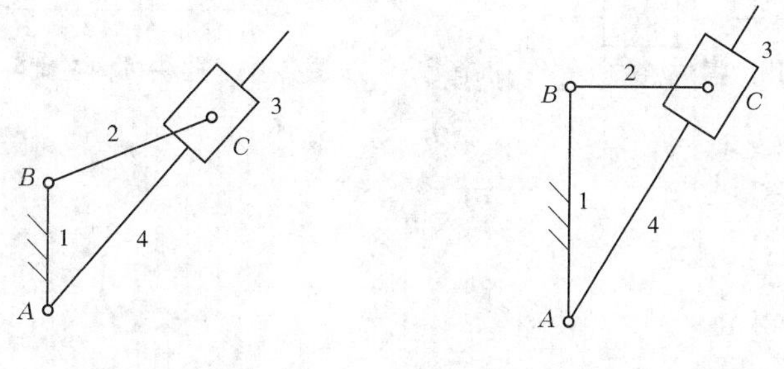

(a)转动导杆机构　　(b)摆动导杆机构

图 2-13　导杆机构

导杆机构具有很好的传力性,与其他构件组合,用于牛头刨床、插床等要求传递重载的场合,如图 2-14 所示为牛头刨床中的导杆机构。

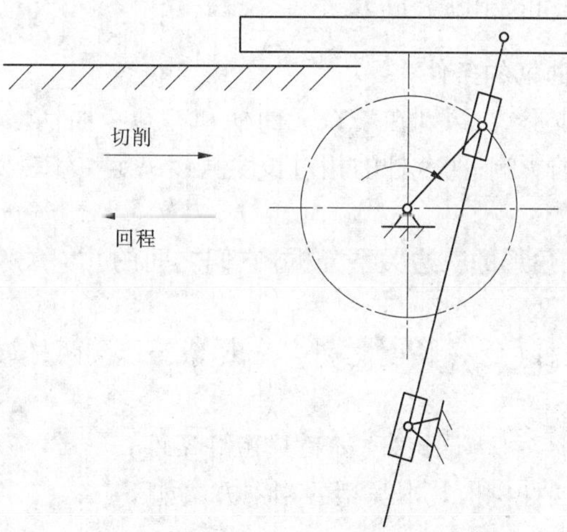

图 2-14　牛头刨床的导杆机构

(四)摇块机构

在对心曲柄滑块机构中,将与滑块铰接的构件 BC 固定成为机架,使滑块只能绕 C 点摆动,就得了到曲柄摇块机构,简称摇块机构,如图 2-15 所示。

摇块机构在液压与气压传动系统中得到广泛应用,如图 2-16 所示为摇块机构在翻斗自卸车上的应用,如图 2-17 所示为摇块机构在柱塞式油泵上的应用。

(五)定块机构

在对心曲柄滑块机构中,将滑块 C 固定为机架,就成了定块机构,如图 2-18 所示。这种机构常用于抽油泵和手动压水泵中。

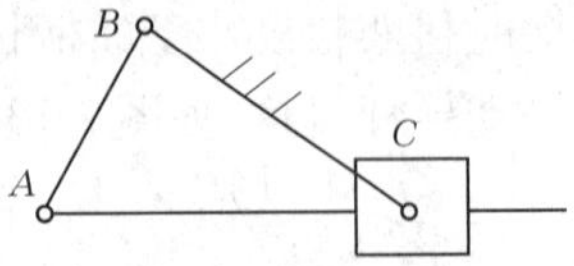

图 2-15　摇块机构

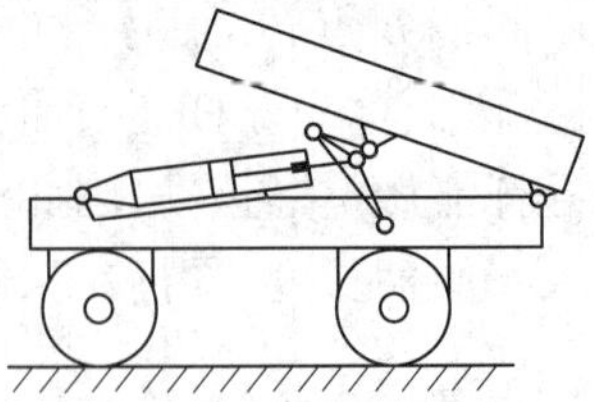

图 2-16　摇块机构在翻斗自卸车上的应用

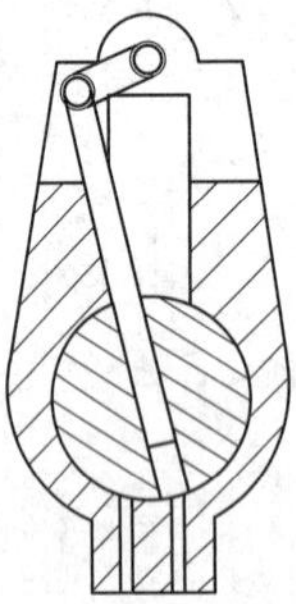

图 2-17　摇块机构在柱塞式油泵上的应用

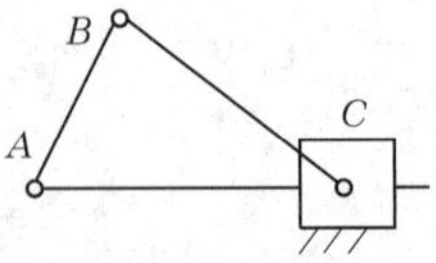

图 2-18　定块机构

三、铰链四杆机构存在曲柄的条件及基本特性

（一）铰链四杆机构存在曲柄的条件

铰链四杆机构的三种基本形式，区别在于有无曲柄和有几个曲柄。而四个杆相对长度对机构有无曲柄起着决定的影响，四个杆的相对长度直接决定了铰链四杆机构的形式，这一点在机构设计中至关重要。

通过分析（主要是利用三角形的三边关系分析）它们之间的几何关系，可导出曲柄存在的条件：

（1）最短杆（L_{min}）与最长杆（L_{max}）长度之和小于或等于其余两杆（L'、L''）长度之和（简称长度和条件）。

（2）连架杆或机架中必有一杆为最短杆（简称最短杆条件）。

由以上条件可得出铰链四杆机构基本类型的判别方法如下：

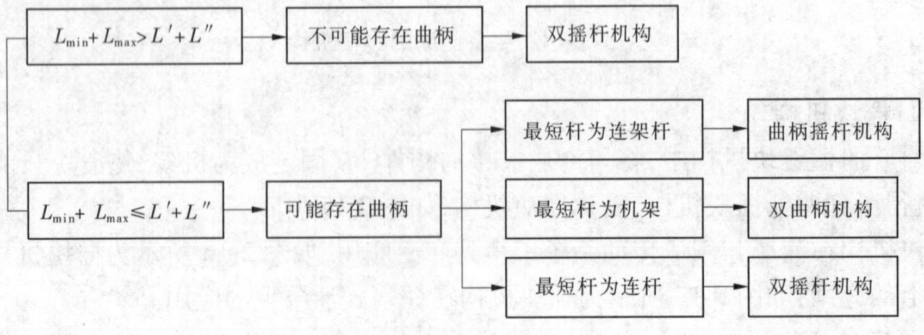

【例题 2-1】　铰链四杆机构 $ABCD$ 的各杆长度（单位:mm）如图 2-19 所示。请根据曲柄存在的条件，说明机构分别以 AB、BC、CD、AD 各杆为机架时，属于何种类型的机构。

解：分析题目给出的铰链四杆机构可知，最短杆 $AB=30$，最长杆 $AD=65$，其余两杆 $BC=45$、$CD=55$。

因为：$L_{min}+L_{max}=AB+AD=30+65=95$

$L'+L''=BC+CD=45+55=100>L_{min}+L_{max}$

故满足长度和条件。

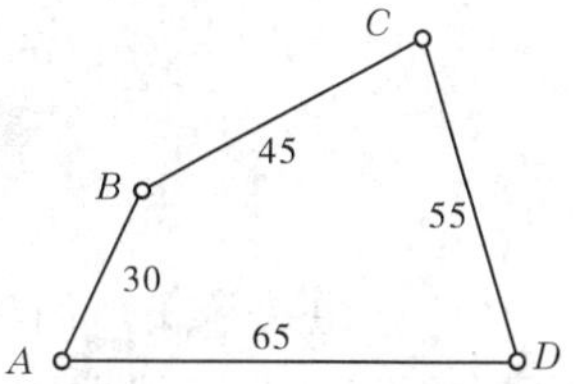

图 2-19　例题 2-1 图

(1)以 AB 为机架时，即最短杆为机架，机构为双曲柄机构。

(2)以 AD 或 BC 为机架时，即最短杆为连架杆，机构为曲柄摇杆机构。

(3)以 CD 为机架时，即最短杆为连杆，机构为双摇杆机构。

思考题：判别铰链四杆机构三种基本类型的最大前提是"铰链四杆机构中最短杆与最长杆长度之和、其余两杆长度之和"相互之间的大小关系。所以，在判别时首先应找出铰链四杆机构中哪一个杆是最短杆，哪一个杆是最长杆，其次判断它们之间的杆长关系，最后根据铰链四杆机构中以哪个作为机架来判别铰链四杆机构的类型。以上说法是否正确？

(二)急回特性

在曲柄摇杆机构中，如图 2-20 所示，曲柄 AB 为主动件做等角速度转动，BC 为连杆，CD 为摇杆，摇杆处于初始位置 C_1D 和终止位置 C_2D 两极限位置的夹角称为摇杆的摆角，用 ψ 表示。曲柄处于两极限位置 AB_1 和 AB_2 所夹的锐角称为极位夹角，用 θ 表示。当摇杆 CD 由 C_1D 摆动到 C_2D 位置时，所需时间为 t_1，平均速度为 $\boldsymbol{v}_1$。

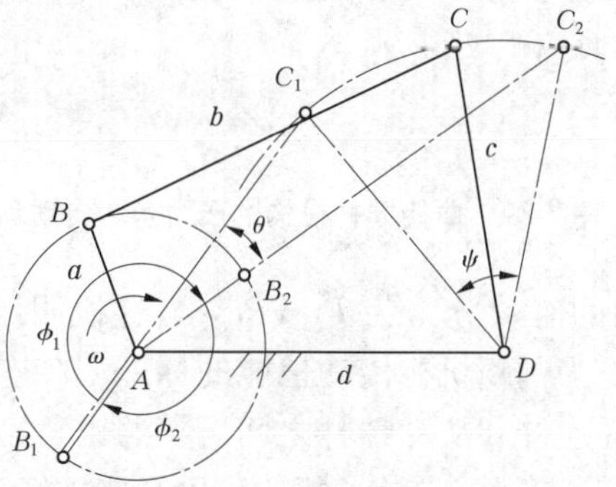

图 2-20　曲柄摇杆机构的急回特性分析

曲柄 AB 以等角速度顺时针从 AB_1 转到 AB_2，转过角度为 $\varphi_1=180°+\theta$。当摇杆 CD 由 C_2D 摆回到 C_1D 位置时，所需时间为 t_2，平均速度为 v_2。

曲柄 AB 以等角速度顺时针从 AB_2 转到 AB_1，转过的角度为 $\varphi_2=180°-\theta$。由于曲柄 AB 等角速度转动，所以 $\varphi_1>\varphi_2$，$t_1>t_2$，因此 $v_2>v_1$。

由此可见，主动件曲柄 AB 以等角速度转动时，从动件摇杆 CD 做往复摆动的平均速度并不相等。往往我们把进程的平均速度定为 v_1，而回程的平均速度定为 v_2。显而易见，从动件回程速度比进程速度快。这个性质称为机构的急回特性。我们把回程平均速度与进程平均速度之比称为行程速比系数，用 K 表示：

$$K = \frac{v_2}{v_1} = \frac{C_1C_2/t_2}{C_1C_2/t_1} = \frac{t_1}{t_2} = \frac{\varphi_1}{\varphi_2} = \frac{180° + \theta}{180° - \theta} \tag{2-1}$$

或

$$\theta = 180° \times \frac{K-1}{K+1} \tag{2-2}$$

可见,θ 表示了急回程度的大小,θ 越大急回程度越强,当 $\theta=0°$时,机构无急回特性。在机械设计时,可根据需要先设定 K 值,然后算出 θ 值,再由此计算得到各构件的长度尺寸。

急回特性在实际应用中广泛用于单向工作的场合,使回程所花的非生产时间缩短以提高生产率,例如牛头刨床滑枕的运动。

(三)压力角和传动角

在生产中,不仅要求连杆机构能实现预定的运动规律,而且希望运转轻便,效率较高。图 2-21 所示的曲柄摇杆机构,如不计各杆质量和运动副中的摩擦,则连杆 BC 为二力杆,它作用于从动摇杆 CD 上的力 P 是沿 BC 方向的。作用在从动件上的驱动力 P 与该力作用点绝对速度 v_C 之间所夹的锐角 α 称为压力角。

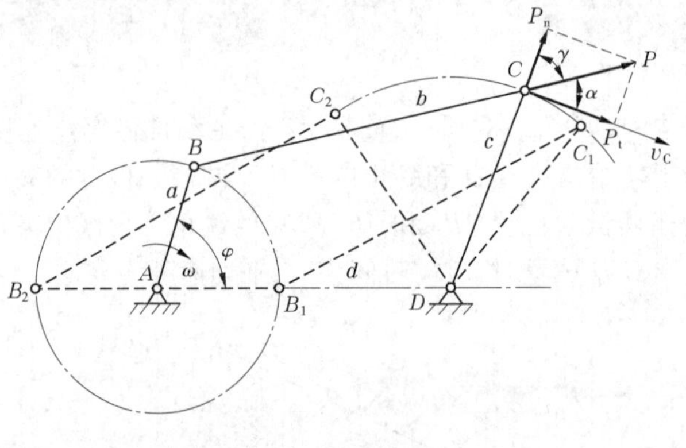

图 2-21　曲柄摇杆机构的压力角和传动角

可见,力 P 在 v_C 方向的有效分力为 $P_t = P\cos\alpha$,这说明压力角越小,有效分力就越大。也就是说,压力角可作为判断机构传动性能的标志。在连杆设计中,为了度量方便,习惯用压力角 α 的余角 γ(连杆和从动摇杆之间所夹的锐角)来判断传力性能,γ 称为传动角。因 $\gamma = 90° - \alpha$,所以 α 越小,γ 越大,机构传力性能越好;反之,α 越大,γ 越小,机构传力越费劲,传动效率越低。

机构运转时,传动角是变化的,为了保证机构正常工作,必须规定最小传动角 γ_{min}。对于一般功率,通常取 $\gamma_{min} \geqslant 40°$;对于颚式破碎机、冲床等大功率机械,最小传动角应当取大一些,可取 $\gamma_{min} \geqslant 50°$;对于小功率的控制机构和仪表,$\gamma_{min}$ 可略小于 40°。

思考题:压力角是越小越好还是越大越好?提出"传动角"这个概念的目的是什么?

(四)死点位置

在曲柄摇杆机构中,当摇杆 CD 为主动件、曲柄 AB 为从动件,连杆 BC 与曲柄 AB 处于共线位置时,连杆 BC 与曲柄 AB 之间的传动角 $\gamma = 0°$,压力角 $\alpha = 90°$时,无论连杆 BC

传给从动件曲柄 AB 的力多大,曲柄 AB 都不动,机构所处的这种位置称为死点位置,又称止点位置。

例如,在家用缝纫机的踏板机构中就存在死点位置。机构存在死点位置是不利的,对于连续运转的机器,采取以下措施可使机构顺利地通过死点位置:

(1)利用从动件的惯性顺利地通过死点位置。家用缝纫机的踏板机构中大带轮就相当于飞轮,利用惯性通过死点。

(2)采用错位排列的方式顺利地通过死点位置,例如 V 型发动机。

四杆机构是否存在死点,取决于从动件是否与连杆共线。在曲柄摇杆机构中,如果曲柄为主动件,则连杆为从动件,因连杆与摇杆不存在共线的位置,故不存在死点。又如在曲柄滑块机构中,如果曲柄为主动件,也不存在死点。

有时可利用死点位置实现某种功能。如图 2-22 所示,当工件被夹具夹紧后,四杆机构的铰链中心 B、C、D 处于同一条直线上,工件经杆 1 传给杆 2,再由杆 2 传给杆 3 的力,通过回转中心 D 不能使杆 3 转动,因此当 P 去掉后仍能夹紧工件。此外,利用死点位置的还有汽车发动机机盖、飞机起落架、折叠椅等。

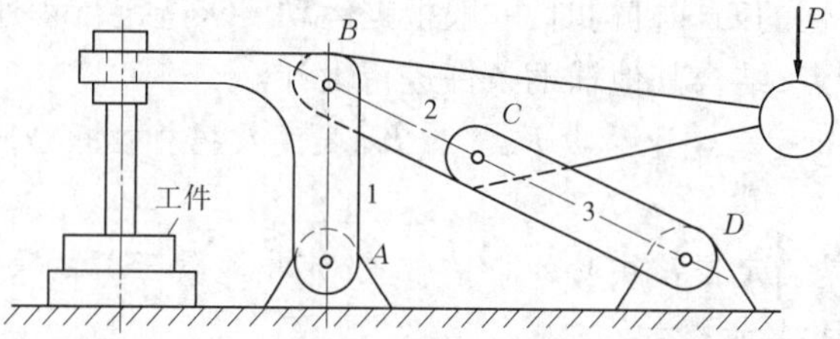

图 2-22 钻床夹

四、平面四杆机构的设计

平面连杆机构常见问题的设计:①实现构件给定位置,即要求连杆机构能引导构件按规定顺序精确或近似地经过给定的若干位置;②实现已知运动规律,即要求主、从动件满足已知的若干组对应位置关系,包括满足一定的急回特性要求,或者在主动件运动规律一定时,从动件能精确或近似地按给定规律运动;③实现已知运动轨迹,即要求连杆机构中做平面运动的构件上某一点精确或近似地沿着给定的轨迹运动。

平面四杆机构设计的方法有解析法、图解法和实验法。下面仅介绍前两种方法。

(一)用图解法设计四杆机构

【例题 2-2】 已知连杆 BC 的长度和依次占据的三个位置 B_1C_1、B_2C_2 和 B_3C_3,如图 2-23所示。试确定满足上述条件的铰链四杆机构的其他各杆件的长度和位置。

解:(1)选定长度比例尺 μ_l,绘出连杆的三个位置 B_1C_1、B_2C_2 和 B_3C_3。

(2)联接 B_1B_2、B_2B_3、C_1C_2 和 C_2C_3,分别作其垂直平分线 b_{12}、b_{23}、c_{12}和 c_{23},b_{12}和 b_{23}的交点即为 A,c_{12}和 c_{23} 的交点即为 D,A、D 两点便是两个连架杆的固定铰链中心。联接 AB_1、C_1D、B_1C_1,AB_1C_1D 即为所求的四杆机构。

(3)测量 AB_1、C_1D、AD,计算 L_{AB}、L_{CD}、L_{AD}的长度。$l_{AB}=\mu_l AB_1$;$l_{CD}=\mu_l C_1D$;$l_{AD}=\mu_l AD$。

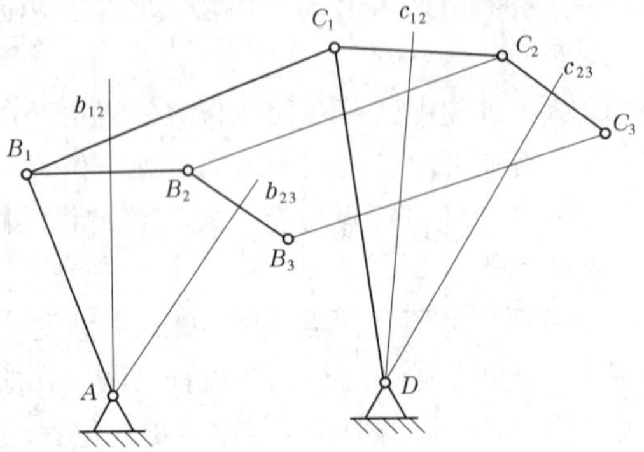

图 2-23　给定连杆的三个位置设计四杆机构

在实际工程中，有时只给定连杆的两个位置 B_1C_1 和 B_2C_2，由于 A 和 D 点可任意选取，所以有无穷解。在实际设计中可根据其他辅助条件，例如限制最小传动角或者 A、D 的安装位置来确定铰链 A、D 的安装位置。

（二）给定行程速比系数设计四杆机构

设计具有急回特性的四杆机构时，一般根据运动要求选定行程速比系数，然后根据机构极限位置的几何特点，结合其他辅助条件进行设计。

【例题 2-3】　已知行程速比系数 K，摇杆 L_{CD} 长度及摇杆摆角 ψ，试用图解法设计曲柄摇杆机构。

解：设计的实质是确定铰链中心 A 点的位置，定出其他三杆的尺寸 L_{AB}、L_{BC} 和 L_{AD}。设计过程如图 2-24 所示，其步骤如下：

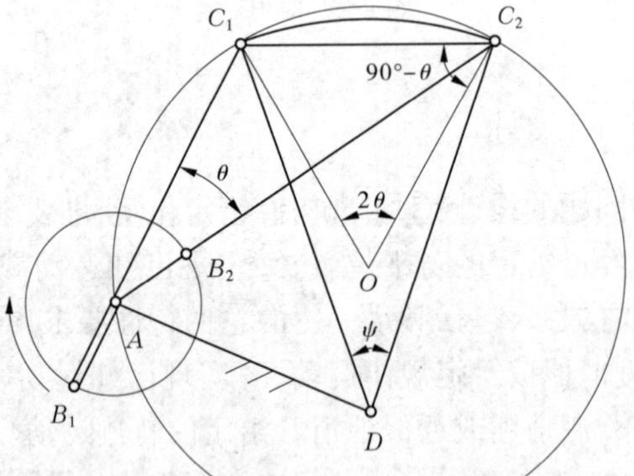

图 2-24　按行程速比系数设计四杆机构

(1) 由给定的行程速比系数 K，按式(2-2)，求出极位夹角 θ。

(2) 任选固定铰链中心 D 的位置，由摇杆长度 L_{CD} 和摆角 ψ，作出摇杆两个极限位置 C_1D 和 C_2D。

(3) 联接点 C_1 和 C_2，作 $\angle C_1C_2O = 90° - \theta$，$\angle C_2C_1O = 90° - \theta$，$C_2O$ 与 C_1O 相交于 O 点，由图可见，$\angle C_1OC_2 = 2\theta$。

(4) 以 O 为圆心，以 OC_1 为半径作圆，此圆上任取一点 A 作为曲柄的固定铰链中心。

连 AC_1 和 AC_2，因同一圆弧的圆周角相等，故 $\angle C_1AC_2 = \angle C_1OC_2/2 = \theta$。

(5)因极限位置处曲柄与连杆共线，故 $AC_1 = L_{BC} - L_{AB}$，$AC_2 = L_{BC} + L_{AB}$，从而得曲柄长度 $L_{AB} = (AC_2 - AC_1)/2$。再以 A 为圆心、L_{AB} 为半径作圆，交 C_1A 的延长线于 B_1，交 C_2A 于 B_2，即得 $B_1C_1 = B_2C_2 = L_{BC}$ 及 $AD = L_{AD}$。

由于 A 点是圆 O 上任选的点，所以若仅按行程速比系数 K 设计，可得无穷多的解。A 点位置不同，机构传动角的大小也不同。若要获得良好的传动质量，可按照最小传动角最优或其他辅助条件来确定 A 点的位置。

五、拓展提高

某铰链四杆机构如图 2-25 所示，已知 $L_{BC} = 50$ mm，$L_{CD} = 35$ mm，$L_{AD} = 30$ mm，取 AD 为机架。问：

(1)如果该机架能成为曲柄摇杆机构，AB 为曲柄，求 L_{AB}的取值范围。

(2)如果该机架能成为双曲柄机构，求 L_{AB} 的取值范围。

(3)如果该机架能成为双摇杆机构，求 L_{AB} 的取值范围。

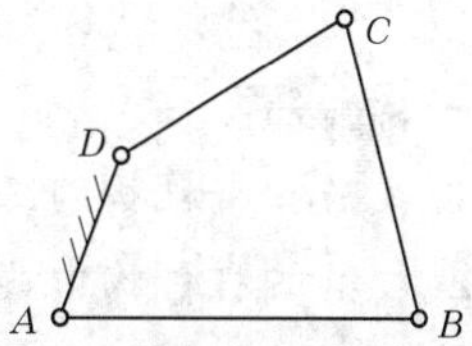

图 2-25　某铰链四杆机构图

问题分析：根据“最短杆杆长 + 最长杆杆长 ≤ 其他两杆杆长之和”的原则进行解题。

(1)曲柄摇杆机构。最短杆为连架杆，即 AB 最短杆，AD 为机架，$L_{AB} + 50 \leqslant 30 + 35$。所以有 $0 < L_{AB} \leqslant 15$ mm。

(2)双曲柄机构。最短杆为机架，即 AD 为最短杆，先假设 BC 为最长杆有 $30 + 50 \leqslant 35 + L_{AB}$，则 $L_{AB} \geqslant 45$ mm；若 AB 为最长杆，有 $30 + L_{AB} \leqslant 50 + 35$，则 $L_{AB} \leqslant 55$ mm。所以有 45 mm $\leqslant L_{AB} \leqslant$ 55 mm。

(3)双摇杆机构。最短杆为连杆，所以根据“最短杆杆长 + 最长杆杆长 > 其他两杆杆长之和”的原则，AB 最短时，$L_{AB} + 50 > 30 + 35$，15 mm $< L_{AB} <$ 30 mm；AB 最长时，$L_{AB} + 30 > 50 + 35$，$L_{AB} > 55$ mm，则 55 mm $< L_{AB} <$ 115 mm；AB 不长不短时，$30 + 50 > L_{AB} + 35$，则 30 mm $< L_{AB} <$ 45 mm。所以有 15 mm $< L_{AB} <$ 30 mm，55 mm $< L_{AB} <$ 115 mm，30 mm $< L_{AB} <$ 45 mm。

小　结

(1)平面连杆机械的应用非常广泛，在日常生活和生产中经常遇到各种类型的连杆机构，尽管它们的外形千变万化，但经分析、演化，都可归为少数几种基本类型，所以在学习过程中，对四杆机构的基本类型及其演化这部分内容要重点掌握。

(2)平面连杆机构的基本形式为平面铰链四杆机构，有曲柄摇杆机构、双曲柄机构和双摇杆机构三种形式。平面铰链四杆机构的类型取决于组成机构的各杆长关系和对机架选择。将平面铰链四杆机构中的一个或两个转动副演化为移动副，就演变出新型的平面连杆机构：曲柄滑块机构、偏心轮机构、导杆机构、摆块机构和定块机构等。

(3)掌握平面铰链四杆机构存在曲柄的条件、压力角、传动角、死点位置、行程速比系数等基本概念是分析和设计平面铰链四杆机构的基础。存在曲柄的条件取决于各杆长的相对关系和机架的选择。压力角、传动角是机构动力分析的基础，影响机构的动力学性能。了解死点的特性，克服其缺点，利用其优点。行程速比系数反映了机构的急回运动性质。

(4)平面四杆机构的设计是本章的一个难点。不同的设计任务和设计要求，应采用不同的设计方法。图解法直观，易理解，常用于解决给定位置的设计任务。

习题与训练题

一、简答题

1. 铰链四杆机构的三种形式各有何特点？试举出你所熟知的四杆机构应用实例。
2. 铰链四杆机构中曲柄存在的条件是什么？
3. 判断四杆机构有无急回特性的根据是什么？
4. 试分析机构拥有死点位置的利与弊。
5. 通过"平面四杆机构的设计"的内容学习，如何理解"设计是一种创造性的劳动"？

二、填空题

1. 一平面铰链四杆机构的各杆长度分别为 $a=350$，$b=600$，$c=200$，$d=700$：①当取 c 杆为机架时，则为＿＿＿＿＿类型；②当取 d 杆为机架时，则为＿＿＿＿＿类型。
2. 平面连杆机构由一些刚性构件用＿＿＿副和＿＿＿副相互联接而组成。
3. 在铰链四杆机构中，能做整周连续旋转的构件称为＿＿＿＿＿，只能来回摇摆某一角度的构件称为＿＿＿＿＿，直接与连架杆相联接，借以传递运动和动力的构件称为＿＿＿＿＿。
4. 铰链四杆机构的三种基本形式是＿＿＿机构、＿＿＿机构、＿＿＿机构。
5. 平面连杆机构的急回运动特性可用以缩短＿＿＿，从而提高工作效率。

三、选择题

1. 曲柄摇杆机构中，摇杆为主动件，(　　)死点位置。

   A. 不存在　　B. 曲柄与连杆共线时为　　C. 摇杆与连杆共线时为

2. 为保证四杆机构良好的机械性能，(　　)不应小于最小许用值。

   A. 压力角　　B. 传动角　　C. 极位夹角

四、计算题

1. 试根据图 2-26 所标明的尺寸(单位:mm)，判别各铰链四杆机构的类型。
2. 标注下列机构在图 2-27 所示位置的压力角。
3. 试证明摆动导杆机构极位夹角等于摇杆的摆角，即 $\theta=\psi$。

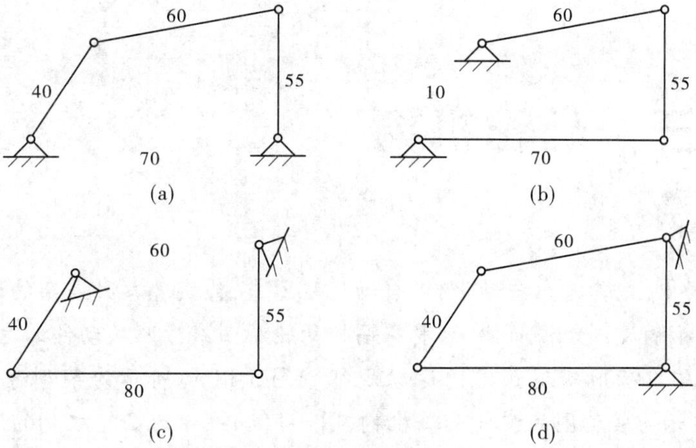

图 2-26　计算题 1 图

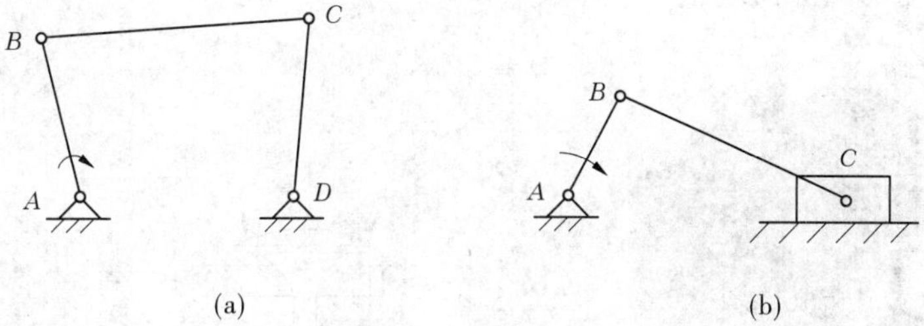

图 2-27　计算题 2 图

模块三　凸轮机构

【模块导入】

在各种机器中，尤其是在自动化、半自动化机器中，为实现各种复杂的运动要求，常采用凸轮机构，该机构设计比较简便，只要将凸轮的轮廓曲线按照从动件的运动规律设计出来，从动件就能较准确地实现预定的运动规律。图 3-1(a)所示为某型号内燃机的实物图，图 3-1(b)所示为实物图的配气凸轮机构，图 3-1(c)所示为凸轮机构的运动简图。

本模块主要学习凸轮机构的构成、类别等知识，讲述盘状凸轮轮廓曲线绘制的基本方法和凸轮设计中的相关问题。

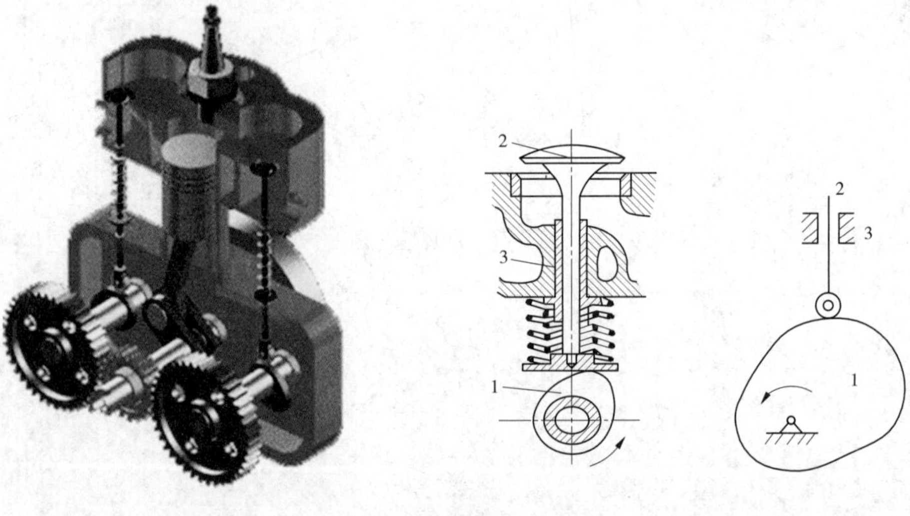

(a)　　(b)　　(c)

1—凸轮；2—从动件；3—机架

图 3-1　内燃机的凸轮机构

一、凸轮机构的应用与分类

(一)凸轮机构的应用

凸轮机构由凸轮、从动件和机架三部分组成，如图 3-1(c)所示。

图 3-1(b)所示为内燃机配气凸轮机构。当具有一定曲线轮廓的凸轮 1 以等角速度回转时，它的轮廓迫使从动件 2(阀杆)按内燃机工作循环的要求启闭阀门。

图 3-2 为自动机床上控制刀架运动的凸轮机构。当圆柱凸轮 1 回转时，凸轮凹槽侧面迫使杆 2 运动，以驱动刀架运动。凹槽的形状决定刀架的运动规律。

凸轮一般做连续等速转动，从动件可做连续或间歇的往复运动或摆动。凸轮机构作为控制机构被广泛用于自动化和半自动化机械中。其优点是：只需设计出适当的凸轮轮廓，就可使从动件实现各种预期的运动规律，结构简单、紧凑，设计方便。缺点是：凸轮与从动件为点接触或线接触（为高副机构），应力大，加工难，成本高，易于磨损。所以，凸轮机构通常用于传力较小的控制机构。

（二）凸轮机构的分类

凸轮机构的类型很多，通常按凸轮和从动件的形状、运动形式、接触方式分类。

1. 按凸轮的形状分类

（1）盘形凸轮。它是凸轮的最基本形式。这种凸轮是一个绕固定轴转动并且具有变化半径的盘形零件，如图 3-1（b）所示。

（2）移动凸轮。当盘形凸轮的回转中心趋于无穷远时，凸轮相对机架做直线运动，这种凸轮称为移动凸轮，如图 3-3 所示。

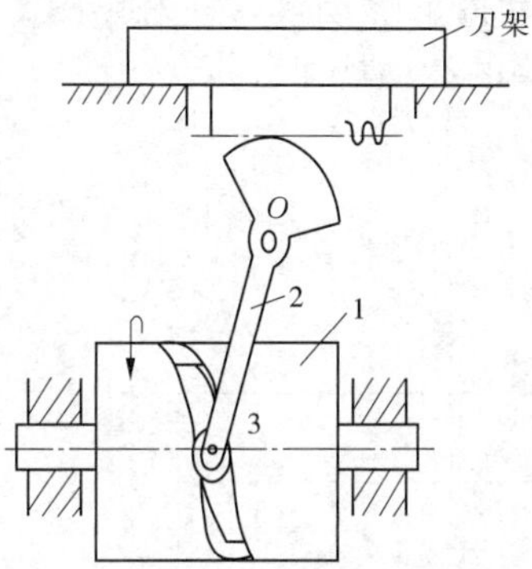

图 3-2 控制刀架运动的凸轮机构

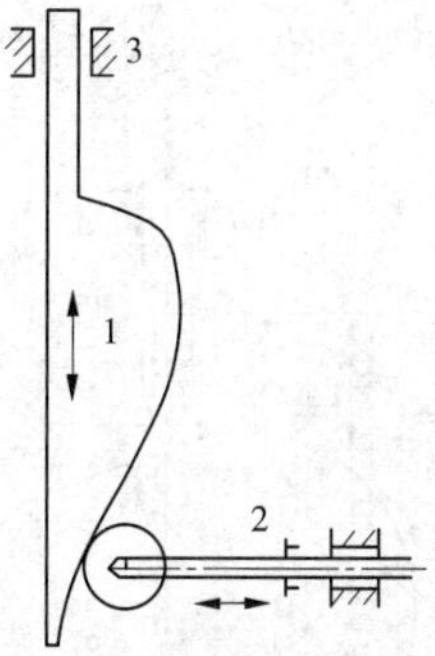

图 3-3 冲床装卸料机构

（3）圆柱凸轮。将移动凸轮卷成圆柱体称为圆柱凸轮，如图 3-2 所示。

2. 按从动件的形状分类

（1）尖顶从动件。尖顶能与任意复杂的凸轮轮廓保持接触，因而能实现任意预期的运动规律。但因为尖顶磨损快，所以只宜用于受力不大的低速凸轮机构中，如图 3-4（a）所示。

（2）滚子从动件。在从动件的尖顶处安装一个滚子从动件，可以克服尖顶从动件易磨损的缺点。滚子从动件耐磨损，可以承受较大载荷，是最常用的一种从动件形式，如图 3-3、图 3-4（b）所示。

（3）平底从动件。这种从动件与凸轮轮廓表面接触的端面为一平面，所以它不能与凹陷的凸轮轮廓相接触。这种从动件的优点是：当不考虑摩擦时，凸轮与从动件之间的作用力始终与从动件的平底相垂直，传动效率较高，且接触面易于形成油膜，利于润滑，故常用于高速凸轮机构，如图 3-1（b）、图 3-4（c）所示。

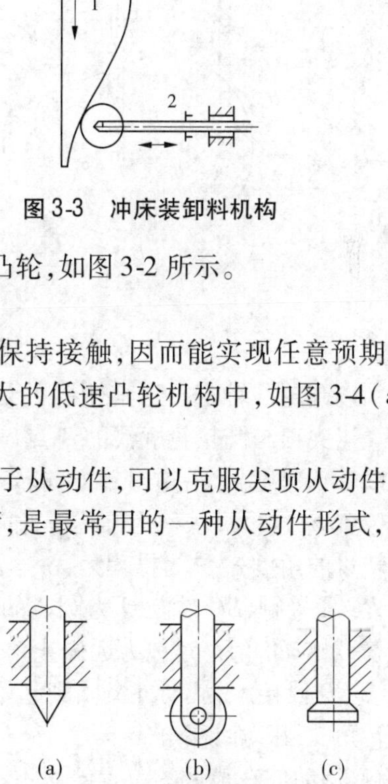

图 3-4 从动件的形状

3. 按从动件运动形式分类

按照凸轮机构从动件的运动形式，可分为直动从动件（包括对心直动从动件和偏置直动从动件）和摆动从动件两种。

4. 按接触方式分类

凸轮机构中，采用重力、弹簧力使从动件端部与凸轮始终相接触的方式称为力锁合，如图 3-1（b）所示；采用特殊几何形状实现从动件端部与凸轮相接触的方式称为形锁合，如图 3-2 所示。

尽管凸轮机构的类型很多，但在实际应用中往往采用复合名称，如尖顶直动从动件盘形凸轮机构。

思考题：试计算图 3-1（c）所示机构的自由度，并判断其相对运动的确定性。

二、常用的从动件运动规律

从动件随主动件的运动发生变化的规律称为从动件的运动规律。现以图 3-5（a）所示的尖顶直动从动件盘形凸轮机构为例进行凸轮机构的运动规律分析。

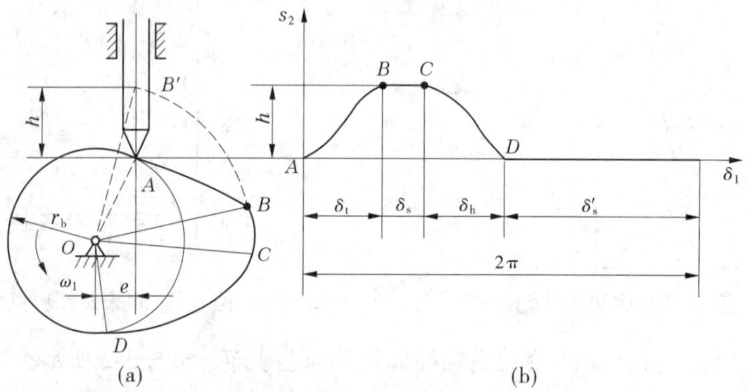

图 3-5　从动件位移线图

以凸轮回转中心到其轮廓的最小向径为半径所绘制出的圆称为基圆，半径用 r_b 表示。当尖顶与凸轮轮廓线的 A 点（在基圆上）接触时，从动件处于上升的起始位置。当凸轮以等角速度 ω_1 沿逆时针方向转动时，从动件在凸轮的推动下以一定的运动规律到达最远位置 B，这个过程称为推程。此时从动件所走过的距离称为升程，用 h 表示，相应凸轮所转过的角度 δ_t 称为推程角（$\delta_t = \angle AOB$）。当凸轮继续回转 δ_s 角时，从动件与凸轮轮廓线 BC 段接触，BC 是以 O 为圆心的一段圆弧，因此从动件静止不动，这期间从动件呈休止状态，对应的角度 δ_s 称为远休止角（$\delta_s = \angle BOC$）。凸轮继续回转 δ_h 时，从动件与凸轮轮廓线 CD 段接触，从动件又回到起始位置，这个过程称为回程，其回程量仍为 h，对应的凸轮转角 δ_h 称为回程角（$\delta_h = \angle COD$）。当凸轮继续回转 δ_s' 时，从动件与凸轮基圆的 DA 段接触，从动件在最低的位置停留不动，对应的角度 δ_s' 称为近休止角。当凸轮继续回转时，从动件的运动又重复上述过程。

从动件位移曲线如图 3-5（b）所示，其横坐标代表凸轮转角 δ_1（因通常凸轮等角速度转动，故横坐标也代表时间 t，本模块中主动件用"1"表示），纵坐标代表从动件位移 s_2（本模块中从动件用"2"表示），表明从动件位移 s_2 与凸轮转角 δ_1（或时间 t）的关系曲线称为从动件的位移曲线。

(一)等速运动规律

凸轮角速度 ω_1 为常数时,从动件速度 v_2 不变,称为等速运动规律。位移方程可表达为 $s_2 = h\omega_1/\delta_t$,图 3-6 为等速运动规律推程时的位移、速度和加速度线图。对于等速运动规律,起点和终点瞬时的加速度 a_2 为无穷大,此时引起的无限冲击称为刚性冲击。因此,等速运动规律应用于中、小功率和低速运动的场合。

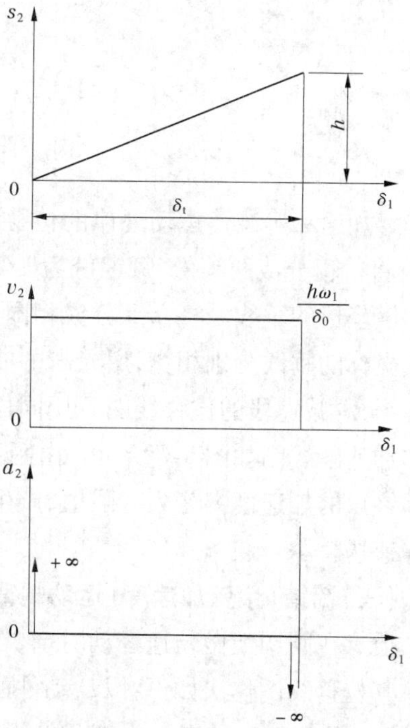

图 3-6　等速运动从动件推程时的运动规律

推程时从动件的运动规律方程为

$$\begin{cases} s_2 = \dfrac{h}{\delta_t}\delta_1 \\ v_2 = \dfrac{h}{\delta_t}\omega_1 \\ a_2 = 0 \end{cases} \tag{3-1}$$

回程时从动件的运动规律方程为

$$\begin{cases} s_2 = h\left(1 - \dfrac{\delta_1}{\delta_h}\right) \\ v_2 = -\dfrac{h}{\delta_h}\omega_1 \\ a_2 = 0 \end{cases} \tag{3-2}$$

为避免由此产生的刚性冲击,实际应用时常用圆弧或其他曲线修正位移线图的始、末两端,修正后的加速度 a_2 为有限值,此时引起的有限冲击称为柔性冲击,如等加速 - 等减速运动规律。

(二)等加速 - 等减速运动规律

等加速 - 等减速运动规律,在前半程用等加速运动规律,后半程采用等减速运动规律,两部分加速度绝对值相等。前半程运动方程为

$$\begin{cases} s_2 = \dfrac{2h}{\delta_t^2}\delta_1^2 \\ v_2 = \dfrac{4h\omega_1}{\delta_t^2}\delta_1 \\ a_2 = \dfrac{4h\omega_1^2}{\delta_t^2} \end{cases} \tag{3-3}$$

后半程运动方程为

$$\begin{cases} s_2 = h - \dfrac{2h}{\delta_h^2}(\delta_h - \delta_1)^2 \\ v_2 = \dfrac{4h\omega_1}{\delta_h^2}(\delta_h - \delta_1) \\ a_2 = -\dfrac{4h\omega_1^2}{\delta_h^2} \end{cases} \tag{3-4}$$

等加速－等减速运动规律的位移线图的画法为：将推程角 δ_t 分成两等份，每等份为 $\delta_t/2$；将行程分成两等份，每等份为 $h/2$。将 $\delta_t/2$ 分成若干等份，得 1、2、3、4 等点，过这些点作横坐标的垂线。将 $h/2$ 分成相同的等份 1′、2′、3′、4′等点，连 01′、02′、03′、04′与相应的横坐标的垂线分别相交，用光滑的曲线将这些交点联接起来便得到推程等加速段的位移线图，等减速段的位移线图可用同样的方法求得。等加速－等减速运动规律的位移、速度和加速度线图如图 3-7 所示。由图不难看出，等加速－等减速运动规律在运动起点、中点和终点的加速度突变为有限值，产生柔性冲击。所以，等加速－等减速运动规律只适用于中速场合。

（三）简谐（余弦加速度）运动规律

质点在圆周上做匀速运动时，它在这个圆周直径上的投影所构成的运动称为简谐运动。其位移线图作法如下：以从动件的行程 h 为直径画半圆，将此半圆分成若干等份（见图 3-8），得 1、2、3、…点。再把凸轮推程角分成相应等份，得 1、2、3、…点，并作其垂线，然后将圆周上的等分点投影到相应的垂直线上得交点。用光滑曲线联接这些交点，即可得到从动件的位移线图。

简谐运动规律从动件推程的运动方程（回程的运动方程从略）为

$$\begin{cases} s_2 = \dfrac{h}{2}\left[1 - \cos\left(\dfrac{\pi}{\delta_t}\delta_1\right)\right] \\ v_2 = \dfrac{\pi h\omega_1}{2\delta_t}\sin\left(\dfrac{\pi}{\delta_t}\delta_1\right) \\ a_2 = \dfrac{\pi^2 h\omega_1^2}{2\delta_t^2}\cos\left(\dfrac{\pi}{\delta_t}\delta_1\right) \end{cases} \tag{3-5}$$

图 3-8 为简谐运动规律推程时的位移、速度和加速度线图。不难看出，简谐运动的加速度线图为余弦线图，故又称其为余弦加速度运动规律。这种运动规律加速度曲线在运动开始和终止时有突变，故也有柔性冲击，因此只适用于中速凸轮机构。但当从动件在整个运动过程中没有休止状态时，加速度曲线保持连续，因而避免冲击，此时可用于高速凸轮机构。

思考题：在机械运行现场，凸轮的冲击力往往取决于凸轮转速的大小，这是为什么？

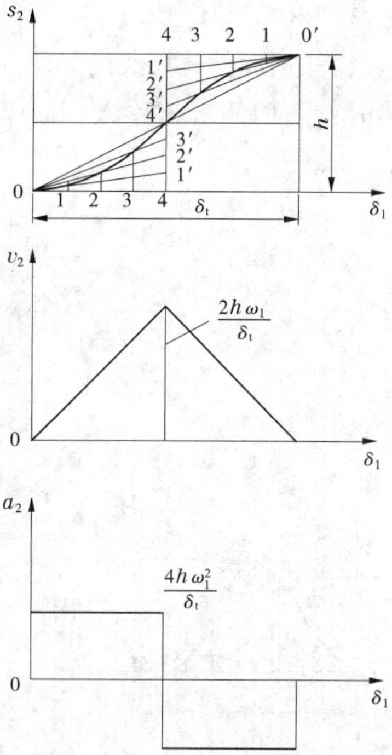

图 3-7　等加速－等减速运动从动件的运动规律

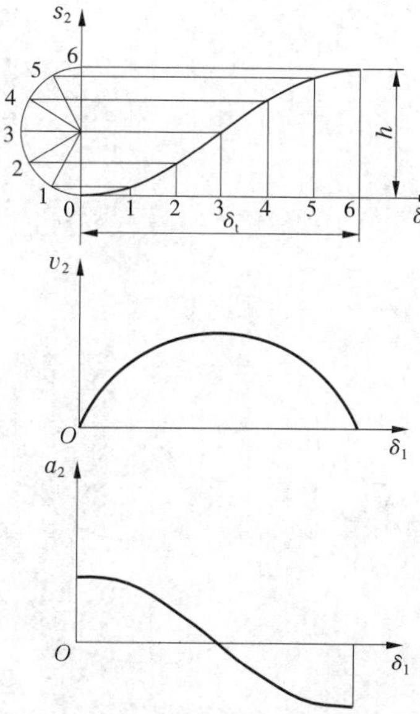

图 3-8　简谐运动从动件的运动规律

三、用图解法设计盘形凸轮轮廓曲线

在合理地选择从动件的运动规律之后，根据工作要求、结构所允许的空间、凸轮转向和凸轮的基圆半径，就可设计凸轮的轮廓曲线。设计方法通常有图解法和解析法。图解法简单、直观，但精度有限，因此作图法适用于低速或精度要求不高的场合。解析法精度较高，适用于高速或精度要求较高的场合，往往借助于计算机辅助进行设计。本环节介绍几种常见的凸轮轮廓的绘制方法。

（一）反转法原理

当凸轮机构工作时，凸轮是运动的，而绘制凸轮轮廓时，却需凸轮与图纸相对静止。所以，用图解法绘制凸轮轮廓曲线时要利用相对运动原理。

当凸轮以等角速度 ω_1 顺时针转动时，从动件将在导路内完成预期的运动规律。根据相对运动原理，如果给整个机构附加一个上绕凸轮轴心 O 的公共角速度 $-\omega_1$，机构各构件间的相对运动不变，但此时凸轮将会静止不动，而从动件一方面随机架和导路以角速度 $-\omega_1$ 绕 O 点转动，另一方面又在导路中按原来的运动规律往复移动。由于尖顶始终与凸轮轮廓相接触，所以在从动件的这种复合运动中，其尖顶的运动轨迹就是凸轮轮廓曲线。这种按相对运动原理绘制凸轮轮廓曲线的方法称为反转法。

(二)对心移动尖顶从动件盘形凸轮轮廓的绘制

图 3-9(a)所示为对心尖顶直动从动件盘形凸轮。已知从动件位移线图如图 3-9(b)所示、凸轮的基圆半径 r_b 以及凸轮以等角速度 ω_1 顺时针方向回转,要求绘出此凸轮的轮廓。

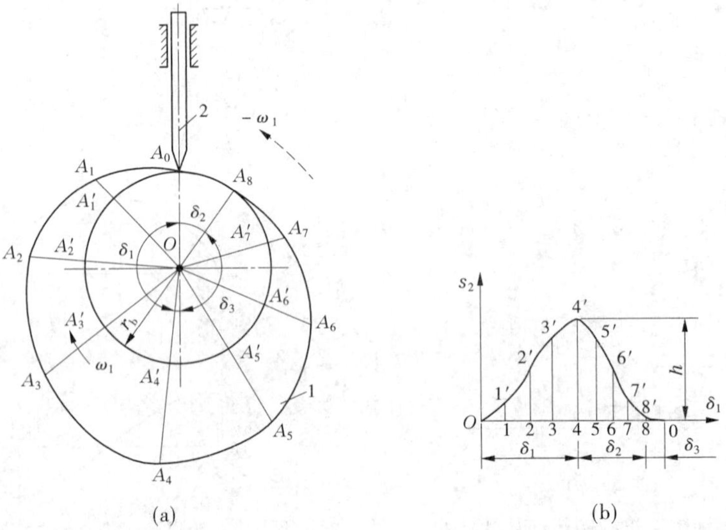

图 3-9　对心尖顶直动从动件盘形凸轮

设计中采用反转法:给整个机构加上绕凸轮轴心 O 的公共角速度 $-\omega_1$,机构各构件间的相对运动不变。由于尖顶始终与凸轮轮廓相接触,所以反转后尖顶的运动轨迹就是凸轮轮廓。

具体设计步骤如下:

(1)选比例尺 μ_l,作半径为 r_b 的基圆。

(2)反向等分各运动角并作射线。射线数目的原则是陡密缓疏。

(3)确定反转后,截取从动件位移线图上的各个位移量,将其对应在相应的射线上,以确定从动件尖顶在各等份点的位置。

(4)将各尖顶点联接成一条光滑曲线,便得到所要求的凸轮轮廓。

思考题: 在上述设计步骤中,等分各运动角的射线原则是陡密缓疏。如何理解这句话?

(三)偏置移动尖顶从动件盘形凸轮轮廓的绘制

若为偏置尖顶直动从动件,如图 3-10 所示。显然,从动件在反转运动中,其导路始终与凸轮轴心 O 保持偏距 e。因此,设计这种凸轮轮廓时,首先以 O 为圆心、偏距 e 为半径作偏距圆切于从动件导路;其次以 r_b 为半径作基圆,基圆与导路的交点 A_0 即为从动件的起始位置。画出反转后从动件导路的一系列位置,从动件的相应位移应在这些切线上量取，便得到所要求的凸轮轮廓。

（四）对心移动滚子从动件盘形凸轮轮廓的绘制

若将尖顶改为滚子，如图 3-11 所示，则其凸轮轮廓可按下述方法绘制：首先，把滚子中心看作尖顶从动件的尖顶，按上面讲述的方法求出一条轮廓曲线 β_0；其次，以 β_0 上各点为中心，以滚子半径 r_T 为半径作一系列圆；最后，作这些圆的内包络线 β，它便是使用滚子从动件时凸轮的实际轮廓，而 β_0 称为此凸轮的理论轮廓。由作图过程可知，滚子从动件凸轮的基圆半径和压力角 α 均应当在理论轮廓上度量。

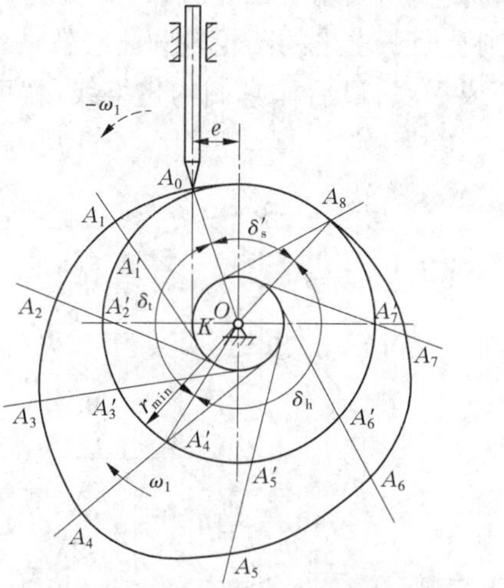

图 3-10　偏置尖顶直动从动件盘形凸轮

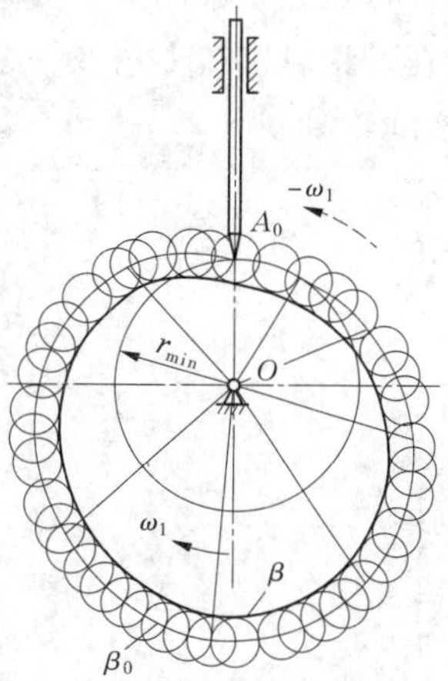

图 3-11　滚子直动从动件盘形凸轮

（五）对心移动平底从动件盘形凸轮轮廓的绘制

如图 3-12 所示，设计平底从动件盘形凸轮时，首先在平底直动从动件盘形凸轮底上选一固定点 A_0 视为尖顶，按照尖顶从动件凸轮轮廓的绘制方法，求出理论轮廓上一系列点 A_1、A_2、A_3、…；其次过这些点画出一系列平底 A_1B_1、A_2B_2、A_3B_3、…；然后作这些平底的包络线，便得到凸轮的实际轮廓曲线。

由图可见，平底上与凸轮实际轮廓相切的点是随着机构位置变化的。位置 1、6 是平底分别与凸轮轮廓相切于平底的最左位置和最右位置。为了保证平底始终与轮廓接触，平底左侧长度应大于 m，右侧长度应大于 l。

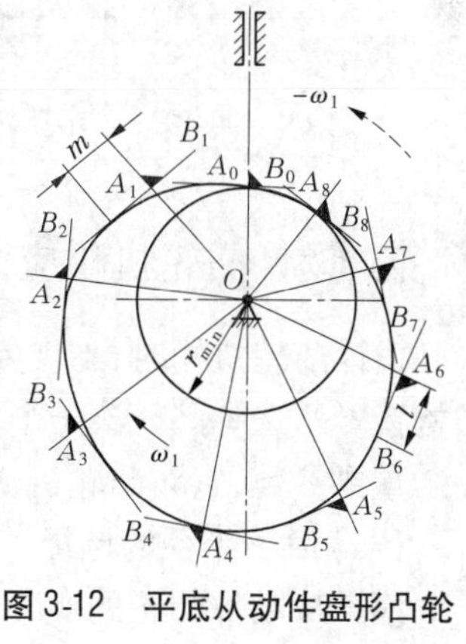

图 3-12　平底从动件盘形凸轮

（六）摆动从动件盘形凸轮轮廓的绘制

已知从动件的角位移线图（见图 3-13(a)），凸轮与摆动从动件的中心距为 L_{OA}，摆动从动件长度为 L_{AB}，凸轮的基圆半径为 r_b，凸轮以等角速度 ω 逆时针回转，从动件为尖顶摆动从动件，要求绘出此凸轮的轮廓。

对于摆动从动件盘形凸轮机构，其凸轮轮廓曲线的作图方法与以上介绍的直动从动件盘形凸轮机构相似，仍然采用反转法。如图 3-13 所示，尖顶摆动从动件盘形凸轮轮廓曲线的绘制步骤如下：

(1)以 O 为圆心，以 $OB_0=r_b$ 为半径画基圆，以 $OA_0=L_{OA}$ 为半径画中心圆。

(2)自 A_0 开始沿负角速度方向取角 δ_t、δ_s、δ_h、δ_s'、，再将 δ_t、δ_h 各分为与图 3-13(a)所示相对应的若干等份，得点 A_1、A_2、A_3、…，再以这些点为圆心，以 $AB=L_{AB}$ 为半径作弧与基圆交于 B_1、B_2、B_3、…，得线段 A_1B_1、A_2B_2、A_3B_3、…。

(3)自线段 A_1B_1、A_2B_2、A_3B_3、…开始，分别作 $\angle B_1'A_1B_1=11'$、$\angle B_2'A_2B_2=22'$、$\angle B_3'A_3B_3=33'$、…，使它们分别等于图 3-15(a)中对应的角位移，得点 B_1'、B_2'、B_3'、…。

(4)将 B_1'、B_2'、B_3'、…点连成光滑曲线，就得到了所要求的凸轮轮廓。

同上所述，如果采用滚子或平底从动件，则上面所求出的凸轮轮廓曲线就是理论轮廓线，只要在理论轮廓线上选取一系列点画滚子或平底，最后作它们的包络线，就可以求出相应的实际轮廓线。

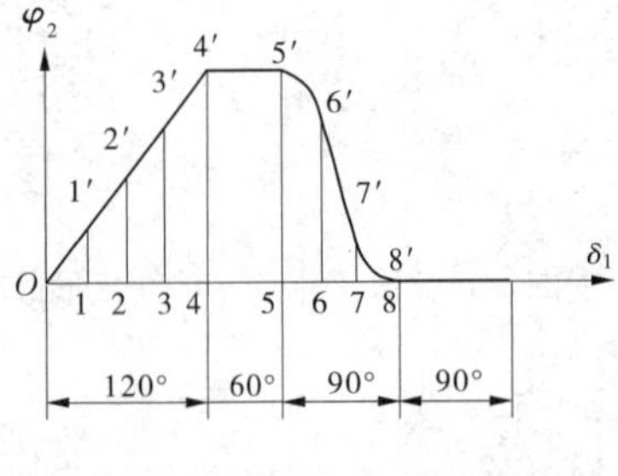

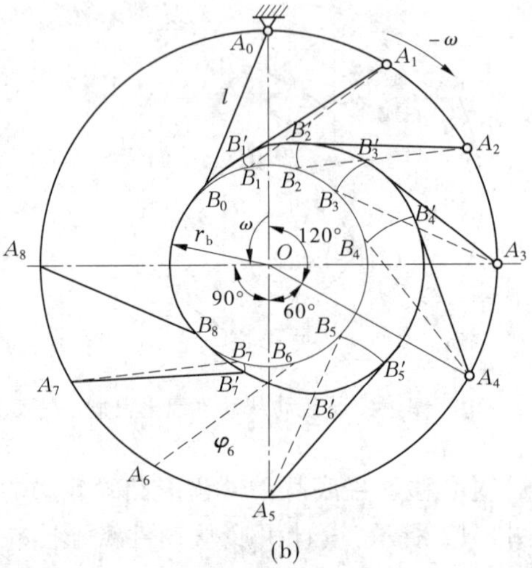

图 3-13 尖顶摆动从动件盘形凸轮

四、设计凸轮机构应注意的问题

设计凸轮机构时，不仅要保证从动件实现预定的运动规律，还要求传动时受力良好、结构紧凑。选择凸轮滚子半径时，应考虑其对凸轮轮廓的影响。基圆半径是凸轮轮廓的一个重要参数，它对凸轮机构尺寸、受力、磨损和效率有重要的影响。

(一)滚子半径的选择

滚子从动件凸轮的实际轮廓线，是以理论轮廓线上各点为圆心作一系列滚子圆的包络线而形成的，滚子选择不当，则无法满足运动规律。

必须指出，滚子半径的大小对凸轮实际轮廓有很大影响。如图 3-14 所示，设理论轮廓外凸部分的最小曲率半径用 ρ_{min} 表示，滚子半径用 r_T 表示，则相应位置实际轮廓线的曲率半径 $\rho'=\rho_{min}-r_T$。

当 $\rho_{min}>r_T$ 时，如图 3-14(a)所示，$\rho'>0$，实际轮廓线为一平滑曲线。

当 $\rho_{min}=r_T$ 时，如图 3-14(b)所示，$\rho'=0$，在凸轮实际轮廓线上产生了尖点，这种尖点极易磨损，磨损后就会改变原定的运动规律。

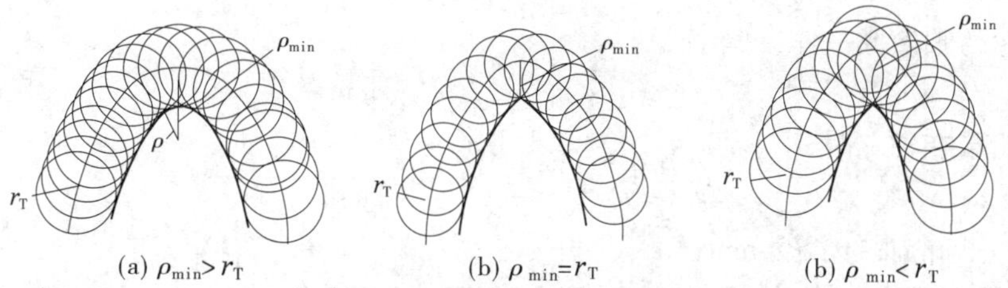

(a) $\rho_{min} > r_T$　　(b) $\rho_{min} = r_T$　　(b) $\rho_{min} < r_T$

图 3-14　滚子半径的选择

当 $\rho_{min} < r_T$ 时，如图 3-14(c)所示，$\rho' < 0$，实际轮廓线发生自交，图中自交部分的轮廓曲线在实际加工时将被切去，使这一部分运动规律无法实现。为了使凸轮轮廓在任何位置既不变尖，更不自交，滚子半径必须小于理论轮廓外凸部分的最小曲率半径 ρ_{min}（理论轮廓的内凹部分对滚子半径的选择没有影响）。如果 ρ_{min} 过小，按上述条件选择的滚子半径太小而不能满足安装和强度要求，就应当把凸轮基圆尺寸加大，重新设计凸轮轮廓。

滚子半径对凸轮实际轮廓的形状影响很大，为了避免实际轮廓变尖或运动失真，一般要求 $r_T \leqslant 0.8\rho_{min}$，凸轮轮廓的最小曲率半径 ρ_{min} 一般不小于 1 ~5 mm。

（二）压力角的选择和检验

压力角如图 3-15 所示，当不考虑从动件与凸轮接触处的摩擦时，凸轮对从动件的作用力 F 沿接触点 A 的法线 nn 方向，直动从动杆的速度 v 沿导路方向，法线 nn 与速度 v 之间所夹的锐角 α 即为压力角。

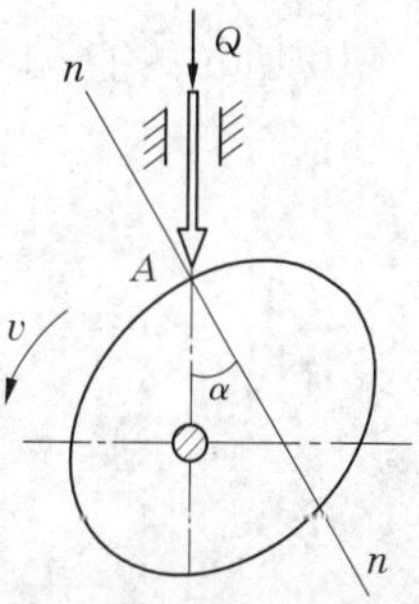

图 3-15　凸轮机构的压力角

研究表明，从动件运动规律相同时，对应点的压力角与基圆半径 r_b 等因素有关。如图 3-15 所示，基圆半径较大的凸轮对应点的压力角较小，传力性能好，但结构尺寸较大；基圆半径较小时，压力角较大，容易引自锁，但凸轮的结构比较紧凑。

对直动从动件凸轮机构，许用压力角 $[\alpha] = 30° \sim 38°$。

对摆动从动件凸轮机构，许用压力角

$$\begin{cases} [\alpha] = 40° \sim 50° & （工作行程）\\ [\alpha] = 70° \sim 80° & （回程）\end{cases}$$

压力角大小可简便地用量角器测取。最大压力角 α_{max} 一般出现在从动件上升的起始位置、从动件具有最大速度 v_{max} 的位置或在凸轮轮廓上比较陡的地方。

（三）基圆半径的确定

如果从动件位移已给出，增大基圆半径 r_b，则凸轮上各点对应的向径会增大，凸轮机构的尺寸也会增大。所以，凸轮的基圆半径应尽可能取得小些，以使所设计的凸轮机构尽可能紧凑些。同时，基圆半径 r_b 越小，凸轮推程轮廓越陡峻，压力角越大，致使机构效率太低，甚至发生自锁；基圆半径 r_b 越大，凸轮推程轮廓越平缓，压力角越小。因此，实际设计中，只是在保证 $\alpha_{max} \leqslant [\alpha]$ 的条件下，考虑缩小凸轮的尺寸。

目前，凸轮基圆半径的选取常用以下两种方法。

1. 根据凸轮的结构确定 r_b

当凸轮与轴做成一体(凸轮轴)时,

$$r_b \geqslant r + r_T + (2 \sim 5)\,\text{mm} \tag{3-6}$$

当凸轮装在轴上时,

$$r_b \geqslant r_n + r_T + (2 \sim 5)\,\text{mm} \tag{3-7}$$

式中　r——凸轮轴的半径,mm;

r_n——凸轮轮毂的半径,mm,一般 $r_n = (1.5 \sim 1.7)r$;

r_T——滚子半径,mm,若从动件不带滚子,则 $r_T = 0$。

2. 根据 $\alpha_{max} \leqslant [\alpha]$ 确定 r_b

工程上现已制备了根据从动件常用运动规律确定最大压力角与凸轮基圆半径关系的诺模图。诺模图的作用:可根据许用压力角近似确定凸轮最小基圆半径,又可根据所选基圆半径来校核最大压力角是否超过许用值。

思考题:诺模图是工程技术上常用的一种计算图表,种类很多,有共线图和共点图等。共线图的理论是由法国的奥卡涅于哪年首先提出的?

图 3-16 所示为直动对心滚子推杆盘形凸轮机构的诺模图。

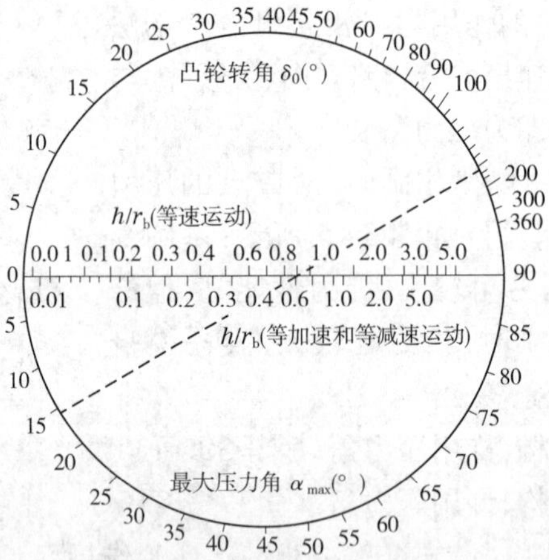

图 3-16　直动对心滚子推杆盘形凸轮机构的诺模图

【例题 3-1】　试设计一对心直动滚子推杆盘形凸轮机构。当凸轮转过 $\delta_0 = 175°$ 时,推杆以等加速和等减速运动上升,行程 $h = 18$ mm,并要求 $\alpha_{max} = 16°$。试确定基圆半径 r_b。

解:(1) 把圆周上 $\alpha_{max} = 16°$ 和 $\delta_0 = 175°$ 的两点用直线联接,如图 3-16 中的虚线所示。

(2) 虚线交等加速和等减速运动规律标尺于 $h/r_b = 0.55$ 处。

(3) 由 $h/r_b = 0.55$, $h = 18$ mm,即可求得 $r_b \geqslant 32.7$ mm,从而可确定基圆半径。

五、拓展提高

在使用凸轮机构时,必须保持从动件与导路之间、从动件与凸轮之间的良好润滑。从动件与导路之间润滑不良,会导致从动件被卡死或工作阻力过大;从动件与凸轮之间润滑不良，会引起凸轮与从动件过度磨损和擦伤。下面以内燃机配气机构为例介绍凸轮机构的使用和维修。

（一）凸轮的失效形式

凸轮的失效形式有凸轮工作表面磨损、擦伤和点蚀。

凸轮工作表面磨损的主要原因：凸轮运动时，其接触形式是点接触或线接触，而凸轮表面各点的接触应力不同，造成凸轮表面的不均匀磨损。如汽车发动机配气机构中的凸轮。

凸轮工作表面擦伤的主要原因：凸轮在高的表面接触应力下工作，润滑条件不良，部分区域金属表面发生直接接触，造成金属的黏着而产生划痕。

凸轮工作表面点蚀的主要原因：凸轮受周期性压力载荷，使表面产生弹性或塑性变形，变形处发生硬化而出现裂痕，并且进一步发展，最后呈点状或片状剥落。

（二）凸轮轮廓的检查

凸轮的擦伤和点蚀，一般检查可直接发现。对于凸轮加工尺寸和凸轮磨损，可采用专用量具对几个关键点位的向径进行检测。

（三）凸轮的修理

凸轮发生擦伤和点蚀而失效时，需更换凸轮。对凸轮磨损后的修理方法，应根据其升程高度减小值而定。如升程高度减小值在允许范围内，可直接在专用凸轮磨床上磨削。当升程高度磨损超过允许范围时，可先振动堆焊，即以一定频率和振幅的电脉冲自动堆焊，然后经过凸轮磨床磨削至标准轮廓尺寸。

小　结

(1)凸轮机构的组成、分类及特点。凸轮机构由凸轮、从动件和机架三个基本构件组成。凸轮一般做连续等速转动，从动件可做连续或间歇的往复运动或摆动。凸轮机构的种类很多，各具特色。凸轮机构的优点：只需设计出合适的凸轮轮廓，就可使从动件获得所需的运动规律，结构简单、紧凑，设计方便。它的缺点：凸轮与从动件之间易于磨损，凸轮轮廓较复杂，加工困难；从动件的行程不能过大。

(2)从动件常用的运动规律。凸轮的轮廓是由从动件运动规律决定的，因此了解从动件常用的运动规律及其特点是十分重要的。只有某种运动规律的加速度曲线是连续变化的，这种运动规律才能避免冲击。等速运动规律在某些点的加速度在理论上为无穷大，所以有刚性冲击，而等加速－等减速运动规律在某些点的加速度会出现有限值的突然变化，所以有柔性冲击。

(3)图解法绘制凸轮轮廓的基本方法。图解法绘制凸轮轮廓是按照相对运动原理来绘制凸轮的轮廓曲线的，也就是反转法。用反转法绘制凸轮轮廓主要包含三个步骤：将凸轮的转角和从动件位移线图分成对应的若干等份；用反转法画出反转后从动件各导路的位置；根据所分的等份量得到从动件相应的位移，从而得到凸轮的轮廓曲线。

(4)设计凸轮机构应注意的问题。在选择滚子半径时，必须保证滚子半径小于理论轮廓外凸部分的最小曲率半径；在确保运动不失真的情况下，可以适当增大滚子半径，以减小凸轮与滚子之间的接触应力。为了确保凸轮机构的运动性能，应对凸轮轮廓各处的压力角进行校核，检查其最大压力角是否超过许用值。如果最大压力角超过了许用值，一般可以通过增加基圆半径或重新选择从动件运动规律，以获得新的凸轮轮廓曲线，来保证凸轮轮廓上的最大压力角不超过压力角的许用值。

习题与训练题

一、简答题

1. 简述滚子从动件盘形凸轮的理论轮廓线和实际轮廓线之间的关系。

2. 何谓凸轮机构的压力角？其在凸轮机构的设计中有何重要意义？

3. 设计直动推杆盘形凸轮机构时，在推杆运动规律不变的条件下，要减小推程压力角，可采用哪两种措施？

4. 从动杆的运动速度规律有几种？都适合什么工作场合？

5. 为什么滚子从动件是最常用的从动件形式？

二、填空题

1. 凸轮机构主要是由______、______和固定机架三个基本构件组成的。

2. 从动杆的端部形状有__________、__________和平底三种。

3. 以凸轮的理论轮廓线的最小半径所作的圆称为凸轮的__________。

4. 随着凸轮压力角增大，有害分力将会__________而使从动杆自锁卡死，通常对移动式从动杆，推程时限制压力角__________。

5. 等速运动凸轮在速度换接处从动杆将产生__________冲击，引起机构强烈的振动。

6. 凸轮与从动件接触处的运动副属于__________。

7. 要使常用凸轮机构正常工作，必须以凸轮__________。

8. 在要求__________的凸轮机构中，宜使用滚子式从动件。

三、判断题

1. 凸轮机构广泛用于自动化机械中。（　　）

2. 圆柱凸轮机构中，凸轮与从动杆在同一平面或相互平行的平面内运动。（　　）

3. 平底从动杆不能用于具有内凹槽曲线的凸轮。（　　）

4. 凸轮压力角是指凸轮轮廓上某点的受力方向和其运动速度方向之间的夹角。（　　）

5. 凸轮机构的等加速－等减速运动，是从动杆先作等加速上升，然后作等减速下降完成的。（　　）

四、计算题

1. 一从动件的运动规律为：从动件按简谐运动规律上升 30 mm，对应凸轮转角 $\Phi=180°$；从动件以等加速－等减速运动规律返回原处，对应凸轮转角是 120°；当凸轮转过剩余角度时，从动件不动。试绘制出从动件的位移曲线。

2. 绘制从动件的位移曲线。从动件以正弦加速运动规律上升，升程为 32 mm，对应凸轮推程角 120°；凸轮继续转过 60°，从动件不动，凸轮转过剩余角度时，从动件等速返回。

3. 画出图 3-17 所示凸轮机构中 A 点和 B 点位置处从动件的压力角，若此偏心凸轮推程压力角过大，则应使凸轮中心向何方偏置才可使压力角减小？

4. 试设计一偏置滚子直动从动件盘形凸轮机构。已知基圆半径 $r_b = 40$ mm，$r_T = 10$ mm，$e = 10$ mm，凸轮顺时针回转，运动规律：从动件按余弦加速度运动规律上升 30 mm，对应凸轮转角为 180°；从动件以等加速－等减速运动规律返回原处，对应凸轮转角为 120°；当凸轮转过剩余角度时，从动件不动。

5. 图 3-18 所示为一偏心圆盘凸轮机构，凸轮的回转方向如图所示。要求：

(1) 说明该机构的详细名称。

(2) 在图上画出凸轮的基圆，并标明图示位置时凸轮机构的压力角和从动件 2 的位移。

(3) 在图上标出从动件的行程 h 及该机构的最小压力角的位置。

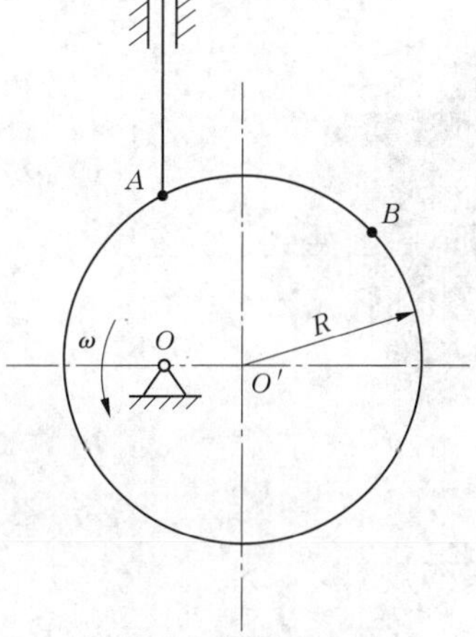

图 3-17　计算题 3 图

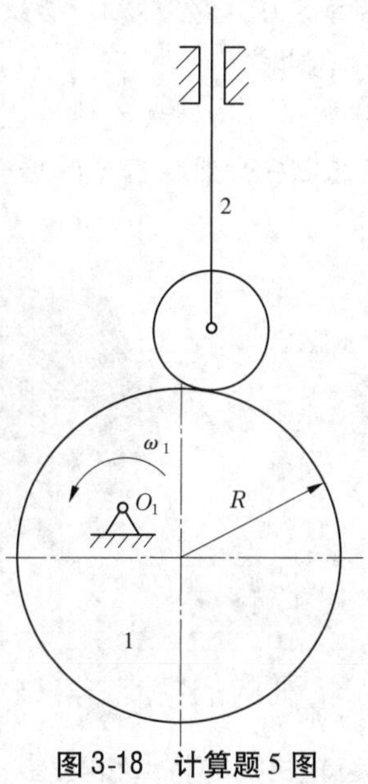

图 3-18　计算题 5 图

6. 用作图法求图 3-19 所示各凸轮转过 45°后轮廓上的压力角，并在图上标出来。

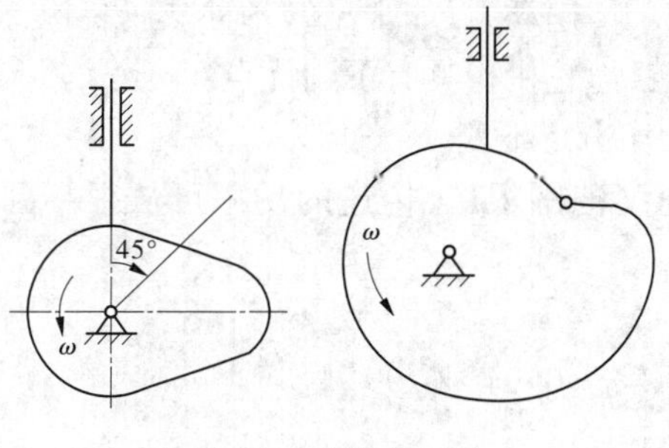

图 3-19　计算题 6 图

模块四　齿轮机构

【模块导入】

最简单的齿轮机构是由一对相互啮合的齿轮及机架组成，用于传递空间任意两轴之间的运动和转矩，是应用最广泛的机械传动机构。随着加工技术的进步，齿轮机构的性能越来越高，适应的范围也越来越广。由齿轮机构制造的减速器（见图 4-1），已日益广泛地应用在国防、矿山、冶金、化工、纺织、起重运输、建筑工程、食品工业和仪表制造等工业部门的机械设备中。

本模块将学习齿轮机构的特点及类型，渐开线标准齿轮各部分名称、参数和几何尺寸，渐开线标准直齿圆柱齿轮的啮合传动与切制原理，齿轮的结构设计等相关知识。

图 4-1　齿轮减速器

一、齿轮机构的特点、类型和齿廓啮合的基本规律

（一）齿轮机构的特点和类型

1. 齿轮机构的特点

齿轮机构是近代机械传动中应用最多的传动形式之一。它不仅可用于传递运动，如各种仪表机构，而且可用于传递动力，如常见的各种减速装置、机床传动系统等。

同其他机构形式比较，齿轮机构具有下列优点：

（1）能保证瞬时传动比恒定不变。

（2）适用的载荷与速度范围很广，传递的功率可从很小到几万千瓦，圆周速度可达 150 m/s。

（3）结构紧凑。

（4）效率高，一般效率 $\eta = 0.94 \sim 0.99$。

（5）工作可靠且寿命长。

齿轮机构的主要缺点如下所述：

（1）对制造及安装精度要求较高。

（2）当两轴间距离较远时，采用齿轮传动较笨重。

2. 齿轮传动的类型

齿轮传动的分类方法很多,按照两轴线的相对位置,可分为平面齿轮传动和空间齿轮传动。

1)平面齿轮传动

该传动的两轮轴线相互平行,常见的有直齿圆柱齿轮传动(见图4-2(a))、斜齿圆柱齿轮传动(见图4-2(b))、人字齿轮传动(见图4-2(c))。此外,按啮合方式区分,前两种齿轮传动又可分为外啮合传动(见图4-2(a)、(b)),内啮合传动(见图4-2(d))和齿轮齿条传动(见图4-2(e))。

2)空间齿轮传动

两齿轮轴线不平行的齿轮传动称为空间齿轮传动,如直齿圆锥齿轮传动(见图4-3(a))、交错轴斜齿轮传动(见图4-3(b))和蜗杆传动(见图4-3(c))。

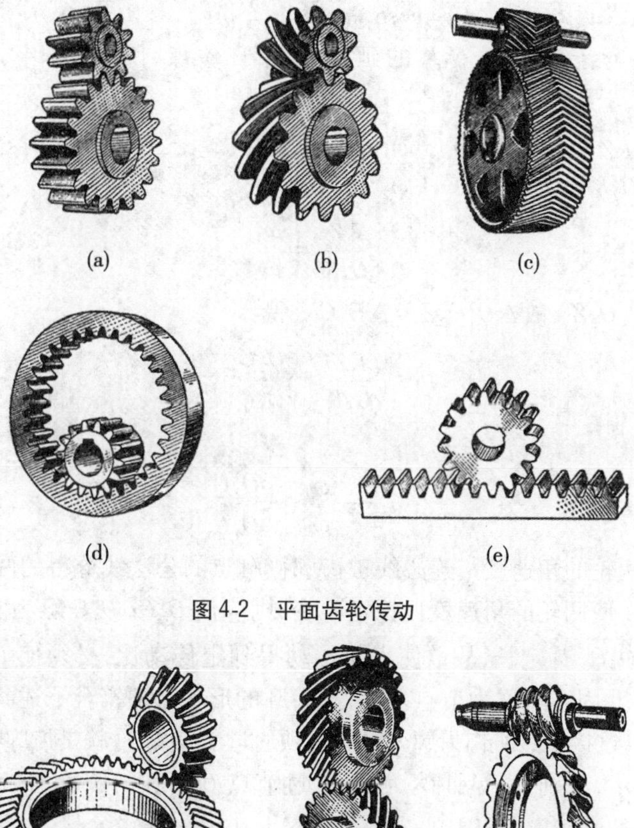

图4-2 平面齿轮传动

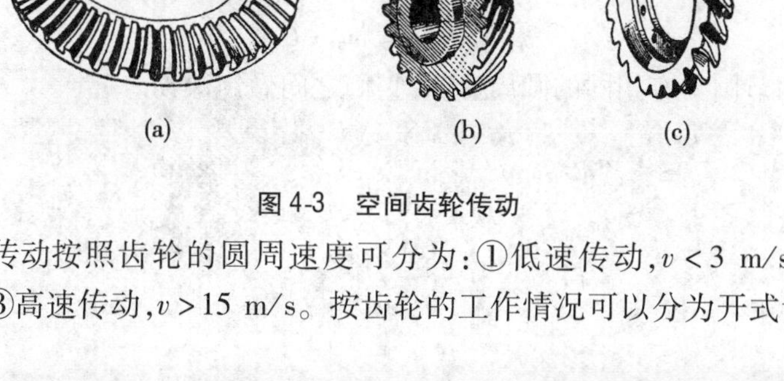

图4-3 空间齿轮传动

另外,齿轮传动按照齿轮的圆周速度可分为:①低速传动,$v<3$ m/s;②中速传动,$v=3\sim15$ m/s;③高速传动,$v>15$ m/s。按齿轮的工作情况可以分为开式齿轮传动、闭式齿轮传动。

(二)齿廓啮合的基本规律

齿轮传动最基本的要求是其瞬时传动比必须恒定不变。否则,当主动轮以等速度回转时,从动轮的角速度为变数,因而产生惯性力,影响齿轮的寿命,同时也会引起振动,影响其工作精度。要满足这一基本要求,则齿轮的齿廓曲线必须符合一定的条件。

图4-4所示为两啮合齿轮的齿廓 C_1 和 C_2 在 K 点接触的情况,设两轮的角速度分别为 ω_1 和 ω_2,则齿廓 C_1 上 K 点的速度 $v_{K1}=\omega_1\cdot\overline{O_1K}$;齿廓 C_2 上 K 点的速度 $v_{K2}=\omega_2\cdot\overline{O_2K}$。

过 K 点作两齿廓的公法线 NN 与两轮中心连线 O_1O_2 交于 C 点,为保证两轮连续和平稳的运动,v_{K1} 与 v_{K2} 在公法线上的分速度应相等,否则两齿廓将互相嵌入或分离,即

$$v_{K1}\cos\alpha_{K1}=v_{K2}\cos\alpha_{K2}$$

过 O_2 作 O_2Z 平行于 NN,与 O_1K 的延长线交于 Z 点,因 $\triangle Kab\backsim\triangle KO_2Z$,于是有:

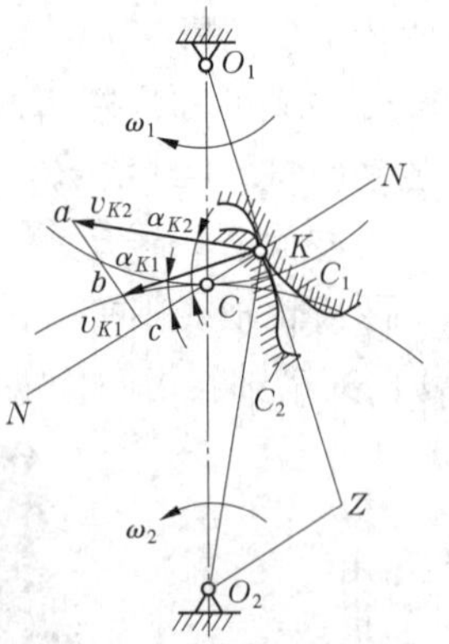

图4-4　齿廓啮合基本定律

$$\frac{\overline{KZ}}{\overline{O_2K}}=\frac{\overline{Kb}}{\overline{Ka}}=\frac{v_{K1}}{v_{K2}}=\frac{\omega_1\cdot\overline{O_1K}}{\omega_2\cdot\overline{O_2K}}$$

经整理有:

$$\frac{\overline{KZ}}{\overline{O_1K}}=\frac{\omega_1}{\omega_2}$$

又因为 $NN/\!/O_2Z$,故 $\triangle O_1O_2Z\backsim\triangle O_1CK$,得:

$$\frac{\overline{KZ}}{\overline{O_1K}}=\frac{\overline{O_2C}}{\overline{O_1C}}$$

故传动比可写为

$$i_{12}=\frac{\omega_1}{\omega_2}=\frac{\overline{O_2C}}{\overline{O_1C}} \tag{4-1}$$

上式表明,两轮的角速度与连心线被齿廓接触点的公法线分得的两线段成反比。

由此可见,要使两轮的角速度比恒定不变,则应使 $\overline{O_2C}/\overline{O_1C}$ 恒为常数。但因两轮的轴心为定点,即 $\overline{O_1O_2}$ 为定长,故欲使齿轮传动得到定传动比,必须使 C 点成为连心线上的一个固定点。此固定点称为节点。因此,齿廓的形状必须符合下述条件:不论轮齿齿廓在哪个位置接触,过接触点所作齿廓公法线均须通过节点 C,这就是齿廓啮合的基本定律。

如图4-4所示,分别以 O_1 和 O_2 为圆心,过节点 C 所作的圆称为齿轮的节圆,其半径 $\overline{O_1C}$ 和 $\overline{O_2C}$ 称为节圆半径,分别用 r_1' 和 r_2' 表示。由式(4-1)有:

$$\omega_1\cdot\overline{O_1C}=\omega_2\cdot\overline{O_2C}$$

即通过节点的两节圆具有相同的圆周速度,它们之间做纯滚动。

思考题:符合上述条件的齿廓曲线有无穷多,通常用的曲线为渐开线、摆线和圆弧。但齿廓曲线的选择应考虑制造、安装和强度等要求,工程上大多数的齿轮都是用渐开线作为齿廓曲线,并且构成了本模块的主要讨论内容。这是为什么呢?

二、渐开线齿廓

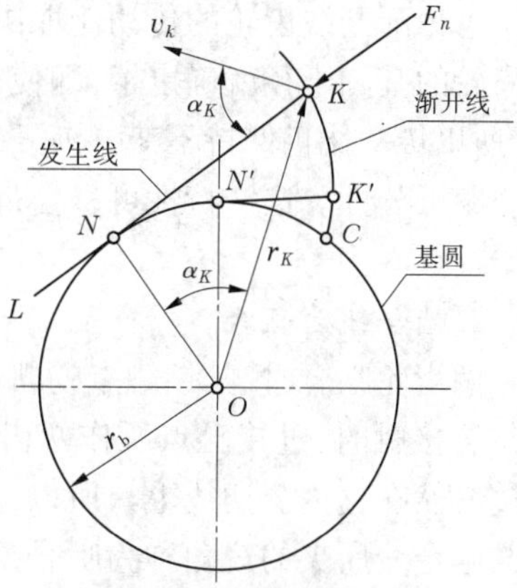

图 4-5　渐开线的形成

(一)渐开线的形成和性质

当一条直线 L 沿一圆周做纯滚动时,此直线上任一点 K 的轨迹即称为该圆的渐开线,如图 4-5 所示。该圆称为渐开线的基圆,基圆半径以 r_b 表示,该直线 L 称为渐开线的发生线。

根据渐开线形成过程可知,渐开线具有下列特性:

(1)因发生线在基圆上做无滑动的纯滚动,故发生线所滚过的一段长度必等于基圆上被滚过的圆弧的长度。

(2)当发生线沿基圆做纯滚动时,N 点为速度瞬心,K 点的速度垂直于 NK,且与渐开线 K 点的切线方向一致,所以发生线即为渐开线在 K 点的法线。又因 NK 线切于基圆,所以渐开线上任一点的法线必与基圆相切。此外,N 点为渐开线上 K 点的曲率中心,线段 NK 为渐开线上 K 点的曲率半径。显然,渐开线愈接近基圆部分,其曲率半径愈小,即曲率愈大。

(3)渐开线的形状完全取决于基圆的大小。基圆大小相同时,所形成的渐开线相同。基圆愈大渐开线愈平直,当基圆半径为无穷大时,渐开线就变成一条与发生线垂直的直线(即齿条的齿廓)。

(4)基圆以内无渐开线。齿轮啮合传动时,渐开线上任一点法线压力的方向线 F_n(即渐开线在该点的法线)和该点速度方向 v_K 之间所夹锐角称为该点的压力角 α_K。由图可知:

$$\cos\alpha_K = \frac{\overline{ON}}{\overline{OK}} = \frac{r_b}{r_K} \tag{4-2}$$

上式表明渐开线上各点的压力角 α_K 的大小随 K 点的位置而异,K 点距圆心愈远,其压力角愈大;反之,压力角愈小。基圆上的压力角为零。

(二)渐开线齿廓啮合特点

1. 中心距可分性

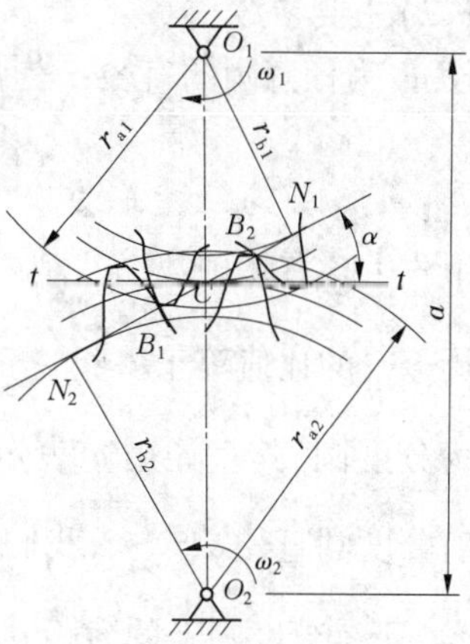

图 4-6　渐开线齿轮的啮合

图 4-6 所示两渐开线齿轮的外啮合情况,啮合点为 C,两齿轮的基圆半径分别为 r_{b1} 和 r_{b2},与两基圆的内公切线 N_1N_2 构成一对相似三角形 $\triangle O_1N_1C$ 和 $\triangle O_2N_2C$,由相似三角形的性质和式(4-1)知两齿轮的传动比为

$$i_{12} = \frac{\omega_2}{\omega_1} = \frac{\overline{O_1C}}{\overline{O_2C}} = \frac{r_{b1}}{r_{b2}} \tag{4-3}$$

可见渐开线齿轮的传动比取决于两齿轮基圆半径的大小，当一对渐开线齿轮制成后，两齿轮的基圆半径就确定了，即使安装后两齿轮中心距稍有变化，由于两齿轮基圆半径不变，所以传动比仍保持不变。渐开线齿轮这种不因中心距变化而改变传动比的特性称为中心距可分性。这一特性可补偿齿轮制造和安装方面的误差，是渐开线齿轮传动的一个重要优点。

2. 啮合线为直线

两齿轮啮合时，其接触点的轨迹称为啮合线，由渐开线特性可知，两渐开线齿廓在任何位置接触时，过接触点所作两齿廓的公法线即为两基圆的内公切线 N_1N_2，故接触点的轨迹必然在这内公切线上。所以，其啮合线是唯一直线。过节点 C 作两节圆的公切线 tt，它与啮合线所夹的锐角称为啮合角，通常用 α' 来表示。

三、渐开线标准齿轮各部分名称、参数和几何尺寸

（一）齿轮各部分名称

图 4-7 所示为一直齿圆柱齿轮的一部分，相邻两齿的空间称为齿间。齿间底部连成的圆称为齿根圆，直径用 d_f 表示。联接齿轮各齿顶的圆称为齿顶圆，直径用 d_a 表示。

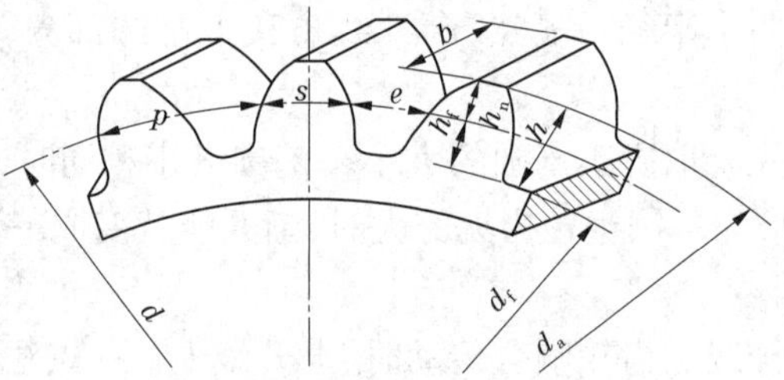

图 4-7　齿轮的几何尺寸

在任意直径为 d_k 的圆周上，一个轮齿左右两侧齿廓的弧长称为该圆上的齿厚，用 s_k 表示；而一齿间的弧长称为该圆上的齿槽宽，用 e_k 表示；相邻两齿对应点之间的弧线长称为该圆上的齿距，用 p_k 表示，$p_k = e_k + s_k$。

（二）主要参数

设 d_k 为任意圆的直径，z 为齿数，根据齿距的定义可得：

$$p_k = \frac{\pi d_k}{z} \quad 或 \quad d_k = \frac{p_k}{\pi} z \tag{4-4}$$

上式中含有无理数“π”，为了便于设计、制造及互换性使用，在齿轮上取一基准圆，使该圆周上 $\frac{p_k}{\pi}$ 的比值等于一些较简单的数值，并使该圆上的压力角等于规定的某一数值，该圆称为分度圆，其直径用 d 表示，分度圆上的压力角以 α 表示，我国采用 20°为标准值。显然有分度圆直径 $d = \frac{p}{\pi} z$，我们把比值 p/π 规定为标准值，用 m 来表示，称为模数，单位为 mm。于是分度圆上的齿距 p 和直径 d 分别为

$$p = \pi m \tag{4-5}$$

$$d = mz \tag{4-6}$$

模数是齿轮尺寸计算中的一个基本参数，模数愈大，则齿距愈大，轮齿也就愈大，轮齿的抗弯能力愈强。齿轮模数已标准化，我国常用的标准模数见表 4-1。

表 4-1　常用的标准模数 m（摘自 GB/T 1357—2008）　　（单位：mm）

第一系列	1	1.25	1.5	2	2.5	3	4	5	6	
	8	10	12	16	20	25	32	40	50	
第二系列	1.125	1.375	1.75	2.25	2.75	3.5	4.5	5.5	(6.5)	7
	9	11	14	18	22	28	36	45		

注：优先采用第一系列，括号内的尽量不用。

对于任一轮齿，其齿顶圆与分度圆间的部分称为齿顶，它沿半径方向的高度称为齿顶高，用 h_a 表示；而齿根圆与分度圆间的部分称为齿根，它沿半径方向的高度称为齿根高，用 h_f 表示；齿顶圆与齿根圆间沿半径方向的高度称为全齿高，用 h 表示，因此

$$h = h_a + h_f \tag{4-7}$$

设计中，将模数 m 作为齿轮各部分几何尺寸的计算基础，因此齿顶高可表示为 $h_a = h_a^* m$，齿根高可表示为 $h_f = (h_a^* + c^*)m$，其中 h_a^* 称为齿顶高系数，c^* 称为顶隙系数。它们有两种标准数值：正常齿，$h_a^* = 1$，$c^* = 0.25$；短齿，$h_a^* = 0.8$，$c^* = 0.3$。

凡模数、压力角、齿顶高系数与顶隙系数等于标准数值，且分度圆上齿厚与齿槽宽相等的齿轮称为标准齿轮。因此，标准齿轮有

$$s = e = \frac{p}{2} = \frac{\pi m}{2} \tag{4-8}$$

对于一对模数、压力角相等的标准齿轮，由于其分度圆上的齿厚与齿槽宽相等，因此正确安装时分度圆与节圆重合，可看成两轮的分度圆相切做纯滚动。标准齿轮的这种安装称为标准安装，其中心距称为标准中心距。

对于单个齿轮而言，节圆、啮合角都是不存在的，只有当一对齿轮互相啮合时，节圆和啮合角才有意义。这时，节圆可能和分度圆重合，也可能不重合，须视两齿轮的安装是否标准而定。对于标准安装的一对齿轮，其啮合角 α' 等于分度圆上的压力角 α。

思考题：如何正确理解节圆与分度圆、啮合角与压力角这两组名词？

（三）标准直齿圆柱齿轮的几何尺寸

标准直齿圆柱齿轮的几何尺寸按表 4-2 进行计算。

表 4-2　标准直齿圆柱齿轮各部分尺寸的几何关系

名　称	符号	公　式		
		外齿轮	内齿轮	齿条
模数	m	强度计算后获得		
分度圆直径	d	$d = mz$		
齿顶高	h_a	$h_a = h_a^* m$		
齿根高	h_f	$h_f = (h_a^* + c^*)m$		

续表 4-2

名　称	符号	公　式		
		外齿轮	内齿轮	齿条
全齿高	h	$h=(2h_a^*+c^*)m$		
齿顶圆直径	d_a	$d_a=(z+2h_a^*)m$	$d_a=(z-2h_a^*)m$	∞
齿根圆直径	d_f	$d_f=(z-2h_a^*-2c^*)m$	$d_f=(z+2h_a^*+2c^*)m$	∞
中心距	a	$a=(d_1+d_2)/2$	$a=(d_1-d_2)/2$	∞
基圆直径	d_b	$d_b=d\cos\alpha$		∞
齿距	p	$p=\pi m$		
齿厚	s	$s=\pi m/2$		
齿槽宽	e	$e=\pi m/2$		

【例题 4-1】　已知一正常齿制的标准直齿圆柱齿轮，齿数 $z_1=20$，模数 $m=2$ mm，拟将该齿轮作某外啮合传动的主动齿轮，现须配一从动齿轮，要求传动比 $i=3.5$，试计算从动齿轮的几何尺寸及两轮的中心距。

解：根据给定的传动比 i，可计算从动轮的齿数：

$$z_2=iz_1=3.5\times 20=70$$

已知齿轮的齿数 z_2 及模数 m，由表 4-2 所列公式可以计算从动轮各部分尺寸。

分度圆直径　　$d_2=mz_2=2\times 70=140(\text{mm})$

齿顶圆直径　　$d_{a2}=(z_2+2h_a^*)m=(70+2\times 1)\times 2=144(\text{mm})$

齿根圆直径　　$d_f=(z_2-2h_a^*-2c^*)m=(70-2\times 1-2\times 0.25)\times 2=135(\text{mm})$

全齿高　　$h=(2h_a^*+c^*)m=(2\times 1+0.25)\times 2=4.5(\text{mm})$

中心距　　$a=\dfrac{d_1+d_2}{2}=\dfrac{m}{2}(z_1+z_2)=\dfrac{2}{2}\times(20+70)=90(\text{mm})$

四、渐开线标准直齿圆柱齿轮的啮合传动

（一）正确啮合条件

为保证齿轮传动时各对齿之间能平稳传递运动，在对齿之间交替过程中不发生冲击，必须符合正确啮合条件。

一对渐开线齿轮的正确啮合条件为：①两齿轮的模数必须相等；②两齿轮分度圆上的压力角一定相同。

这样，一对齿轮的传动比可写成：

$$i=\frac{\omega_1}{\omega_2}=\frac{n_1}{n_2}=\frac{d_2'}{d_1'}=\frac{d_2}{d_1}=\frac{z_2}{z_1}\tag{4-9}$$

（二）标准中心距

正确安装的渐开线齿轮，理论上应为无齿侧间隙啮合，即一轮节圆上的齿槽宽与另一

轮节圆齿厚相等。标准齿轮正确安装时齿轮的分度圆与节圆重合，啮合角 $\alpha' = \alpha = 20°$。

一对外啮合齿轮的中心距为

$$a = \frac{d_1' + d_2'}{2} = \frac{d_1 + d_2}{2} = \frac{m}{2}(z_1 + z_2) \tag{4-10}$$

一对内啮合齿轮的中心距为

$$a = \frac{d_2' - d_1'}{2} = \frac{d_2 - d_1}{2} = \frac{m}{2}(z_2 - z_1) \tag{4-11}$$

由于渐开线齿廓具有可分性，两轮中心距略大于正确安装中心距时仍能保持瞬时传动比恒定不变，但齿侧出现间隙，反转时会有冲击。

（三）连续传动条件

若要一对渐开线齿轮连续不断地传动，就必须使前一对齿终止啮合之前后续的一对齿及时进入啮合。如图 4-8 所示为一对互相啮合的齿轮。设齿轮 1 为主动齿轮，齿轮 2 为从动齿轮。开始啮合时，主动齿轮 1 的齿根部分与从动齿轮 2 的齿顶部分在 K' 点开始接触。随着两齿轮继续啮合转动，啮合点的位置沿啮合线 N_1N_2 向下移动，齿轮 2 齿廓上的接触点由齿顶向齿根移动，而齿轮 1 齿廓上的接触点则由齿根向齿顶移动。当两齿廓的啮合点移至 K 点时，则两齿廓啮合终止。

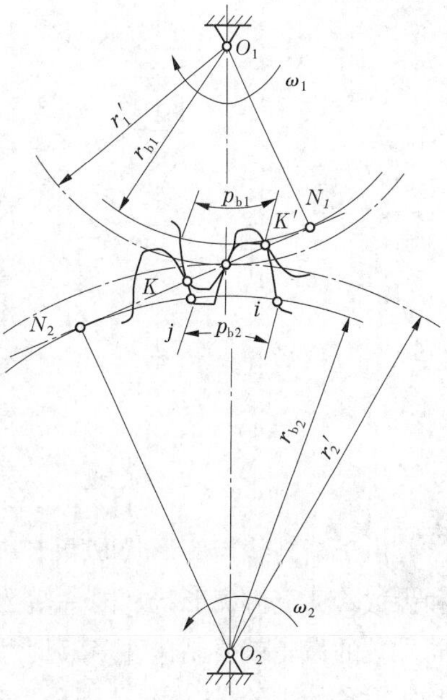

图 4-8　齿轮连续传动条件

由此可见，线段 $\overline{KK'}$ 为啮合点的实际轨迹，故 $\overline{KK'}$ 称为实际啮合线段。因基圆内无渐开线，故线段 N_1N_2 为理论上可能的最大啮合线段，所以被称为理论啮合线段。

显然，要保证一对渐开线齿轮连续不断地啮合传动，必须使前一对轮齿尚未在 K 点脱离啮合之前，后一对轮齿及时到达 K' 点进入啮合。要保证这一点必须使 $\overline{KK'} \geqslant p_b$，即实际啮合线段必须大于或等于齿轮的基圆齿距，这就是连续传动的条件，通常我们把这个条件用 $\overline{KK'}$ 与 p_b 的比值表示，称为重合度，用 ε 表示。即

$$\varepsilon = \frac{\overline{KK'}}{p_b} \geqslant 1 \tag{4-12}$$

重合度愈大，表明同时参与啮合的轮齿对数愈多，每对齿分担的载荷就愈小，运动愈平稳。由于制造齿轮时齿廓必然有少量的误差，故设计齿轮时必须使啮合线比齿距大，即重合度大于 1。重合度主要与齿数 z、齿顶高系数 h_a^*、压力角 α 有关，当取 $h_a^* = 1$，$\alpha = 20°$，$z \geqslant 12$ 时，$\varepsilon = 1.699 \sim 1.982$。

思考题：一对标准齿轮在啮合传动时，最多有几个轮齿同时参与啮合？

五、渐开线齿廓的切制原理与根切现象

(一)齿轮的加工方法

齿轮的加工方法很多,如铸造法、冲压法、热轧法、切削法等。其中最常用的还是切削加工。按切削齿廓的原理不同,可分为仿形法和范成法。

1. 仿形法(又称成形法)

仿形法是铣床上用与齿槽形状相同的盘形铣刀(见图 4-9(a))或指形铣刀(见图 4-9(b))逐个切去齿槽,从而得到渐开线齿廓。

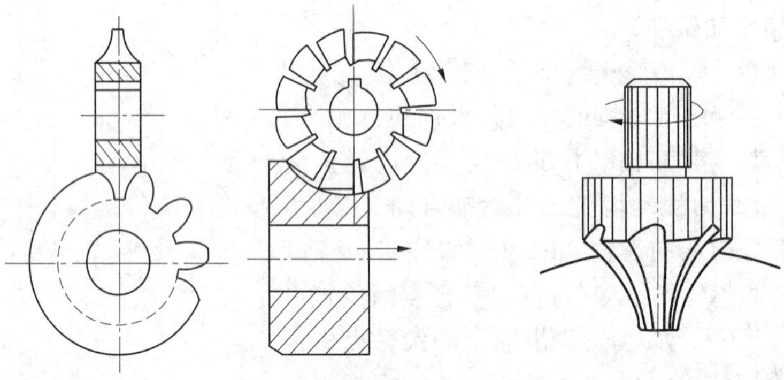
(a)　　(b)

图 4-9　仿形法加工齿轮

由于渐开线齿廓形状取决于基圆大小,而基圆直径 $d_b = mz\cos\alpha$,即模数 m、压力角 α 和齿数 z 决定齿廓形状。同一模数和压力角的齿轮,齿数不同,齿形就不同,因此加工不同齿数的齿轮就要制造许多刀具,显然这是不可能的。为了减少铣刀数量,对于同一模数和压力角的齿轮,按齿数范围分为 8 组,每组用一把刀具来加工,刀具形状按范围内最少齿形设计。

仿形法加工齿轮的方法简单,不需要专用的齿轮加工机床,但是生产率低,加工精度低,故只适合于精度要求不高,单件或小批量生产。

2. 范成法(又称展成法)

范成法是利用一对齿轮(或齿轮和齿条)互相啮合时,其共轭齿廓互为包络的原理来加工齿轮的。用范成法切齿的常用刀具有三种:齿轮插刀、齿条插刀及滚刀。

图 4-10 为用齿轮插刀加工齿轮的情况。具有渐开线齿形的齿轮插刀和被切齿轮都按规定的传动比转动。根据正确啮合条件,被切齿轮的模数和压力角与插刀相同。插刀沿被切齿轮轴线方向做往复切削运动,同时模仿一对齿轮啮合传动,插刀在被切齿轮上切出一系列渐开线外形,这些渐开线的包络线即为被切齿轮的渐开线齿廓。切制相同模数和压力角、不同齿数的齿轮,只需用同一把插刀即可。

图 4-11 为齿条插刀加工齿轮的情况。当齿轮插刀的齿数增至无穷多时,其基圆半径变为无穷大,渐开线齿廓为直线齿廓,齿轮插刀便变为齿条插刀。其加工原理与齿轮插刀

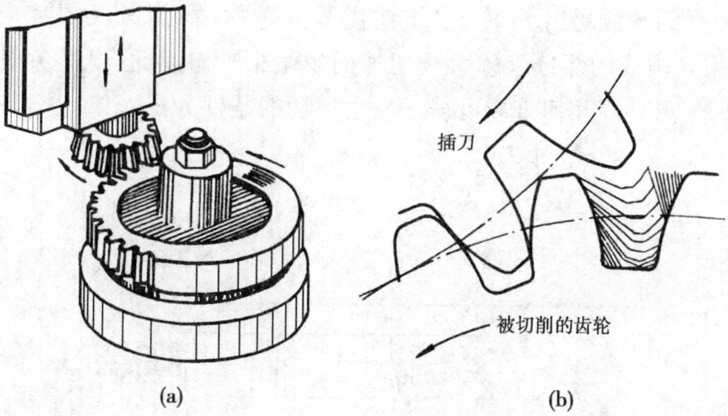

图 4-10　齿轮插刀加工齿轮

切削齿轮相同。用齿条插刀加工所得的轮齿齿廓也为刀刃在各个位置的包络线。由于齿条插刀的齿廓为直线,比齿轮插刀制造容易,精度高,但因为齿条插刀长度有限,每次移动全长后要求复位,所以生产效率低。

图 4-12 为滚刀加工齿轮的情况。滚刀是蜗杆形状的铣刀,它的纵剖面为具有直线齿廓的齿条,当滚刀转动时,相当于齿条在移动,按范成法原理加工齿轮,它们的包络线形成被切齿轮的渐开线齿廓。

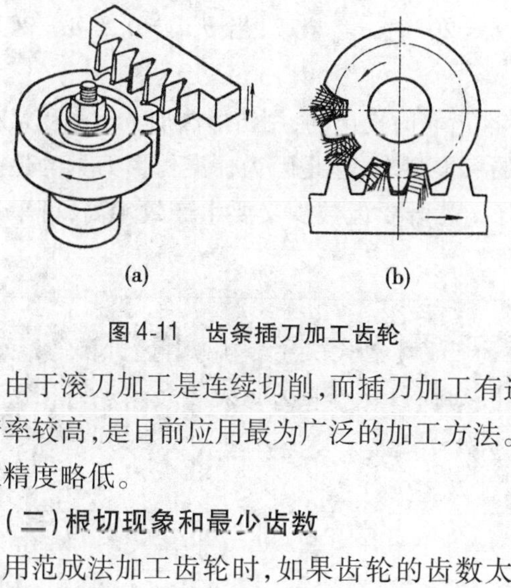

图 4-11　齿条插刀加工齿轮

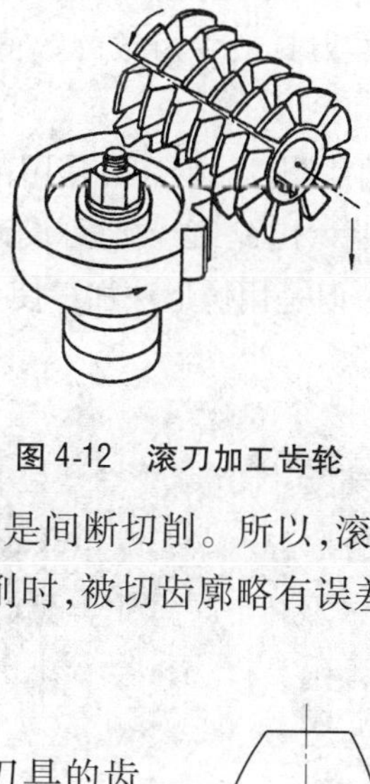

图 4-12　滚刀加工齿轮

由于滚刀加工是连续切削,而插刀加工有进刀和退刀,是间断切削。所以,滚刀加工生产率较高,是目前应用最为广泛的加工方法。但是在切削时,被切齿廓略有误差,因此加工精度略低。

(二)根切现象和最少齿数

用范成法加工齿轮时,如果齿轮的齿数太少,则切削刀具的齿顶就会切去轮齿根部的一部分,这种现象称为齿轮的根切现象,如图 4-13 所示。

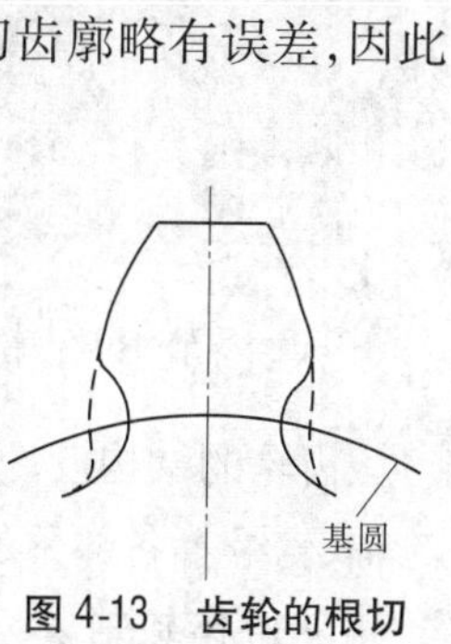

图 4-13　齿轮的根切

发生根切会使轮齿的弯曲强度降低,并使重合度减小,传动时出现冲击噪声,故应设法避免根切的发生。

加工齿轮的刀具通常都是标准刀具,为什么还会发生根切呢?图 4-14 所示为用齿条插刀加工标准齿轮的情况,N_1 点为轮坯基圆与啮合线的切点,即啮合的极限点，刀具的顶线超出了 N_1 点（图中虚线位置）。显然，当刀具完成一个行程的切削后，N_1 点到刀具顶线的部分齿廓会被切掉而发生根切。因此，要避免根切就必须使刀具顶线不超出 N_1 点。经几何推导可得不发生根切的条件为

$$z \geqslant \frac{2h_a^*}{\sin^2\alpha}$$

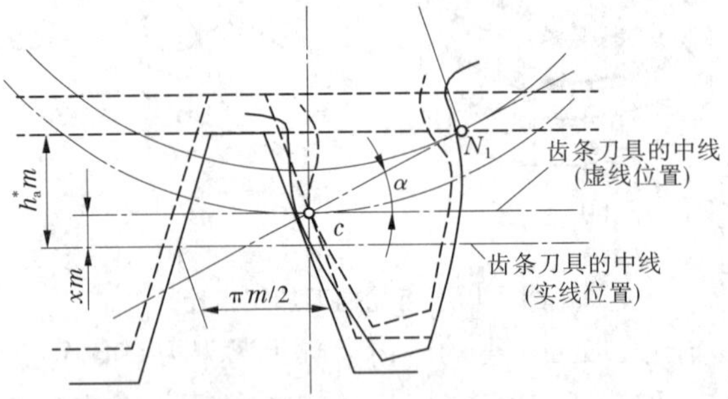

图 4-14　根切与变位

即最少齿数为

$$z_{\min} = \frac{2h_a^*}{\sin^2\alpha} \tag{4-13}$$

显然，为了避免根切，则齿数 z 不得少于某一最少限度。用范成法加工齿轮时，对于各种标准刀具最少齿数的数值：当 $h_a^* = 1, \alpha = 20°$ 时，$z_{\min} = 17$；当 $h_a{}^* = 0.8, \alpha = 20°$ 时，$z_{\min} = 14$。

必须指出，最少齿数是用范成法加工标准齿轮时提出的，用仿形法加工时不受最少齿数的限制。因此，必要时可设计齿数为 12 的标准齿轮，这是因为标准仿形刀具的最少齿数为 12，但是用仿形法加工使生产效率下降。若既要齿数少又要生产效率高，可采用变位齿轮。

思考题：通过改变标准刀具对齿轮毛坯的径向位置或改变标准刀具的齿槽宽，切制出的齿形为非标准渐开线齿形的齿轮。切制轮齿时，改变标准刀具对齿轮毛坯的径向位置称为径向变位。改变标准刀具的齿槽宽称为切向变位。变位齿轮最常用的是哪类变位？请查阅变位齿轮的相关资料。

六、齿轮的结构设计

齿轮的结构设计主要包括选择合理适用的结构形式，依据经验公式确定齿轮的轮毂、轮辐、轮缘等各部分的尺寸及绘制齿轮的零件工作图等。

（一）齿轮轴

当圆柱齿轮的齿根圆至键槽底部的距离 $x \leqslant (2 \sim 2.5)m$（$m$ 为模数），或当圆锥齿轮小端的的齿根圆至键槽底部的距离 $x \leqslant (2 \sim 2.5)m$（$m$ 为模数）时，应将齿轮与轴制成一

体，称为齿轮轴，如图 4-15 所示。齿轮轴的刚度好，制造费用较低（与轴和齿轮分开时相比）。但是，当齿轮需要用较好材料制造时，由于齿轮与轴为一体，会造成浪费。

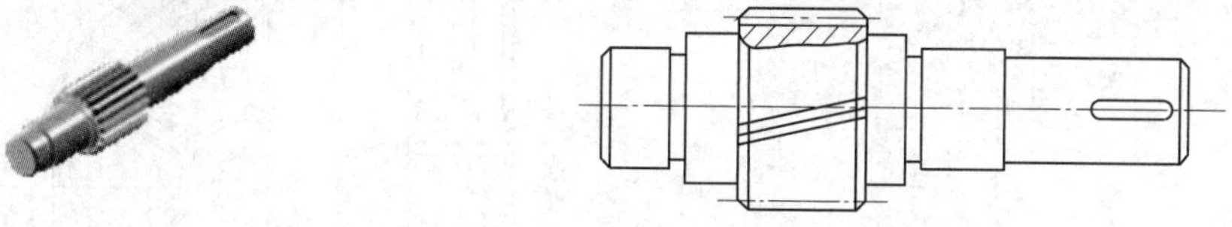

(a)　　(b)

图 4-15　圆柱齿轮轴

（二）实体式齿轮

当齿轮的齿顶圆直径 $d_a \leqslant 200$ mm 时，齿根圆到键槽底部的距离 $x > 2.5m$（m 为模数），可采用实体式结构，如图 4-16 所示。这种结构形式的齿轮常用锻钢制造。

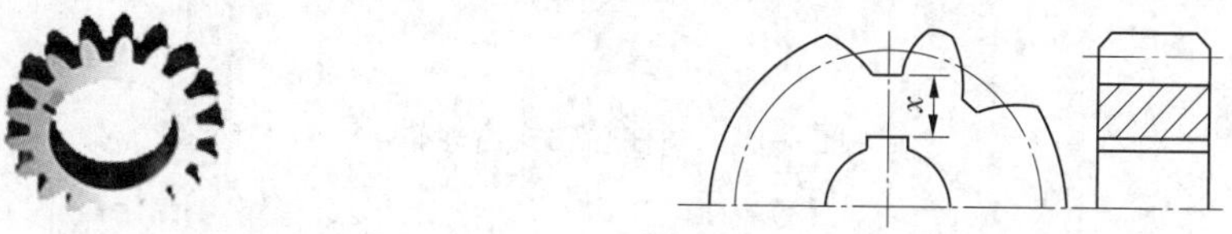

(a)　　(b)

图 4-16　圆柱实体式齿轮轴

（三）腹板式齿轮

当齿轮的齿顶圆直径 $d_a = 200 \sim 500$ mm 时，为了减轻重量，节约材料，可采用腹板式齿轮。腹板上开孔的数目根据结构尺寸大小而定。这种结构的齿轮 般多用锻钢制造，其各部分尺寸根据图 4-17 中的数值公式确定。

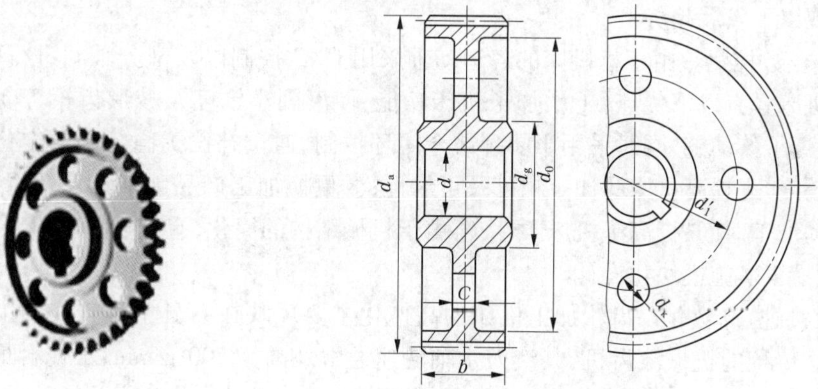

$d_a \leqslant 500$ mm；$d_1' = 0.5(d_0 + d_g)$；
$d_k = 0.25(d_0 - d_g)$；$d_0 = d_a - 10m_a$；
$d_g = 1.6d$；$C = 0.3b$

(a)　　(b)

图 4-17　圆柱腹板式齿轮轴

（四）轮辐式齿轮

当齿轮的齿顶圆直径 $d_a > 500$ mm 时，可采用轮辐式结构，如图 4-18 所示。这种结构的齿轮常采用铸钢或铸铁制造，其各部分尺寸根据图 4-18 中的数值公式确定。

(a)

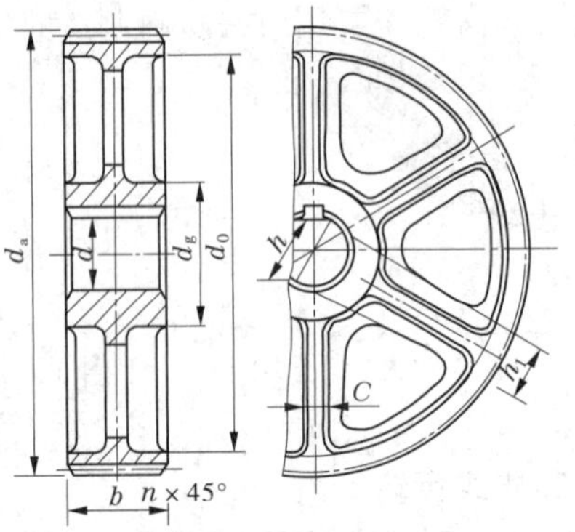

d_a=400~1 000 mm;
d_g=(1.6~1.8) d;h=0.8d;
h_1=0.8h;C=0.2 h

(b)

图 4-18　圆柱轮辐式齿轮轴

七、拓展提高

齿轮是机械产品中重要的基础传动元件。近年来，随着技术的发展，尽管采用电气、液压传动装置日益增多，对齿轮的需求仍有增无减。目前，中国齿轮市场的年销售额超过了 800 亿元。而齿轮加工机床也是结构复杂、制造难度大的机床产品之一。

齿轮加工技术与装备正向着数控方向发展，生产效率不断提高，加工精度不断提高，对制造装备要求配备自动化上、下料，自动夹紧装置，并有较好的柔性和较高的性价比。齿轮加工行业为适应对制造精度、生产效率、清洁生产、提高质量的要求，制齿技术和制齿机床呈现以下发展趋势：

(1)全数控化。由于将机床的各运动轴采用 CNC 控制以及部分轴间进行联动，从而使制齿机床具有以下优点：①增加了机床功能，使滚削小锥度及鼓形齿轮等变得极为简单；②缩短了传动链，同时采用半闭环或全闭环控制，通过补偿提高各轴的定位精度和重复定位精度，来提高机床的加工精度及可靠性；③更换加工产品无须计算及更换挂轮，减少了辅助加工时间，提高了机床柔性；④由于机械结构的简化，有利于提高机床刚性，降低热变形，易于实施模块化设计。

(2)高速、高效化。齿轮加工机床的高速化主要反映在刀具主轴转速和工作台转速的提高。传统的机械滚齿机，其滚刀主轴转速通常最高为 500 r/min，工作台最高转速为 32 r/min。目前，数控滚齿机的主轴转速可达 5 500 r/min，最高可达 12 000 r/min，工作台转速可达 800 r/min。

(3)高加工精度。采用高精度预加负荷的高刚性直线导轨、滚珠丝杠、电主轴、力矩电机以及数控技术，使齿轮加工机床在高速加工条件下，加工精度得到提高。

(4)功能复合化。要求在一次装夹中，可完成多道工序加工，如滚齿、倒棱、磨齿、粗滚、倒角、精滚等。

(5)绿色化。为实现清洁加工,降低冷却液排放,减轻对环境的污染,干式切削得到了推广应用。

小　结

(1)齿轮传动的最基本要求之一是其瞬时角速度比必须保持恒定。通过分析一对齿轮的传动关系导出了齿廓啮合基本定律,同时引出了共轭齿廓、节点和节圆等基本概念。

(2)渐开线的形成决定了渐开线的性质,由于渐开线齿廓具有众多的优点,所以渐开线齿轮是目前使用最广的齿轮。

(3)渐开线齿轮的各部分的名称、符号和计算公式等由标准规定,不宜随意改动。

(4)标准齿轮采用标准压力角、标准模数、标准齿顶高系数和径向间隙系数。

(5)渐开线直齿圆柱齿轮正确啮合条件是模数相等、压力角相同。

(6)重合度的大小,反映出同时啮合的齿对数的多少。

(7)当用范成法加工齿轮时,若被加工的齿轮齿数较少则会出现根切,由此引出了最少齿数的概念。

(8)根据齿顶圆直径的大小,设计齿轮的结构形式。

习题与训练题

一、简答题

1. 渐开线是怎样形成的？它有哪些重要性质？试根据渐开线性质来解释以下结论：①渐开线齿轮传动的啮合线是一条直线;②渐开线齿廓传动时,其瞬时传动比保持不变;③渐开线齿条的齿廓是直线;④齿条刀具超过 N_1 点的直线刀刃不能范成渐开线齿廓;⑤一对互相啮合的标准齿轮,小齿轮齿根厚度比大齿轮齿根厚度小。

2. 什么是渐开线齿轮传动的可分性？如令一对标准齿轮的中心距略大于标准中心距,能不能传动？有什么不良影响？

3. 渐开线齿轮正确啮合的条件是什么？满足正确啮合条件的一对齿轮是否一定能连续传动？

4. 何谓根切现象？什么条件下会发生根切现象？根切的齿轮有什么缺点？根切与齿数有什么关系？渐开线标准直齿圆柱齿轮不根切的最少齿数是多少(范成法加工)？

5. 什么叫标准齿轮？什么叫标准安装？什么叫标准中心距？

6. 渐开线齿轮的几何尺寸中共有几个圆？哪些圆可直接测量？哪些圆不能直接测量？

二、填空题

1. 以齿轮中心为圆心,过节点所作的圆称为______圆。

2. 一对渐开线齿廓不论在哪点啮合,其节点 C 在连心线上的位置均______变化,从而保证实现________角速比传动。

3. 分度圆齿距 p 与 π 的比值定为标准值,称为______。

4. 渐开线直齿圆柱齿轮的基本参数有五个，即________、________、________、齿顶高系数和径向间隙系数。

5. 根据加工原理不同，齿轮轮齿的加工分为________法和________ 法两类。

6. 齿轮若发生根切，将会导致齿根______________，重合度__________，故应避免。

7. 重合度的大小表明同时参与啮合的______________的对数的多少，重合度越大，传动越______，承载能力越__________。

8. 渐开线上各点的压力角______，离基圆越远，压力角________，基圆上的压力角等于________。

9. 如果分度圆上的压力角等于________，模数取的是__________值，齿厚和齿间宽度________的齿轮，就称为标准齿轮。

10. 一对渐开线标准直齿圆柱齿轮按标准中心距安装时，两轮的节圆分别与其____圆重合。

三、判断题

1. 渐开线上各点的曲率半径都是相等的。 (　　)

2. 渐开线的形状与基圆的大小无关。 (　　)

3. 齿轮的标准压力角和标准模数都在分度圆上。 (　　)

4. 两齿轮间的距离叫中心距。 (　　)

5. 内齿轮的齿顶圆在分度圆以外，齿根圆在分度圆以内。 (　　)

6. 齿数越多越容易出现根切。 (　　)

7. 节圆是一对齿轮相啮合时才存在的量。 (　　)

8. 直齿圆柱标准齿轮的正确啮合条件：只要两齿轮模数相等即可。 (　　)

四、计算题

1. 当 $\alpha=20°$，$h_a^*=1$ 的渐开线标准外齿轮的齿根圆和基圆重合时，其齿数应为多少？当齿数大于所求出的数值时，基圆与齿根圆哪个大？为什么？

2. 一对渐开线外啮合标准直齿圆柱齿轮机构，已知模数 $m=10$ mm，压力角 $\alpha=20°$，齿数 $z_1=26$，$z_2=87$，试计算这对齿轮的传动比、标准中心距、分度圆直径、基圆直径、齿顶圆直径、齿根圆直径、齿厚、齿槽宽。

3. 已知一对渐开线外啮合标准直齿圆柱齿轮，$\alpha=20°$、$h_a^*=1$、$c^*=0.25$，$m=4$ mm，$z_1=18$、$z_2=54$，试求：

(1) 两轮的分度圆、齿顶圆、齿根圆及基圆直径；

(2) 该对齿轮按中心距 145 mm 安装时两轮的节圆半径及啮合角 α'；

(3) 按中心距 145 mm 安装时，这对齿轮能否实现无侧隙啮合传动？请说明理由。

4. 某直齿圆柱齿轮传动的小齿轮已丢失。但已知与之相配的大齿轮为标准齿轮，其齿数 $z_2=52$，齿顶圆直径 $d_{a2}=135$ mm，标准安装中心距 $a=112.5$ mm。试求丢失的小齿轮的齿数、模数、分度圆直径、齿顶圆直径、齿根圆直径。

模块五　齿轮传动

【模块导入】

齿轮传动(见图5-1)是指用主、从动轮轮齿直接传递运动和动力的装置,是最基本的机械传动形式之一。由于它在工业发展中的突出地位,齿轮被公认为工业化的一种象征。它的特点是传动准确、可靠、效率高,传递功率和速度的范围大。齿轮传动按工作条件划分,则可分为开式齿轮传动、半开式齿轮传动以及闭式齿轮传动。齿轮传动按相互啮合的齿轮轴线相对位置划分,则可分为圆柱齿轮传动、圆锥齿轮传动以及齿轮齿条传动。

本模块将讨论齿轮传动的失效形式及设计准则,齿轮传动的精度及齿轮的常用材料,标准直齿、斜齿圆柱齿轮传动的设计计算,标准直齿圆锥齿轮传动,齿轮传动的润滑和维护等内容。

图5-1　齿轮传动

一、齿轮传动的失效形式及设计准则

(一)失效形式

齿轮传动的失效主要发生在轮齿。常见的失效形式有轮齿折断、齿面点蚀、齿面磨损、齿面胶合以及齿面塑性变形等。

1. 轮齿折断

轮齿折断的产生原因主要有:

(1)多次重复的弯曲应力和应力集中造成的疲劳折断(见图5-2)。

(2)突然严重过载和冲击载荷作用引起的过载折断。

改善措施:改善材料的力学性能,增大材料的韧性,限制齿轮根部的弯曲疲劳应力,避免过载或冲击,增大齿根圆半径并提高圆角处的表面质量,对根部圆角处进行表面强化处理。

2. 齿面点蚀

齿面点蚀(见图5-3)是闭式齿轮传动的主要失效形式,特别是在软齿面上更容易产生。

产生原因:在润滑良好的闭式齿轮传动中,齿面材料在交变接触应力作用下,因为接

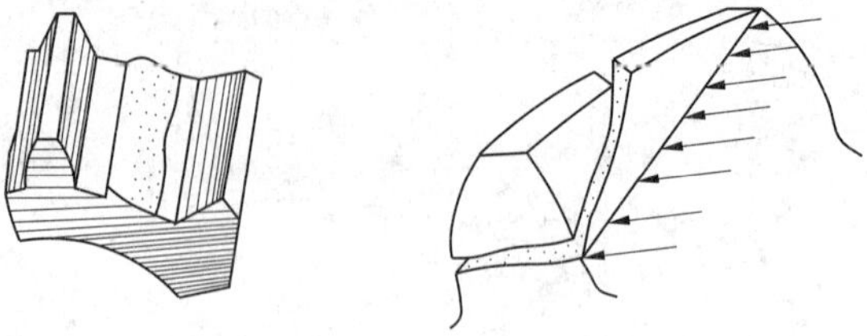

图 5-2　轮齿折断

触疲劳产生贝壳形状凹坑。齿面上最初出现的点蚀随材料不同而不同,一般出现在靠近节线的齿根面上,最初为细小的尖状麻点。

危害:影响齿轮正确啮合,引起冲击和噪声,造成传动不平稳。

提高齿面硬度是解决齿面点蚀的有效措施。

3. 齿面磨损

齿面磨损(见图 5-4)是开式齿轮传动的主要失效形式之一。

产生原因:①灰尘、金属微粒等进入齿面间引起的磨损;②齿面间的相对滑动摩擦引起的磨损。

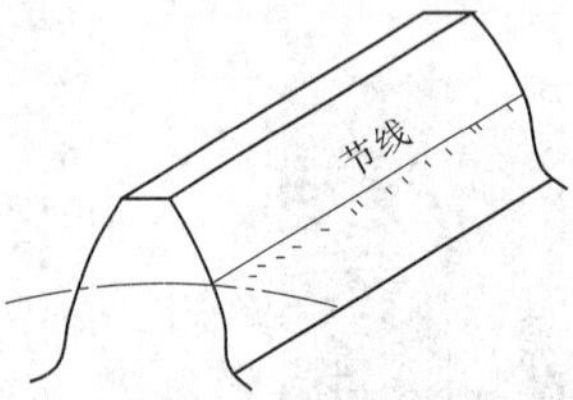

图 5-3　齿面点蚀

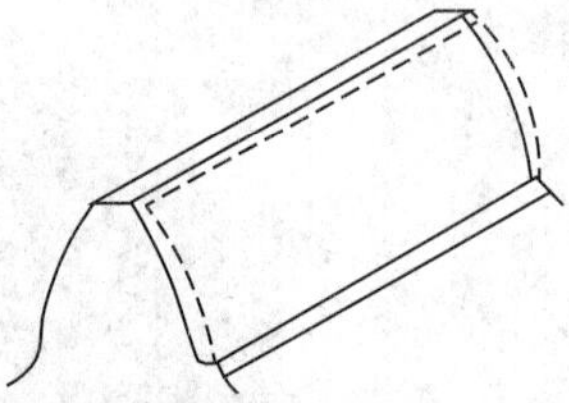

图 5-4　齿面磨损

危害:严重的磨损将使齿轮失去正确的齿形,使齿侧间隙增大而产生振动和噪声,甚至由于齿厚磨薄最终导致齿轮折断。

改用闭式齿轮传动是避免齿面磨损的最有效方法。

4. 齿面胶合

齿面胶合(见图 5-5)的产生原因:高速重载传动时,啮合区载荷大且集中,温升高,因而引起润滑失效;低速重载时,油膜不易形成。

改善措施:适当提高齿面硬度和降低表面粗糙度,低速传动宜采用黏度大的润滑油,高速传动则应采用含有抗胶合添加剂的润滑油。

5. 齿面塑性变形

齿面塑性变形(见图 5-6)的产生原因:低速重载传动时,若齿轮表面硬度较低,当齿面间作用力过大时,啮合中的齿面表层材料就会沿着摩擦力方向产生塑性流动。

改善措施:提高齿面硬度和采用黏度较高的润滑油。

(二)设计准则

对于一般工况下的齿轮传动,其设计准则是:保证足够的齿根弯曲疲劳强度,以免发生齿根折断。保证足够的齿面接触疲劳强度,以免发生齿面点蚀。对高速重载齿轮传动,除以上两设计准则外,还应按齿面抗胶合能力的准则进行设计。

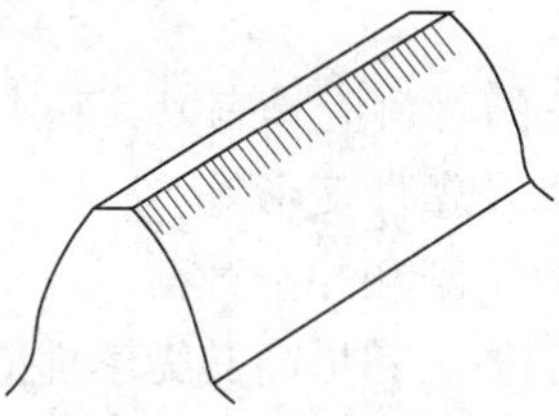

图 5-5　齿面胶合

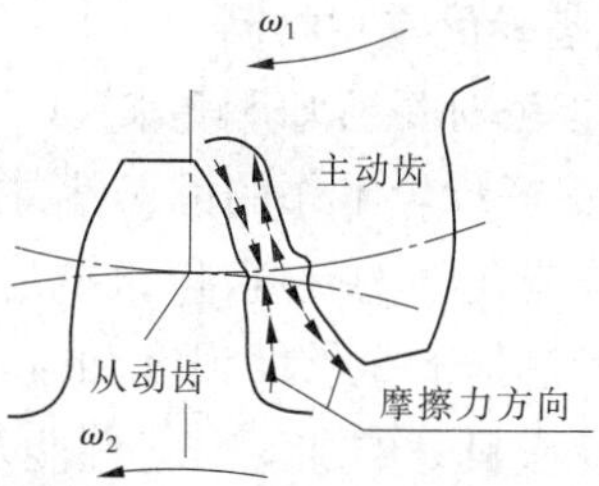

图 5-6　齿面塑性变形

软齿面(硬度≤350 HBS)的闭式齿轮传动,先按齿面接触疲劳强度设计,再作齿根弯曲疲劳强度校核;硬齿面(硬度>350 HBS)的闭式齿轮传动,先按齿根弯曲疲劳强度设计,再作齿面接触疲劳强度校核;对于是铸铁制造的齿轮,只需要作轮齿弯曲疲劳强度设计计算;对于汽车、拖拉机等过载或冲击造成的轮齿折断为主要形式的齿轮,先作轮齿过载折断设计计算,再作齿面接触疲劳强度校核;对于开式传动,通常只能按齿根弯曲疲劳强度设计,再考虑磨损,将求得的模数增大 10%~20%。

思考题:工程中,零部件失去原有设计所规定的功能称为失效。失效包括完全丧失原定功能;功能降低和有严重损伤或隐患,继续使用会失去可靠性。机械零件如果失效,必定会导致机械故障吗?

二、齿轮传动的精度及齿轮的常用材料

(一)齿轮传动的精度

圆柱齿轮的精度已经标准化,我国国家标准《圆柱齿轮　精度制》(GB/T 10095—2008)包括下列两部分内容:第 1 部分,轮齿同侧齿面偏差的定义和允许值(GB/T 10095.1—2008);第 2 部分:径向综合偏差与径向跳动的定义和允许值(GB/T 10095.2—2008)。

渐开线圆柱齿轮规定了 13 个精度等级,第 0 级精度最高,第 12 级最低。齿轮副中两个齿轮的精度等级可以相同,也可以不同。齿轮精度等级主要根据传动的使用条件、传递的功率、圆周速度以及其他经济、技术要求决定。对于高速、分度等要求高的齿轮传动,常用 6 级,一般机械中常用 7~8 级,对精度要求不高的低速齿轮可用 9 级。

表 5-1 列出了齿轮传动常用精度等级及其应用,可供选择精度等级时参考。

表 5-1　齿轮传动常用精度等级及其应用

精度等级	圆周速度(m/s)			应用举例
	直齿圆柱	斜齿圆柱	直齿锥齿轮	
6	≤15	≤30	≤9	要求运转精确或在高速重载下工作的齿轮传动,精密仪器和飞机、汽车、机床中重要齿轮
7	≤10	≤20	≤6	一般机械中的重要齿轮,标准系列减速器齿轮,飞机、汽车和机床中的齿轮
8	≤5	≤9	≤3	一般机械中的重要齿轮,飞机、汽车和机床中的不重要齿轮,纺织机械中的齿轮,农业机械中的重要齿轮
9	≤3	≤6	≤2.5	工作要求不高的齿轮,农业机械中的齿轮

(二)齿轮的常用材料

1. 对齿轮材料的基本要求

为了保证齿轮工作的可靠性,提高其使用寿命,齿轮的材料应具有以下基本要求:

(1)应有足够的硬度,以抵抗齿面磨损、点蚀、胶合以及塑性变形等。

(2)齿芯应有足够的强度和较好的韧性,以抵抗齿根折断和冲击载荷。

(3)应有良好的加工工艺性能及热处理性能,以便于加工和提高其力学性能。

2. 齿轮的常用材料及热处理

最常用的材料为锻钢,其次为铸钢、铸铁。粉末冶金材料、塑料的应用也日益增多。

(1)锻钢。锻钢因具有强度高、韧性好、便于制造、便于热处理等优点,大多数齿轮都用锻钢制造。

①软齿面齿轮。软齿面齿轮的齿面硬度小于 350 HBS,常用中碳钢和中碳合金钢,如 45 钢、40Cr、35SiMn 等材料,进行调质或正火处理。这种齿轮适用于强度、精度要求不高的场合,轮坯经过热处理后进行插齿或滚齿加工,生产便利、成本较低。在确定大、小齿轮硬度时应注意使小齿轮的齿面硬度比大齿轮的齿面硬度高 30 ~ 50 HBS,这是因为小齿轮受载荷次数比大齿轮多,且小齿轮齿根较薄,为使两齿轮的轮齿接近等强度,小齿轮的齿面要比大齿轮的齿面硬一些。

②硬齿面齿轮。硬齿面齿轮的齿面硬度大于 350 HBS,常用的材料为中碳钢或中碳合金钢经表面淬火处理。

(2)铸钢。当齿轮的尺寸较大(大于 400 ~ 600 mm)而不便于锻造时,可用铸造方法制成铸钢轮坯,再进行正火处理以细化晶粒。

(3)铸铁。低速、轻载场合的齿轮可以制成铸铁轮坯。当尺寸大于 500 mm 时可制成大齿圈或制成轮辐式齿轮。

(4)非金属材料。对于高速、轻载而又要求低噪声的齿轮传动,也可采用非金属材料,如夹布胶木、塑料、尼龙等。

常用齿轮的材料及其机械性能见表 5-2。

表 5-2 常用齿轮的材料及其机械性能

材料牌号	热处理	强度极限 σ_b(MPa)	齿面硬度	许用接触应力 $[\sigma_H]$(MPa)	许用弯曲应力 $[\sigma_F]$(MPa)	特性及应用
45	正火	580	162 ~ 217 HBS	468 ~ 513	280 ~ 301	用于不宜调质和淬火的大齿轮
	调质	650	217 ~ 286 HBS	513 ~ 545	301 ~ 315	齿轮调质后强度及韧性较好,适用于中低速、中载的一般齿轮传动。调质后表面淬火的硬齿面齿轮,齿面承载能力大大提高,适用于中速、中载的主传动齿轮,如机床主传动箱齿轮等
35SiMn	调质	750	217 ~ 269 HBS	585 ~ 648	388 ~ 420	
40Cr	调质	700	241 ~ 286 HBS	612 ~ 675	399 ~ 427	
	表面淬火	900	48 ~ 55 HRC	1 035 ~ 1 098	483 ~ 518	

续表 5-2

材料牌号	热处理	强度极限 σ_b(MPa)	齿面硬度	许用接触应力 $[\sigma_H]$(MPa)	许用弯曲应力 $[\sigma_F]$(MPa)	特性及应用
20Cr	渗碳淬火	650	56 ~ 62 HRC	1 350	645	渗碳淬火后齿面硬度高,耐冲击性好,适用于汽车、拖拉机等有冲击载荷的主传动
20CrMnTi	渗碳淬火	1 080	56 ~ 62 HRC	1350	645	
ZG310 - 570	正火	570	163 ~ 197 HBS	270 ~ 301	171 ~ 186	适用于尺寸大、形状复杂、不易锻造的齿轮
ZG340 - 640	正火	640	169 ~ 229 HBS	288 ~ 306	182 ~ 196	
HT300		300	187 ~ 255 HBS	290 ~ 347	80 ~ 105	铸铁易成形,成本低,适用于低速、轻载、载荷平稳的齿轮
HT350		350	197 ~ 269 HBS	301 ~ 367	90 ~ 115	
QT600 - 3	正火	600	190 ~ 270 HBS	436 ~ 535	262 ~ 315	在某些场合可替代铸钢使用

三、标准直齿圆柱齿轮传动的设计计算

(一)轮齿的受力分析

图 5-7 为直齿圆柱齿轮的受力分析情况。若忽略啮合轮齿间的摩擦力,则沿啮合线作用、垂直于齿面的法向力可分解为两个相互垂直的分力:圆周力 F_t 和径向力 F_r。

$$\begin{cases} F_t = \dfrac{2T_1}{d_1} \\ F_r = F_t\tan\alpha \\ F_n = \dfrac{F_t}{\cos\alpha} \end{cases} \tag{5-1}$$

式中 d_1——主动轮的节圆直径,对标准齿轮传动即为分度圆直径,mm;

α——啮合角,对标准齿轮 $\alpha = 20°$;

T_1——主动轮传递的转矩,N · mm, 计算公式为

$$T_1 = 9.55 \times 10^6 \times \frac{P_1}{n_1} \quad (\text{N} \cdot \text{mm}) \tag{5-2}$$

式中 P_1——主动轮的传递功率,kW;

n_1——转速,r/min。

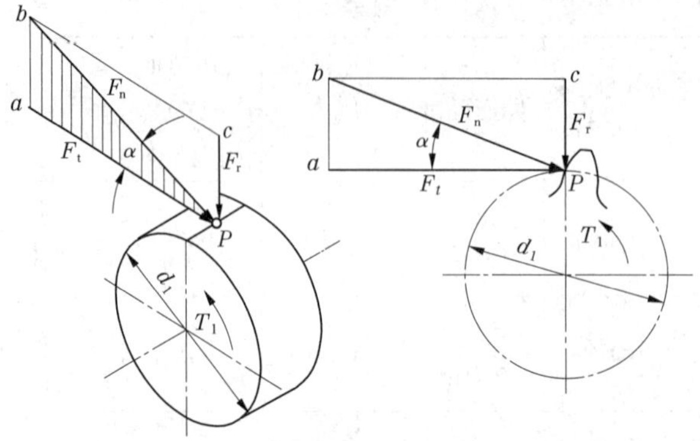

图 5-7　直齿圆柱齿轮的受力分析

各力的方向判断方法：径向力分别指向各自的轮心；主动轮上的圆周力对其轴之矩与主动轮转向相反；从动轮上的圆周力对其轴之矩与从动轮转向相同。同名力大小相等，方向相反。

（二）名义载荷与计算载荷

受力分析中的法向力 F_n 是理想情况下的载荷，称为名义载荷。

在计算齿轮强度时，需要引入载荷系数 K 来考虑使用条件、载荷性质、载荷分布等各种因素的影响，即以计算载荷 F_{nc} 代替名义载荷 F_n。

计算载荷按下式确定：

$$F_{nc} = KF_n \tag{5-3}$$

载荷系数 K 值由表 5-3 查取。

表 5-3　载荷系数 K

工作机械	载荷特性	原动机		
		电动机	多缸内燃机	单缸内燃机
均匀加料的加料机和输送机、轻型卷扬机、发电机、机床辅助传动	轻微冲击	1～1.2	1.2～1.6	1.6～1.8
不均匀加料的加料机和输送机、重型卷扬机、机床主传动	中等冲击	1.2～1.6	1.6～1.8	1.8～2.0
冲床、钻床、轧钢机、破碎机、挖掘机	大的冲击	1.6～1.8	1.9～2.1	2.2～2.4

注：直齿、圆周速度高、精度低、齿宽系数大，齿轮在两轴承间不对称布置时，载荷系数取大值；斜齿、圆周速度低、精度高、齿宽系数小，齿轮在两轴承间对称布置时，载荷系数取小值。

（三）齿面接触疲劳强度计算

齿面接触疲劳强度计算的目的是防止齿面点蚀失效。齿面的疲劳点蚀，主要与齿面接触应力大小有关。根据齿轮啮合原理知道，直齿圆柱齿轮在节点处为一对轮齿参与啮合，轮齿承受载荷最大，润滑条件不良，因而点蚀最容易发生在节线附近。因此，防止齿面点蚀的强度条件为：节点处的计算接触应力应小于或等于齿轮材料的许用接触应力。即：

$$\sigma_H \leqslant [\sigma_H]$$

经推导整理简化，齿面节线处的最大接触应力，可由弹性力学的赫兹应力公式计算，即：

校核公式
$$\sigma_H = 3.52Z_E\sqrt{\frac{KT_1(u \pm 1)}{bd_1^2 u}} \leqslant [\sigma_H] \quad (5-4)$$

设计公式
$$d_1 \geqslant \sqrt[3]{\frac{KT_1(u \pm 1)}{\phi_d u}\left(\frac{3.52Z_E}{[\sigma_H]}\right)^2} \quad (5-5)$$

式中　σ_H——齿面工作时产生的最大接触应力，MPa；

$[\sigma_H]$——齿轮材料的接触疲劳许用应力，MPa，查表5-2；

Z_E——材料的弹性影响系数，查表5-4；

K——载荷系数，查表5-3；

b——齿轮宽度，mm；

d_1——主齿轮的分度圆直径，mm；

u——齿数比，即大齿轮与小齿轮的齿数之比，$u = z_2/z_1$；

ϕ_d——齿宽系数，$\phi_d = \frac{b}{d_1}$。

表5-4　材料的弹性影响系数 Z_E　（单位：$\sqrt{MPa}$）

两齿轮材料	两齿轮均为钢	钢与铸铁	两齿轮均为铸铁
Z_E	189.8	165.4	144

注意：由于两齿轮的法向压力相同，所以两轮的齿面接触应力也相同；接触应力与模数无关，只取决于齿轮的直径或中心距；按式（5-5）设计齿轮传动时，许用接触应力$[\sigma_H]$应取$[\sigma_H]_1$与$[\sigma_H]_2$两者中的较小值。

（四）齿根弯曲疲劳强度计算

齿根弯曲强度与齿根弯曲应力和齿轮材料的许用弯曲应力有关。将齿轮的轮齿视为一悬臂梁，其危险截面可用30°切线法确定，即可计算齿根弯曲应力。

通常可认为齿顶啮合时，即载荷作用于齿顶时，齿根危险截面上产生的弯曲应力最大。经过推导可得到齿根弯曲疲劳强度的校核公式与设计公式：

校核公式
$$\sigma_F = \frac{2KT_1}{bz_1 m^2}Y_F Y_S \leqslant [\sigma_F] \quad (5-6)$$

设计公式
$$m \geqslant \sqrt[3]{\frac{2KT_1}{\phi_d z_1^2}\frac{Y_F Y_S}{[\sigma_F]}} \quad (5-7)$$

式中　σ_F——齿根危险截面的最大弯曲应力，MPa；

$[\sigma_F]$——齿轮材料的弯曲疲劳许用应力，MPa，查表5-2；

Y_F——齿形系数，当齿廓的基本参数一定时，齿形取决于齿数z和变位系数x，对于标准齿轮，只取决于齿数z，查表5-5；

Y_S——应力修正系数，查表5-5；

m——齿轮的模数，mm；

z_1——主齿轮的齿数。

表 5-5　标准外齿轮的齿形系数 Y_F 和应力修正系数 Y_S

z	17	18	19	20	21	22	23	24	25	26	27	28	29
Y_F	2.97	2.91	2.85	2.80	2.76	2.72	2.69	2.65	2.62	2.60	2.57	2.55	2.53
Y_S	1.52	1.53	1.54	1.55	1.56	1.57	1.575	1.58	1.59	1.595	1.60	1.61	1.62
z	30	35	40	45	50	60	70	80	90	100	150	200	∞
Y_F	2.52	2.45	2.40	2.35	2.32	2.28	2.24	2.22	2.20	2.18	1.14	2.12	2.06
Y_S	1.63	1.65	1.67	1.68	1.70	1.73	1.75	1.77	1.78	1.79	1.83	1.86	1.97

注意：按式(5-6)校核齿轮传动的齿根弯曲疲劳强度时，小齿轮与大齿轮应分别进行计算；按式(5-7)设计齿轮传动时，式中的$\frac{Y_F Y_S}{[\sigma_F]}$应取两轮中的较大值，并将计算得出的模数与表 4-1 比较，选取标准值。

(五)齿轮主要参数的选择

1. 齿数比

齿数比 u 是大齿轮与小齿轮的齿数之比，其值大于或等于 1。对于一般单级减速器齿轮传动，通常取 $u \leqslant 7$。当 $u > 7$ 时，宜采用多级传动，以免传动装置的外廓尺寸过大。对于开式或手动的齿轮传动，可取 $u_{max} = 8 \sim 12$。对增速齿轮传动，常取 $u \leqslant 2.5 \sim 3$。

思考题：齿轮的齿数比 u 与传动比 i 有何异同点？

2. 模数和齿数

模数的大小影响轮齿的抗弯强度，一般在满足轮齿弯曲疲劳强度的前提下，宜取较小模数，以增大齿数，减少切齿量。对于传递动力的齿轮，可按 $m = (0.007 \sim 0.02)a$ 初选，但要保证 $m \geqslant 2$ mm。

当中心距确定时，齿数增多，重合度增大，能提高传动的平稳性，并降低摩擦损耗，提高传动效率。因此，对于软齿面的闭式传动，在满足弯曲疲劳强度的前提下，宜采用较多齿数，一般取 20 ~ 40。对于硬齿面的闭式传动及开式传动，齿根抗弯曲疲劳破坏能力较低，宜取较少齿数，以增大模数，提高轮齿弯曲疲劳强度，但要避免发生根切，一般取 17 ~ 20。

另外，为了避免根切，对于标准直齿圆柱齿轮，两轮齿数最好互为质数，以防止轮齿失效集中在某几个齿上。

3. 齿宽和齿宽系数

增大齿宽系数，可减小齿轮传动装置的径向尺寸，降低齿轮的圆周速度。但齿宽系数过大则需提高结构刚度，否则将会出现载荷分布严重不均。齿宽系数小，齿宽小；齿宽系数大，齿宽大。齿宽系数 ϕ_d 按表 5-6 查取。

齿宽 $b = \phi_d d_1$，然后根据计算得到的数值进行圆整，一般取整数，为了便于安装和补偿轴向尺寸的变动，通常小齿轮的宽度 b_1 的取值比大齿轮的宽度 b_2 大 5 ~ 10 mm，但在强度计算时，仍按大齿轮的宽度计算。

表 5-6 齿宽系数 ϕ_d

齿轮相对于轴承的位置	齿面硬度	
	软齿面（≤350 HBS）	硬齿面（>350 HBS）
对称布置	0. 8 ~ 1. 4	0. 4 ~ 0. 9
不对称布置	0. 6 ~ 1. 2	0. 3 ~ 0. 6
悬臂布置	0. 3 ~ 0. 4	0. 2 ~ 0. 25

【例题 5-1】 试设计带式输送机的直齿齿轮传动。已知输入功率 $P_1 = 5$ kW，小齿轮转速 $n_1 = 750$ r/min，齿数比 $u = 4$，由电动机驱动，工作寿命 10 年（设每年工作 300 天），单班制，带式输送机工作平稳，转向不变。

解：实训过程和结果如表 5-7 所示。

表 5-7 实训过程和结果

计算与说明	主要结果
1. 选定材料及热处理。该齿轮传动无特殊要求，为制造方便，采用软齿面，大、小齿轮的材料均为 45 钢，小齿轮经调质处理，齿面硬度为 217 ~ 286 HBS，大齿轮经正火处理，齿面硬度为 162 ~ 217 HBS	齿轮的材料均为 45 钢，小齿轮调质，大齿轮正火
2. 选定齿轮精度等级。运输机是一般工作机械，速度不是太高，故初选 8 级精度（GB/T 10095. 1—2008）	8 级精度
3. 按齿面接触强度设计。该传动为闭式软齿面，主要失效形式为疲劳点蚀，故按齿面接触疲劳强度设计，再按齿根弯曲疲劳强度校核 设计公式为：$d_1 \geqslant \sqrt[3]{\frac{KT_1(u \pm 1)}{\phi_d u}\left(\frac{3.52Z_E}{[\sigma_H]}\right)^2}$ （1）载荷系数，按表 5-3 取 $K = 1.2$ （2）转矩 $T_1 = 9.55 \times 10^6 \times \frac{P_1}{n_1} = 9.55 \times 10^6 \times \frac{5}{750} = 63\ 667$（N · mm） （3）接触疲劳许用应力 $[\sigma_H]$，查表 5-2，$[\sigma_H]_1 = 545$ MPa，$[\sigma_H]_2 = 513$ MPa。取 $[\sigma_H] = 513$ MPa （4）材料的弹性影响系数 Z_E，查表 5-4，$Z_E = 189.8\ (\sqrt{\text{MPa}})$ （5）齿宽系数 ϕ_d，查表 5-6 按齿轮相对轴承对称布置取 $\phi_d = 1$ （6）主齿轮的分度圆直径 d_1 $d_1 \geqslant \sqrt[3]{\frac{KT_1(u+1)}{\phi_d u}\left(\frac{3.52Z_E}{[\sigma_H]}\right)^2}$ $= \sqrt[3]{\frac{1.2 \times 63\ 667 \times (4+1)}{1 \times 4} \times \left(\frac{3.52 \times 189.8}{513}\right)^2}$ $= 54.5$（mm） 取 $d_1 = 60$ mm （7）计算圆周速度 $v = \frac{n_1 \pi d_1}{60 \times 1\ 000} = \frac{750 \times \pi \times 60}{60 \times 1\ 000} = 2.36$（m/s） 查表 5-1 知，许用圆周速度为 5 m/s，故取 8 级精度合适	$T_1 = 63\ 667$ N · mm $[\sigma_H] = 513$ MPa $d_1 = 60$ mm 8 级精度合适

续表 5-7

计算与说明	主要结果
4. 确定主参数 (1)齿数。取 $z_1=20$，则 $z_2=uz_1=4\times 20=80$ (2)模数。$m=d_1/z_1=60/20=3(\text{mm})$，正好与表 4-1 的标准模数相符 (3)分度圆直径。$d_1=60$ mm $d_2=z_2 m=80\times 3=240(\text{mm})$ (4)中心距。$a=(d_1+d_2)/2=(60+240)/2=150(\text{mm})$ (5)齿轮宽度。$b=\phi_d d_1=1\times 60=60(\text{mm})$ 取 $b_2=60$ mm，$b_1=60+5=65(\text{mm})$	$z_1=20$ $z_2=80$ $m=3$ mm $d_1=60$ mm $d_2=240$ mm $a=150$ mm $b_1=65$ mm $b_2=60$ mm
5. 校核齿根弯曲疲劳强度 (1)齿形系数 Y_F，查表 5-5，$Y_{F1}=2.80$，$Y_{F2}=2.22$ (2)应力修正系数 Y_S，查表 5-5，$Y_{S1}=1.55$，$Y_{S2}=1.77$ (3)齿轮材料的弯曲疲劳许用应力$[\sigma_F]$，查表 5-2，$[\sigma_F]_1=310$ MPa，$[\sigma_F]_2=300$ MPa (4)校核计算： $\sigma_{F1}=\dfrac{2KT_1}{bz_1m^2}Y_{F1}Y_{S1}=\dfrac{2\times 1.2\times 63\,667}{60\times 20\times 3^2}\times 2.80\times 1.55=61.40(\text{MPa})<[\sigma_F]_1=310\text{ MPa}$ $\sigma_{F2}=\dfrac{2KT_1}{bz_1m^2}Y_{F2}Y_{S2}=\dfrac{2\times 1.2\times 63\,667}{60\times 20\times 3^2}\times 2.22\times 1.77=55.59(\text{MPa})<[\sigma_F]_2=300\text{ MPa}$ 满足强度要求	$[\sigma_F]_1=310$ MPa $[\sigma_F]_2=300$ MPa
6. 结构设计及绘制齿轮零件图(从略)	

四、标准斜齿圆柱齿轮传动

(一)齿廓曲面的形成及啮合特点

1. 齿廓曲面的形成

前面讨论直齿圆柱齿轮时，仅就垂直于轮轴的一个剖面加以研究，但实际齿轮齿廓侧面的形成如图 5-8(a)所示，发生面 S 沿母线切于齿轮的基圆柱上。当这一发生面在基圆柱上做纯滚动时，其上任一平行于母线的直线 AA 将展出一渐开线曲面，此曲面即为齿轮的齿侧面，它与轮轴垂直面的交线即为渐开线。当一对齿轮啮合时，两轮的齿将沿直线接触，其轨迹即为两轮的啮合面。

斜齿轮齿面的形成原理与直齿轮相似，不同的是形成渐开面的直线 AA 与母线不平行，偏斜了一个角度 β_b，如图 5-8(b)所示。发生面 S 在基圆柱上做纯滚动时，直线 AA 上的任一点的轨迹都是渐开线，这一系列的渐开线就形成了斜齿轮的齿廓曲面。显然，这个

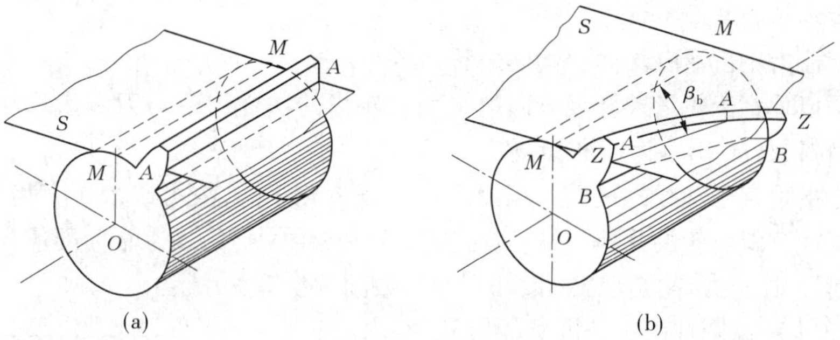

图5-8　圆柱齿轮的形成

齿廓曲面与垂直于轴线端面的交线(端面齿廓)仍然是渐开线。将偏斜了 β_b 的直线 AA 在基圆柱上全面接触,形成螺旋线 ZZ,ZZ 在空间形成的曲面为渐开螺旋面。偏斜的角度 β_b 称为基圆上的螺旋角。当 $\beta_b = 0°$时成了直齿轮,可见直齿轮是斜齿轮的特例。

2. 啮合特点

直齿圆柱齿轮啮合时,齿面的接触线平行于齿轮轴线。轮齿沿整个齿宽方向同时进入啮合、同时脱离啮合,载荷沿齿宽突然加上及卸下。因此,齿轮传动的平稳性较差,容易产生冲击和噪声,不适合高速、大功率传动的场合。

一对平行轴斜齿圆柱齿轮啮合时,斜齿轮的齿廓是逐渐进入、脱离啮合的,斜齿轮齿廓接触线的长度由零逐渐增加,又逐渐缩短,直至脱离接触,当其齿廓前端面脱离啮合时,齿廓的后端面仍在啮合中,载荷在齿宽方向上不是突然加上或卸下,其啮合过程比直齿轮长,同时啮合的轮齿对数也比直齿轮多,即其重合度较大。因此,斜齿轮传动工作较平稳、承载能力强、噪声和冲击较小,适用于高速、大功率的齿轮传动。其主要缺陷是传动中存有轴向力。

(二)主要参数及几何尺寸

1. 螺旋角 β

分度圆柱上的螺旋角 β 表示轮齿的倾斜程度。β 越大,则轮齿越倾斜、传动的平稳性越好,但轴向力也随之增大。通常在设计时取 $\beta = 8° \sim 20°$。

斜齿轮按轮齿的螺旋线方向分为左旋和右旋,如图5-9所示,图(a)为左旋齿轮,图(b)为右旋齿轮,图(c)为一对啮合斜齿轮的运动简图。

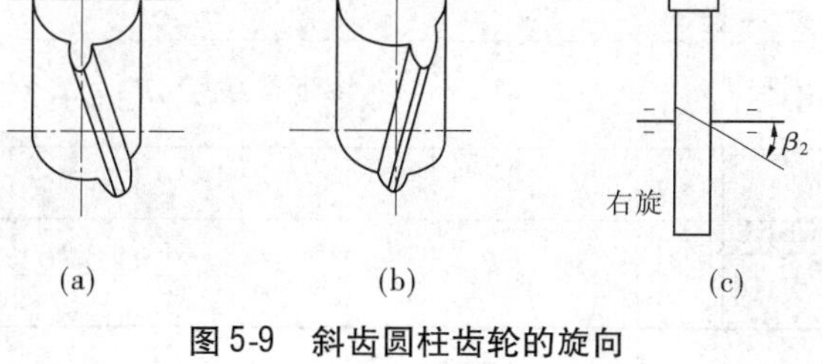

图5-9　斜齿圆柱齿轮的旋向

2. 法面参数和端面参数

斜齿圆柱齿轮齿形有法面和端面之称。

法面是指垂直于轮齿螺旋线方向的平面。轮齿的法面齿形与刀具齿形相同，故国际上规定法面参数(m_n,α_n)为标准参数。

端面是指垂直于轴线的平面。端面齿形与直齿轮相同，故可以采用直齿轮的几何尺寸计算公式计算斜齿轮的几何尺寸。应注意，端面参数(m_t,α_t)为非标准值，为了计算斜齿轮的几何尺寸，必须掌握法面参数和端面参数间的换算关系。

图5-10为斜齿圆柱齿轮分度圆的展开图，由图可知端面齿距 p_t 和法面齿距 p_n 的关系为

$$p_t = \frac{p_n}{\cos\beta} \tag{5-8}$$

由于端面模数为 $m_t = p_t/\pi$，法面模数为 $m_n = p_n/\pi$，故：

$$m_t = \frac{m_n}{\cos\beta} \tag{5-9}$$

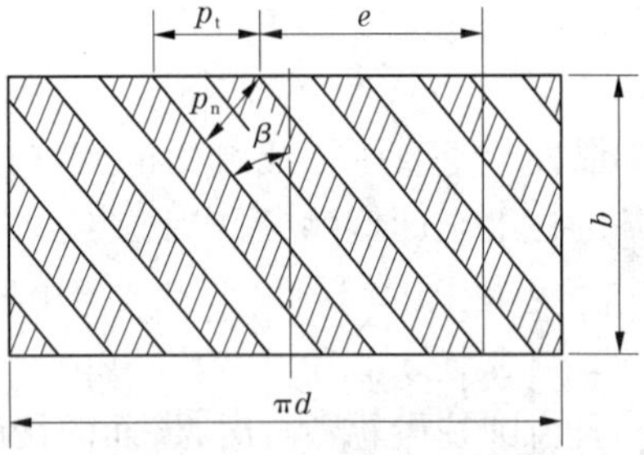

图5-10　分度圆柱展开面

式中　β——分度圆柱上的螺旋角。

与模数类似，斜齿轮分度圆上的端面压力角 α_t 与法面压力角 α_n 间的关系为

$$\tan\alpha_t = \frac{\tan\alpha_n}{\cos\beta} \tag{5-10}$$

3. 几何尺寸计算

外啮合标准斜齿圆柱齿轮各部分几何尺寸的计算公式见表5-8。

表5-8　外啮合标准斜齿圆柱齿轮各部分几何尺寸的计算公式

各部分名称	代号	计算公式
法向模数	m_n	由强度计算获得
分度圆直径	d	$d_1 = m_t z_1 = \frac{m_n z_1}{\cos\beta}$; $d_2 = m_t z_2 = \frac{m_n z_2}{\cos\beta}$
齿顶高	h_a	$h_a = h_{an}^* m_n \quad (h_{an}^* = 1)$
齿根高	h_f	$h_f = (h_{an}^* + c_n^*) m_n \quad (c_n^* = 0.25)$
全齿高	h	$h = h_a + h_f = 2.25 m_n$
齿顶圆直径	d_a	$d_{a1} = d_1 + 2h_a$; $d_{a2} = d_2 + 2h_a$
齿根圆直径	d_f	$d_f = d_1 - 2h_f$
中心距	a	$a = \frac{d_1 + d_2}{2} = \frac{m_t(z_1 + z_2)}{2} = \frac{m_n(z_1 + z_2)}{2\cos\beta}$

(三)斜齿圆柱齿轮的啮合传动

1. 正确啮合条件

一对斜齿圆柱齿轮的正确啮合条件为

$$\begin{cases}\alpha_{n1} = \alpha_{n2} = \alpha_n \\ m_{n1} = m_{n2} = m_n \\ \beta_1 = \pm \beta_2\end{cases} \tag{5-11}$$

式中:"-"号表示外啮合时螺旋角旋向相反,"+"号表示内啮合时螺旋角旋向相同。

2. 重合度

由于斜齿圆柱齿轮的齿与轮轴的方向成一螺旋角,所以使齿轮传动的啮合弧增大了。如与斜齿轮端面齿廓相同的直齿圆柱齿轮的重合度为 ε_α,则斜齿圆柱齿轮的重合度 $\varepsilon_\gamma = \varepsilon_\alpha + \varepsilon_\beta$,斜齿轮比直齿轮重合度增加部分为

$$\varepsilon_\beta = \frac{b\tan\beta}{p_t} = \frac{b\sin\beta}{p_n} = \frac{z\phi_d}{\pi}\tan\beta \tag{5-12}$$

式中 b——齿宽;

ϕ_d——齿宽系数。

当 $z=17$、$\phi_d=1$、$\beta=7^\circ \sim 20^\circ$时,$\varepsilon_\beta=0.664 \sim 1.970$。

(四)当量齿数

为了选择盘形铣刀及进行强度计算,必须知道和斜齿圆柱齿轮法面齿形相当的直齿圆柱齿轮,其齿数称为当量齿数。下面研究当量齿数 z_v 与实际齿数 z 及螺旋角 β 之间的关系。

如图 5-11 所示,过斜齿圆柱齿轮任一轮齿上的节点 C 作法向截面,则此法面与斜齿圆柱齿轮分度圆的交线为一椭圆,若以 ρ 为半径作一圆,此圆即为与斜齿圆柱齿轮相当的直齿圆柱齿轮的分度圆,此直齿圆柱齿轮称为当量齿轮。当量齿轮上的齿数称为当量齿数,其值为

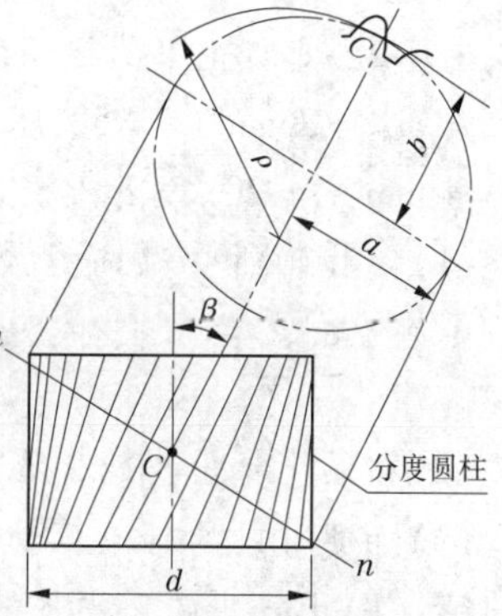

图 5-11 斜齿圆柱齿轮的当量齿

$$z_v = \frac{z}{\cos^3\beta} \tag{5-13}$$

斜齿圆柱齿轮不产生根切的最少齿数 z_{min} 可由直齿圆柱齿轮最少齿数 z_{vmin} 来确定,即 $z_{min} = z_{vmin}\cos^3\beta$。

【例题 5-2】 为改装某设备,需配一对斜齿圆柱齿轮传动。已知传动比 $i=3.5$,法向模数 $m_n=2$ mm,中心距 $a=92$ mm。试计算该对齿轮的几何尺寸。

解:(1)先选定小齿轮的齿数 $z_1=20$,则大齿轮齿数 $z_2=iz_1=3.5\times20=70$。

(2)知道齿数、法向模数及中心距,可由下式计算斜齿轮的分度圆螺旋角。

已知 $a=\dfrac{m_n(z_1+z_2)}{2\cos\beta}$,则

$$\cos\beta = \frac{m_n(z_1 + z_2)}{2a} = \frac{2 \times (20 + 70)}{2 \times 92} = 0.978\ 260$$

因此,得

$$\beta = 11°58'07''$$

(3)按表 5-8 的公式计算其他几何尺寸。

分度圆直径

$$d_1 = \frac{z_1 m_n}{\cos\beta} = \frac{20 \times 2}{\cos 11°58'07''} = 40.89(\text{mm})$$

$$d_2 = \frac{z_2 m_n}{\cos\beta} = \frac{70 \times 2}{\cos 11°58'07''} = 143.11(\text{mm})$$

齿顶圆直径

$$d_{a1} = d_1 + 2m_n = 40.89 + 2 \times 2 = 44.89(\text{mm})$$

$$d_{a2} = d_2 + 2m_n = 143.11 + 2 \times 2 = 147.11(\text{mm})$$

齿根圆直径

$$d_{f1} = d_1 - 2.5m_n = 40.89 - 2.5 \times 2 = 35.89(\text{mm})$$

$$d_{f2} = d_2 - 2.5m_n = 143.11 - 2.5 \times 2 = 138.11(\text{mm})$$

【例题 5-3】 如图 5-12 所示的两级斜齿圆柱齿轮减速器,已知齿轮 1 的转向和螺旋线方向;齿轮 2 的参数 $m_{n2} = 2$ mm,$z_2 = 50$,$\beta_2 = 10°$;齿轮 3 的参数 $m_{n3} = 4$ mm,$z_3 = 20$。求:

(1)使Ⅱ轴所受轴向力最小时,齿轮 3 的螺旋线应是何旋向?在图上标出齿轮 2、3 的螺旋线方向。

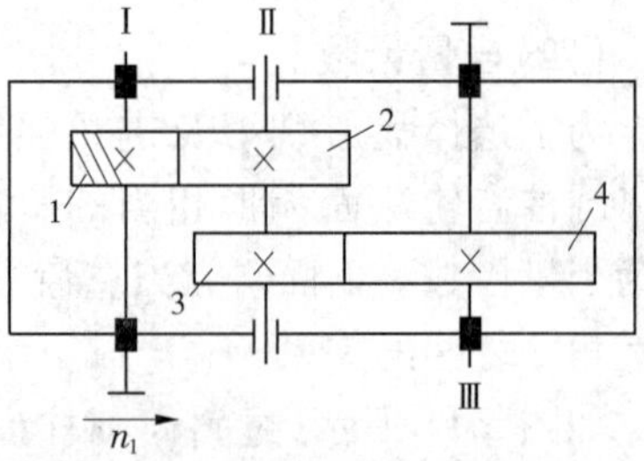

图 5-12 例题 5-3 图

(2)在图上标出齿轮 2、3 所受各分力方向。

(3)如使Ⅱ轴的轴承不受轴向力,则齿轮 3 的螺旋角应取多大值?

解:(1)由于齿轮 2 与齿轮 1 啮合,因此齿轮 2 的螺旋线应与齿轮 1 的螺旋线相反,现已知齿轮 1 为左旋,故齿轮 2 为右旋。

当Ⅱ轴上的齿轮 2 与齿轮 3 的螺旋线方向相同时,齿轮 2 与齿轮 3 所受的轴向力的方向才相反,此时Ⅱ轴所受的轴向力最小。因此,根据齿轮 2 为右旋,可知齿轮 3 应为右旋,它们的螺旋线方向如图 5-13(a)所示。

(2)齿轮 2、3 所受各分力方向如图 5-13(b)所示。

(3)如使Ⅱ轴的轴承不受轴向力,必须要求Ⅱ轴上的齿轮 2 与齿轮 3 所受的轴向力完全抵消,因此必须使:

$$|F_{a2}| = |F_{a3}|$$

又根据 $F_a = F_t \tan\beta$,因此有:

$$F_{t2}\tan\beta_2 = F_{t3}\tan\beta_3$$

即:

$$\tan\beta_3 = \frac{F_{t2}}{F_{t3}}\tan\beta_2$$

由Ⅱ轴的转矩平衡，即 $T_2 = T_3$，可得到：

$$F_{t2}\frac{d_2}{2} = F_{t3}\frac{d_3}{2}$$

因此有：

$$\tan\beta_3 = \frac{F_{t2}}{F_{t3}}\tan\beta_2 = \frac{d_3}{d_2}\tan\beta_2 = \frac{m_{n3}z_3/\cos\beta_3}{m_{n2}z_2/\cos\beta_2}\tan\beta_2$$

即：

$$\sin\beta_3 = \frac{m_{n3}z_3}{m_{n2}z_2}\sin\beta_2 = \frac{4\times20}{2\times50}\times\sin10° = 0.138\ 9$$

因此，

$$\beta_3 = 7.985°$$

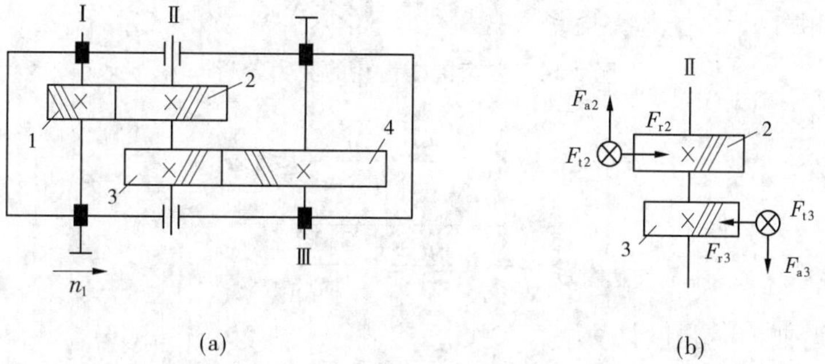

图5-13　例题5-3图解

(五)斜齿圆柱齿轮的受力分析

如图5-14所示为斜齿圆柱齿轮的受力分析。当主动齿轮上作用转矩 T_1 时，若接触面的摩擦力忽略不计，由于轮齿倾斜，在切于基圆柱的啮合平面内，垂直于齿面的法向平面作用有法向力 F_n。将 F_n 分解为径向分力 F_r、圆周力 F_t 和轴向力 F_a。各力的大小见式(5-14)。

$$\begin{cases} F_t = 2T_1/d_1 \\ F_r = F_t\tan\alpha_n/\cos\beta \\ F_a = F_t\tan\beta \\ F_n = F_t/\cos\alpha_n\cos\beta \end{cases} \tag{5-14}$$

式中　β——分度圆的螺旋角；

α_n——法向压力角，标准齿轮取20°。

径向分力和圆周力方向的判断与直齿圆柱齿轮相同。轴向力的方向与齿轮的螺旋方向和转动方向有关，可用“主动轮左、右手法则”来判定，即对主动右旋齿轮，以右手四指弯曲的方向表示齿轮的转动方向，则伸直拇指的指向即为主动轮上轴向力 F_{a1} 的方向，从动轮上轴向力 F_{a2} 的方向与其相反。对于主动左旋齿轮，则应以左手用同样的方法来判定。同名力大小相等，方向相反。

(六)斜齿圆柱齿轮的强度计算

斜齿圆柱齿轮的强度计算与直齿圆柱齿轮的计算相似，主要包括齿面接触疲劳强度计算和齿根弯曲疲劳强度计算。经计算简化，一般采用以下公式：

(1)齿面接触疲劳强度计算。

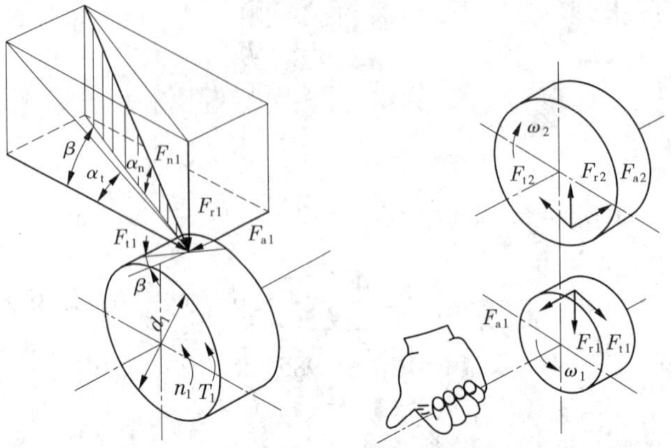

图 5-14　斜齿圆柱齿轮的受力分析

校核公式

$$\sigma_H = 3.17 Z_E \sqrt{\frac{KT_1}{bd_1^2} \cdot \frac{u \pm 1}{u}} \leqslant [\sigma_H] \tag{5-15}$$

设计公式

$$d_1 \geqslant \sqrt[3]{\frac{KT_1}{\phi_d} \cdot \frac{u \pm 1}{u} \left(\frac{3.17 Z_E}{[\sigma_H]}\right)^2} \tag{5-16}$$

(2)齿根弯曲疲劳强度计算。

校核公式

$$\sigma_F = \frac{1.6KT_1\cos\beta}{bz_1 m_n^2} Y_F Y_S \leqslant [\sigma_F] \tag{5-17}$$

设计公式

$$m_n \geqslant \sqrt[3]{\frac{1.6KT_1\cos^2\beta}{\phi_d z_1^2} \cdot \frac{Y_F Y_S}{[\sigma_F]}} \tag{5-18}$$

式中各项符号的意义与直齿轮传动相同,斜齿轮传动的设计方法和参数选择与直齿轮传动基本相近。式中齿形系数 Y_F 和应力修正系数 Y_S,应按斜齿轮的当量齿数 z_v 由表5-5选取。

思考题:如何理解斜齿轮的法面参数和端面参数?直齿轮为什么没有提及这两个概念?

五、标准直齿圆锥齿轮传动

(一)正确啮合条件和几何尺寸计算

圆锥齿轮主要用于几何轴线相交的两轴间的传动,其运动可以看成是两个圆锥形摩擦轮相切做纯滚动,该圆锥即节圆锥。与圆柱齿轮相似,圆锥齿轮也分为分度圆锥、齿顶圆锥和齿根圆锥等。但和圆柱齿轮不同的是,轮齿的厚度沿锥顶方向逐渐减小。圆锥齿轮的轮齿也有直齿、斜齿和曲齿三种,本模块只讨论直齿圆锥齿轮。圆锥齿轮传动中,两轴的夹角Σ一般可以为任意角,但通常多为90°。当两轴的夹角$\Sigma = 90°$时,其传动比为

$$i = \frac{n_1}{n_2} = \frac{d_2}{d_1} = \frac{z_2}{z_1} = \cot\delta_1 = \frac{1}{\tan\delta_1} \tag{5-19}$$

直齿圆锥齿轮的正确啮合条件为:两圆锥齿轮的大端模数和压力角分别相等且等于

标准值，此外，两轮的锥距还必须相等。

如图5-15所示，直齿圆锥齿轮的参数和几何尺寸均以大端为标准，大端应取标准模数和标准压力角，即 $\alpha = 20°$。对标准齿形取齿高系数 $h_a^* = 1$、顶隙系数 $c^* = 0.2$。渐开线圆锥齿轮的几何尺寸按表5-9计算。

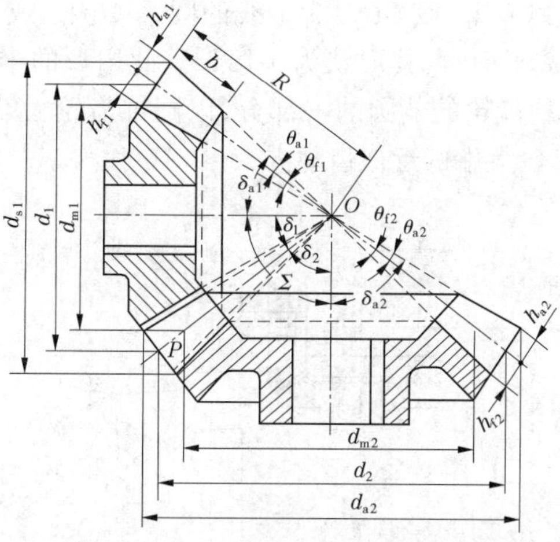

图5-15　圆锥齿轮的基本尺寸

表5-9　渐开线圆锥齿轮的几何尺寸计算

名　称	代号	计算公式	
		小齿轮	大齿轮
锥距	R	$R = \dfrac{d_1}{2\sin\delta_1} = \dfrac{d_2}{2\sin\delta_2} = \dfrac{m}{2}\sqrt{z_1^2 + z_2^2}$	
齿顶角	θ_a	$\tan\theta_a = h_a/R$	
齿根角	θ_f	$\tan\theta_f = h_f/R$	
顶锥角	δ_a	$\delta_{a1} = \delta_1 + \theta_a$	$\delta_{a2} = \delta_2 + \theta_a$
根锥角	δ_f	$\delta_{f1} = \delta_1 - \theta_f$	$\delta_{f2} = \delta_2 - \theta_f$
齿顶圆直径	d_a	$d_{a1} = d_1 + 2h_a\cos\delta_1$	$d_{a2} = d_2 + 2h_a\cos\delta_2$
齿根圆直径	d_f	$d_{f1} = d_1 - 2h_f\cos\delta_1$	$d_{f2} = d_2 - 2h_f\cos\delta_2$
齿宽	b	$b = \phi_R R$　一般 $\phi_R = 0.2 \sim 0.3$ 常用 $\phi_R = 0.3$	
齿数	z	z_1	$z_2 = iz_1$
分度圆锥角	δ	$\cot\delta_1 = i$	$\tan\delta_2 = i$
分度圆直径	d	$d_1 = mz_1$	$d_2 = mz_2$
齿顶高	h_a	$h_a = h_a^* m = m \quad (h_a^* = 1)$	
齿根高	h_f	$h_f = (h_a^* + c^*)m = 1.2m \quad (c^* = 0.2)$	
全齿高	h	$h = h_a + h_f = 2.2m$	

（二）背锥与当量齿数

从理论上讲，圆锥齿轮的齿廓应为球面上的渐开线。但由于球面不能展开成平面，致使圆锥齿轮的设计制造有许多困难，故采用近似方法。为此，引入了齿轮背锥这个概念，详情可查阅有关资料。由图 5-16 可知，自 A（或 B）点和 C 点分别作 OA（或 OB）和 OC 的垂线交于 O_1（或 O_2）点，以 OO_1（或 OO_2）为轴线的圆锥 ACO_1（或 BCO_2）称为该齿轮的背锥。将此轮的背锥展开成平面时，其形状为一扇形。此扇形的半径以 r_v 表示，把这个扇形当作以 O 为中心的圆柱齿轮的节圆的一部分，以圆锥齿轮大端模数为模数，并取标准压力角，即可画出该锥齿轮大端的近似齿廓。

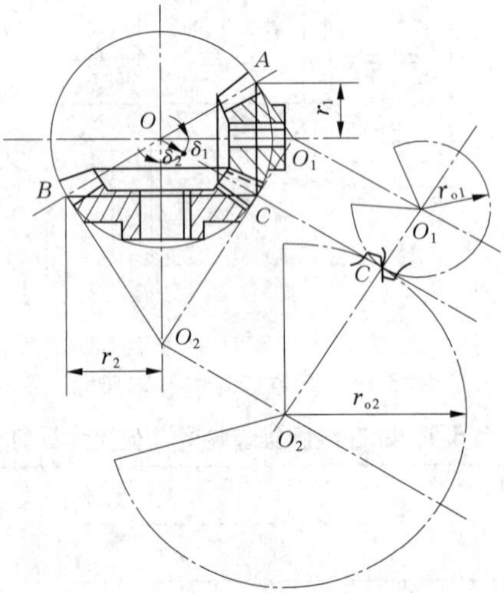

图 5-16　背锥及当量齿数

这一扇形齿轮的齿数 z 即为该圆锥齿轮的实际齿数，若将此扇形补足成为完整的圆柱齿轮，则它的齿数将增加为 z_v，z_v 称为该圆锥齿轮的当量齿数。该圆柱齿轮称为圆锥齿轮的当量齿轮。因：

$$r_v = \frac{d}{2\cos\delta} = \frac{mz}{2\cos\delta} \quad 及 \quad r_v = \frac{mz_v}{2}$$

故有：

$$z_v = \frac{z}{\cos\delta}$$

即：

$$\begin{cases} z_{v1} = \dfrac{z_1}{\cos\delta_1} \\ z_{v2} = \dfrac{z_2}{\cos\delta_2} \end{cases} \tag{5-20}$$

锥齿轮不产生根切的最少齿数 z_{min} 可由当量齿轮的最少齿数 z_{vmin} 来确定，即

$$z_{min} = z_{vmin}\cos\delta \tag{5-21}$$

【例题 5-4】　某车间进行机床技术改造，需要一传递两垂直相交轴运动的齿轮机构，要求传动比 $i=2.25$。现有一标准直齿圆锥齿轮，齿数 $z=20$，测得大端齿顶圆直径 $d_a \approx 87.31$ mm、齿根圆直径 $d_f \approx 71.23$ mm，拟将该齿轮作为主动轮。试求两锥齿轮的主要尺寸。

解：(1)依题意知，$z_1=20$、$d_{a1}=87.31$ mm、$d_{f1}=71.23$ mm、$\Sigma=90°$。

(2)由传动比 i 计算从动轮齿数。$z_2=iz_1=2.25\times20=45$。

(3)分度圆锥角。$\cot\delta_1=i=2.25$

$$\delta_1=\mathrm{arccot}2.25=23°57'45''$$

$$\delta_2=\Sigma-\delta_1=90°-23°57'45''=66°02'15''$$

(4)模数。将 $d_1=z_1m=20m$ 代入

$d_1=d_{a1}-2h_a^*m\cos\delta_1=87.31-2\times1\times m\times\cos23°57'45''$

得：$m=4$ mm

(5)分度圆直径。

$$d_1=mz_1=4\times20=80(\mathrm{mm})$$

$$d_2=mz_2=4\times45=180(\mathrm{mm})$$

(6)从动轮齿顶圆和齿根圆直径。

$$d_{a2}=d_2+2h_a^*m\cos\delta_2=180+2\times1\times4\times\cos66°02'15''=183.25(\mathrm{mm})$$

$$d_{f2}=d_2-2h_f\cos\delta_2=180-2\times1.2\times4\times\cos66°02'15''=176.10(\mathrm{mm})$$

(7)锥距。

$$R=\frac{m}{2}\sqrt{z_1^2+z_2^2}=\frac{4}{2}\times\sqrt{20^2+45^2}=98.49(\mathrm{mm})$$

(8)齿顶角。

$$\theta_a=\arctan\frac{h_a}{R}=\arctan\frac{4}{98.49}=2°19'33''$$

(9)顶锥角。

$$\delta_{a1}=\delta_1+\theta_a=23°57'45''+2°19'33''=26°17'18''$$

$$\delta_{a2}=\delta_2+\theta_a=66°02'15''+2°19'33''=68°21'48''$$

(10)当量齿数。

$$z_{v1}=\frac{z_1}{\cos\delta_1}=\frac{20}{\cos23°57'45''}=21.89$$

$$z_{v2}=\frac{z_2}{\cos\delta_2}=\frac{45}{\cos66°02'15''}=110.80$$

(三)直齿圆锥齿轮传动的强度计算

1. 受力分析

直齿圆锥齿轮传动中的主动轮轮齿受力情况(见图5-17)，通常近似地将法向力简化为作用于齿宽中点节线上的集中载荷处，即作用在分度圆锥平均直径 d_{m1} 处，则作用在平均分度圆直径 d_{m1} 处法向剖面的法向力可分解为三个互相垂直的空间分力：圆周力 F_t、径向力 F_r 和轴向力 F_a。圆周力和径向力的方向判断与圆柱齿轮相同，轴向力方向分别沿各自的轴线指向轮齿的大端。力的大小为

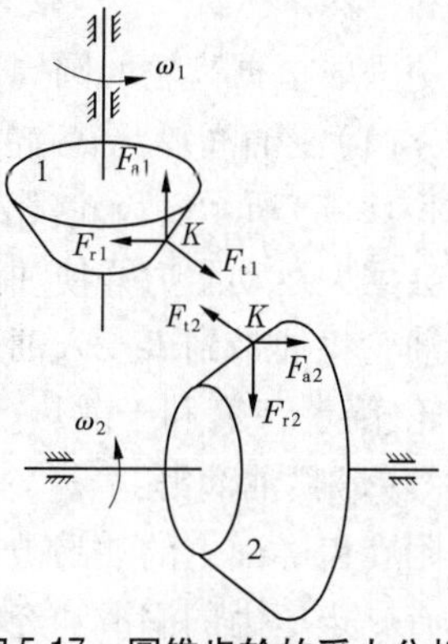

图5-17　圆锥齿轮的受力分析

$$\begin{cases} F_{t1} = 2T_1/d_{m1} = -F_{t2} \\ F_{r1} = F_{t1}\tan\alpha\cos\delta_1 = -F_{a2} \\ F_{a1} = F_{t1}\tan\alpha\sin\delta_1 = -F_{r2} \\ F_n = F_{t1}/\cos\alpha \end{cases} \tag{5-22}$$

2. 强度计算

有关直齿圆锥齿轮的强度计算均可引用直齿圆柱齿轮的类似公式,导出强度计算公式。

(1)齿面的接触疲劳强度计算公式如下:

校核公式 $$\sigma_H = \frac{4.98}{1-0.5\phi_R}Z_E\sqrt{\frac{KT_1}{\phi_R d_1^3 u}} \leqslant [\sigma_H] \tag{5-23}$$

设计公式 $$d_1 \geqslant \sqrt[3]{\left(\frac{4.98Z_E}{[\sigma_H](1-0.5\phi_R)}\right)^2 \frac{KT_1}{\phi_R u}} \tag{5-24}$$

(2)齿根弯曲疲劳强度的计算公式计算如下:

校核公式 $$\sigma_F = \frac{4.7KT_1}{\phi_R(1-0.5\phi_R)^2 z_1^2 m^3\sqrt{u^2+1}}Y_F Y_S \leqslant [\sigma_F] \tag{5-25}$$

设计公式 $$m \geqslant \sqrt[3]{\frac{4.7KT_1}{\phi_R(1-0.5\phi_R)^2 z_1^2[\sigma_F]\sqrt{u^2+1}}Y_F Y_S} \tag{5-26}$$

式中各项符号的意义与直齿轮传动相同,设计方法和参数选择与直齿轮传动基本相近。

思考题:直齿轮、斜齿轮、圆锥齿轮在传动时都存在轴向力吗?若有轴向力,方向如何判断?

六、齿轮传动的润滑和维护

(一)齿轮传动的润滑

润滑可以减小摩擦、减轻磨损,同时可以起到冷却、防锈、降低噪声、改善齿轮的工作状态、延缓轮齿失效、延长齿轮的使用寿命等作用。

1. 润滑方式

一般根据齿轮的圆周速度来确定常用哪一种方式润滑。

(1)浸油润滑:当齿轮圆周速度 $v<12$ m/s 时,通常将大齿轮浸入油池中进行润滑,如图 5-18(a)所示。齿轮浸入油中的深度至少为 10 mm,转速低时可浸深一些,但浸入过深则会增大运动阻力并使油温升高。在多级齿轮传动中,对于未浸入油池内的齿轮,可采用带油轮将油带到未浸入油池内的齿轮齿面上,如图 5-18(b)所示。浸油齿轮可将油甩到齿轮箱壁上,有利于散热。

(2)喷油润滑:当齿轮的圆周速度 $v>12$ m/s 时,由于圆周速度大,齿轮搅油剧烈,且黏附在齿廓面上的油易被甩掉,因此不宜采用浸油润滑,而应采用喷油润滑,即用油泵将具有一定压力的润滑油经喷油嘴喷到啮合的齿面上,如图 5-18(c)所示。

对于开式齿轮传动,由于其传动速度较低,通常采用人工定期加油润滑的方式。

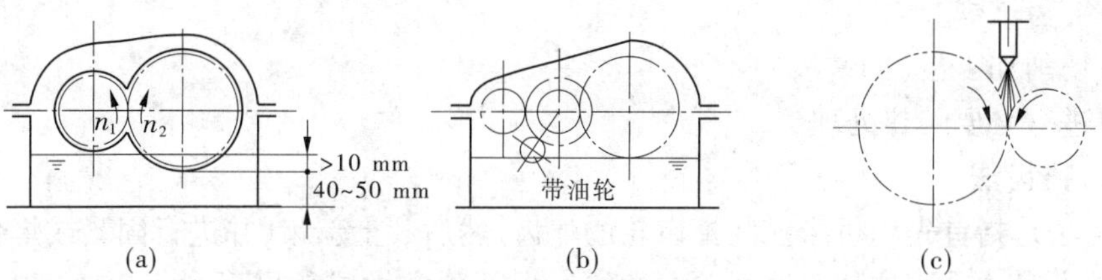

图 5-18　齿轮的润滑方式

2. 润滑剂的选择

齿轮传动常用润滑剂为润滑脂和润滑油。润滑油的选择可根据齿轮材料及圆周速度由表 5-10 选取其黏度，再由机械设计手册查出相应润滑油的牌号。

必须经常检查齿轮传动润滑系统的状况（如润滑油的油面高度等）。油面过低则润滑不良，油面过高则会增加搅油功率的损失。对于压力喷油润滑系统，还需检查油压状况，油压过低则会造成供油不足，油压过高则可能是因为油路不畅通所致，需及时调整油压。

表 5-10　齿轮传动荐用的润滑油运动黏度 $v_{40\ ℃}$　（单位：mm^2/s）

<table>
<tr><th rowspan="2">材料</th><th rowspan="2">强度极限
σ_b（MPa）</th><th colspan="7">圆周速度 v（m/s）</th></tr>
<tr><th><0.5</th><th>0.5～1</th><th>1～2.5</th><th>2.5～5</th><th>5～12.5</th><th>12.5～25</th><th>>25</th></tr>
<tr><td>铸铁、青铜</td><td>—</td><td>320</td><td>220</td><td>150</td><td>100</td><td>80</td><td>60</td><td>—</td></tr>
<tr><td rowspan="3">钢</td><td>450～1 000</td><td>500</td><td>320</td><td>220</td><td>150</td><td>100</td><td>80</td><td>60</td></tr>
<tr><td>1 000～1 250</td><td>500</td><td>500</td><td>320</td><td>220</td><td>150</td><td>100</td><td>80</td></tr>
<tr><td>1 250～1 600</td><td rowspan="2">1 000</td><td rowspan="2">500</td><td rowspan="2">500</td><td rowspan="2">320</td><td rowspan="2">220</td><td rowspan="2">150</td><td rowspan="2">100</td></tr>
<tr><td colspan="2">渗碳或表面淬火钢</td></tr>
</table>

（二）齿轮传动的维护

（1）使用齿轮传动时，在启动、加载、换挡及制动的过程中应力求平稳，避免产生冲击载荷，以防止引起断齿等故障。

（2）经常检查润滑系统的状况，如润滑油量、供油状况、润滑油质量等，按照使用规则定期更换或补充规定牌号的润滑油。

（3）注意监视齿轮传动的工作状况，如有无不正常的声音或箱体过热现象。润滑不良和装配不合要求是齿轮失效的重要原因。声响监测和定期检查是发现齿轮损伤的主要方法。

七、拓展提高

在生产中，常见的齿轮损伤主要有过量磨损、点蚀、撕痕和断齿，根据情况不同，予以修理或更换，下面介绍几种常用的齿轮损伤修复方法。

（一）堆焊补齿法

堆焊补齿法可以堆焊修复部分损坏的齿或恢复磨损的齿形。这种方法的步骤如下：

（1）把坏齿去掉并清理干净。

(2)补齿堆焊。

(3)切削加工齿(如铣齿)。

(4)进行必要的热处理。

(二)镶齿法

镶齿法是指首先用机床切削掉齿轮的坏齿,然后装上新齿,并进行固紧或焊接。当齿轮的齿较大时才采用这种方法。单个齿的齿根部分常做成燕尾形和齿轮体镶在一起;几个齿时,可以连在一起做成燕尾体镶入,最后用埋头螺钉固紧或焊接。

(三)变位切削法

尺寸较大的齿轮磨损后,一般可采用变位加工法。即报废小齿轮,将大齿轮磨损部分采用负变位加工,然后配换一个正变位的小齿轮即可。

此外,若齿轮为单向传动,工作一段时间后可调换方向,翻转180°使用。需要说明的是:

(1)齿轮的损坏,有时源于不正确的安装和使用。因此,要保证安装正确。

(2)修复的齿轮,应进行侧隙、接触斑点等方面的检验,满足要求后才能使用。

(3)修复好的齿轮,一般要先进行跑合然后才能使用。

(4)对于破坏严重、修复困难的齿轮或者修复不经济的齿轮应进行更换。

小　结

(1)通过学习要能根据齿轮传动的工作条件及失效情况,确定设计准则。掌握某一特定条件下的主要失效形式,分析产生的原因,选用相对应的设计准则,同时应掌握提高齿轮传动承载能力的方法和措施。

(2)齿轮传动中的受力分析是齿轮强度计算的基础,特别是斜齿轮、圆锥齿轮中的圆周力、径向力和轴向力三者的关系及相应的计算公式。

(3)斜齿轮的法面参数为标准的,端面参数与法面参数存在一定的关系。斜齿轮的端面仍为渐开线齿轮,所以渐开线直齿中的计算公式可以直接用于斜齿轮的端面齿轮。

(4)直齿圆柱齿轮传动设计是斜齿圆柱齿轮传动、直齿圆锥齿轮传动设计的基础,即斜齿轮、圆锥齿轮的强度计算最终将转为相应的等效的直齿圆柱齿轮的强度问题,所以应着重掌握直齿圆柱齿轮传动的设计问题。

习题与训练题

一、简答题

1.齿轮传动的设计准则是什么?

2.齿面点蚀一般首先发生在轮齿的什么部位?在开式齿轮传动中,为什么一般不出现点蚀破坏?如何提高齿面抗点蚀的能力?

3.现有一对啮合的大、小齿轮,问:①哪个齿轮的弯曲应力大?②大、小齿轮齿根弯曲疲劳强度相等的表达式;③若两轮的材料、热处理及齿面硬度均相同,且寿命系数都为1,

那么哪一个齿轮齿根弯曲疲劳强度高？

4. 斜齿圆柱齿轮和直齿圆锥齿轮的当量齿数的含义是什么？它们与实际齿数有何关系？

5. 闭式齿轮传动的润滑方式有哪些？

二、填空题

1. 在直齿圆柱齿轮传动中，主动轮所受的圆周力 F_t 与其回转方向＿＿＿＿＿，而从动轮所受的圆周力与其回转方向＿＿＿＿＿。

2. 一对齿轮啮合时，其大、小齿轮的接触应力是＿＿＿，而其许用接触应力是＿＿＿的。

3. 在设计闭式硬齿面齿轮传动中，当直径一定时，应选取较少的齿数，使模数 m 增大，以提高齿轮的＿＿＿＿＿。

4. 在一般情况下，齿轮强度计算中，大、小齿轮的弯曲应力 σ_{F1} 与 σ_{F2} 是＿＿＿＿＿的；许用弯曲应力 $[\sigma_F]_1$ 与 $[\sigma_F]_2$ 是＿＿＿＿＿。

5. 在斜齿圆柱齿轮设计中，应取＿＿＿＿＿模数为标准值；而直齿圆锥齿轮设计中，应取＿＿＿＿＿模数为标准值。

6. 一对直齿圆锥齿轮传动时，小齿轮上受到的轴向力 F_{a1} 应等于大齿轮上的＿＿＿＿＿力，且两个力的方向＿＿＿＿＿。

三、判断题

1. 一对圆柱齿轮传动中，当齿面产生疲劳点蚀时，通常发生在靠近节线的齿根部分。 (　　)

2. 一对圆柱齿轮，通常把小齿轮的齿宽做得比大齿轮宽一些，其主要原因是为了便于安装，保证接触线长。 (　　)

3. 设计一般闭式齿轮传动时，齿根弯曲强度计算主要针对的失效形式是轮齿疲劳折断。 (　　)

4. 一减速齿轮传动，主动轮 1 选用 45 钢调质，从动轮选用 45 钢正火，则它们的齿面接触应力不相等。 (　　)

5. 设计斜齿圆柱齿轮传动时，螺旋角 β 一般在 $8° \sim 20°$ 内选取，β 太小斜齿轮传动的优点不明显，太大则会引起轴向力太大。 (　　)

6. 设计一传递动力的闭式软齿面钢制齿轮，精度为 7 级，如中心距 a 和传动比 i 不变，提高齿面接触强度的最有效的方法是提高主、从动轮的齿面硬度。 (　　)

四、计算题

1. 有一单级标准直齿圆柱齿轮减速器。已知齿轮的模数 $m = 5$ mm，齿数 $z_1 = 29$，$z_2 = 71$，齿轮宽度 $b_2 = 100$ mm，齿轮的材料均为 45 钢，小齿轮调质处理，大齿轮正火处理。现打算把此减速器用于球磨机上，其高速轴直接与电动机相连，电动机功率 $P_1 = 75$ kW，转速 $n_1 = 1\,470$ r/min，中等冲击，试校核此齿轮传动。

2. 设计一单级直齿圆柱齿轮减速器。已知输入功率 $P_1 = 10$ kW，小齿轮转速 $n_1 = 955$ r/min，齿数比 $u = 4$，由电动机驱动，工作寿命 10 年，单班制，带式输送机工作平稳，转向不变。

3. 对标准直齿圆柱齿轮传动，已知：$z_1=20$，$z_2=40$，小轮材料为40Cr，大轮材料为45钢，齿形系数 $Y_{Fa1}=2.8$，$Y_{Fa2}=2.4$，应力修正系数 $Y_{Sa1}=1.55$，$Y_{Sa2}=1.67$，许用应力 $[\sigma_H]_1=600$ MPa，$[\sigma_H]_2=500$ MPa，$[\sigma_F]_1=179$ MPa，$[\sigma_F]_2=144$ MPa。问：①哪个齿轮的接触强度弱？②哪个齿轮的弯曲强度弱？为什么？

4. 两级斜齿圆柱齿轮减速器，已知：电动机功率 $P=3$ kW，转速 $n=970$ r/min；高速级，$m_{n1}=2$ mm，$z_1=25$，$z_2=53$，$\beta_1=12°50'19''$；低速级，$m_{n3}=3$ mm，$z_3=22$，$z_4=50$；$a_2=110$ mm，如图5-19所示。试求（计算时不考虑摩擦损失）：①为使轴Ⅱ上的轴承所承受的轴向力较小，确定齿轮3、4的螺旋线方向（绘于图上）；②绘出齿轮3、4在啮合点处所受各力的方向。

5. 测得一直齿圆锥齿轮（$\Sigma=90°$）传动的 $z_1=18$，$z_2=54$，$d_{a1}=58.7$ mm，试计算分锥角 δ_1、δ_2，大端模数 m，分度圆直径 d_1、d_2，锥距 R 及顶锥角 δ_a。

6. 分析如图5-20所示的直齿圆锥齿轮受力，已知：齿轮大端模数 $m=6$ mm，小圆锥齿轮齿数 $z_1=21$，大圆锥齿轮齿数 $z_2=46$，传递功率 $P=30$ kW，小圆锥齿轮转速 $n_1=400$ r/min，齿宽 $b=50$ mm，求小圆锥齿轮啮合点作用力的大小和方向，用三个分力表示，不计摩擦损失。

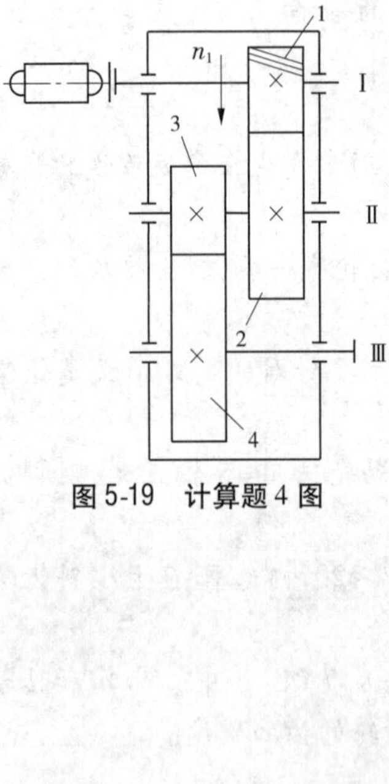

图5-19 计算题4图

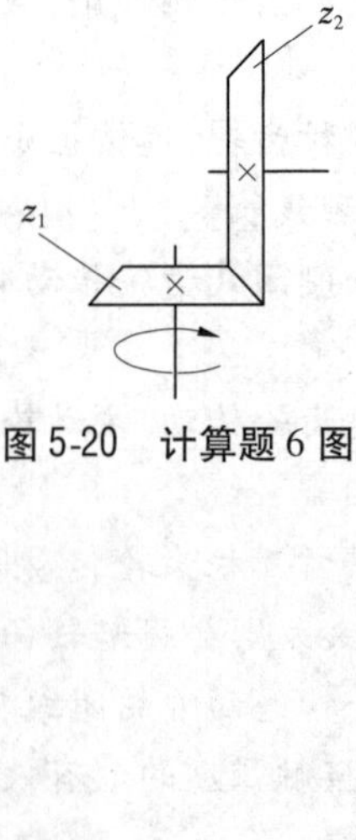

图5-20 计算题6图

模块六　蜗杆传动

【模块导入】

蜗杆传动是在空间交错的两轴间传递运动和动力的一种传动，两轴线间的夹角可为任意值，主要用于两轴交错、传动比较大、传递功率不太大或间歇工作的场合。此外，由于蜗杆传动具有自锁性，故常用在卷扬机（见图6-1）等起重机械中，起安全保护作用。它还广泛应用在机床、汽车、仪器、冶金机械及其他机器或设备中。

本模块主要学习蜗杆传动的类型和特点，基本参数和几何尺寸计算，蜗杆传动的失效形式和设计准则，蜗杆传动的强度计算、效率、润滑和热平衡计算等相关知识。

(a)　　(b)

图6-1　手动卷扬机

一、蜗杆传动的类型和特点

蜗杆传动由蜗杆、蜗轮和机架组成，用来传递空间两交错轴的运动和动力。通常两轴间的夹角为90°，蜗杆为主动件。

（一）蜗杆传动的类型

根据蜗杆的形状，蜗杆传动可分为圆柱蜗杆传动（见图6-2（a））、环面蜗杆传动（见图6-2（b））和锥面蜗杆传动（见图6-2（c））。

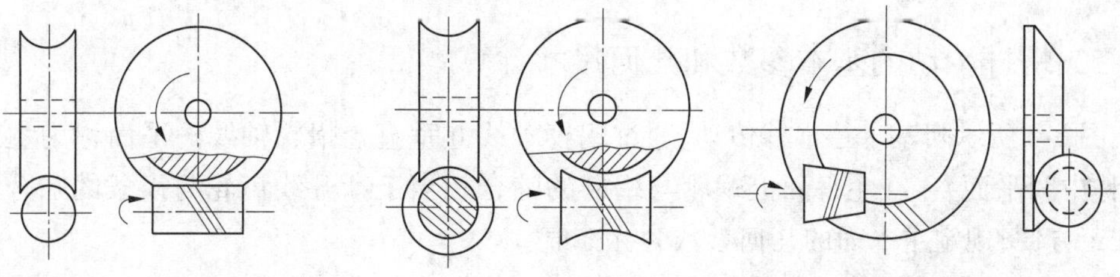

(a)　　(b)　　(c)

图6-2　蜗杆传动的类型

蜗杆传动多用直母线刀刃的车刀在车床上切制，可分为阿基米德蜗杆（ZA型）、渐开线蜗杆(ZI 型)和法面直齿廓蜗杆(ZH 型)等几种。蜗杆传动类型很多,本模块仅讨论目前应用最为广泛的阿基米德圆柱蜗杆传动。

如图 6-3 所示,车制阿基米德蜗杆时刀刃顶平面通过蜗杆轴线。该蜗杆轴向齿廓为直线,端面齿廓为阿基米德螺旋线。阿基米德蜗杆易车削、难磨削,通常在无须磨削加工情况下被采用,广泛用于转速较低的场合。

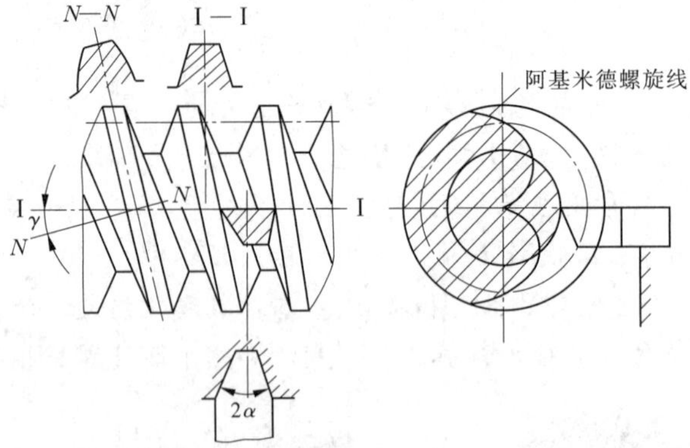

图 6-3　阿基米德蜗杆

(二)蜗杆传动的特点

(1)传动比大,结构紧凑。单级传动比一般为 10 ~ 40(< 80),只传动运动时(如分度机构),传动比可达 1 000。

(2)传动平稳,噪声小。由于蜗杆上的齿是连续的螺旋齿,蜗轮轮齿和蜗杆是逐渐进入啮合又逐渐退出啮合的,故传动平稳,噪声小。

(3)具有自锁性。当蜗杆导程角小于当量摩擦角时,蜗轮不能带动蜗杆转动,呈自锁状态。手动起吊葫芦和浇铸机械常采用蜗杆传动满足自锁要求。

(4)传动效率低。蜗杆蜗轮啮合处有较大的相对滑动,摩擦剧烈、发热量大,故效率低。一般 $\eta = 0.7 \sim 0.9$,具有自锁性能的蜗杆效率仅为 0.4。

(5)蜗轮造价较高。为了减摩和耐磨,蜗轮常用青铜制造,材料成本较高。

由上述特点可知:蜗杆传动适用于传动比大、传递功率不大、两轴空间交错的场合。

思考题: 通过观察分析,谈谈你身边有哪些机器使用了蜗杆传动?

二、蜗杆传动的基本参数和几何尺寸计算

图 6-4 所示阿基米德蜗杆传动,通过蜗杆轴线并垂直于蜗轮轴线的平面称为主平面(又称中间平面)。在主平面上蜗轮与蜗杆的啮合相当于渐开线齿轮与齿条的啮合。为了加工方便,规定主平面的几何参数为标准值。

(一)蜗杆传动的基本参数

1. 蜗杆头数 z_1、蜗轮齿数 z_2 和传动比 i

蜗杆头数 z_1,即为蜗杆螺旋线的数目。蜗杆的头数一般取 1 ~ 6。当传动比大于 40

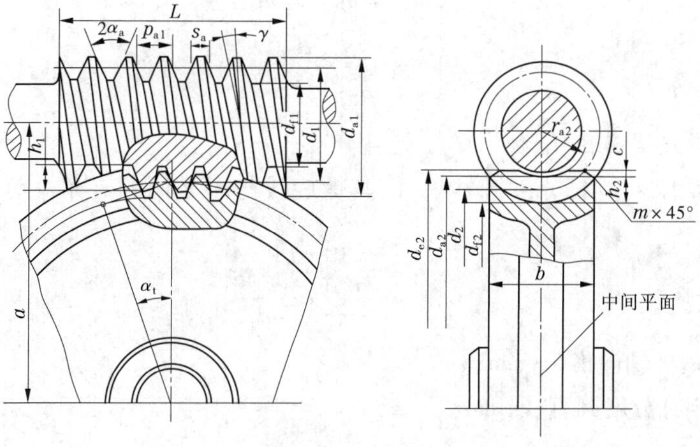

图6-4　阿基米德蜗杆传动的几何尺寸

或要求自锁时，$z_1=1$；当传动功率较大时，为提高传动效率 z_1 取较大值，但蜗杆头数过多，加工精度难以保证。

蜗轮齿数，一般取 $z_2=27\sim80$。z_2 过小将产生根切；z_2 过大，蜗轮直径增大，与之相应的蜗杆长度增加，刚度减小。

蜗杆传动的传动比 i 等于蜗杆与蜗轮转速之比。因此，传动比为

$$i=\frac{n_1}{n_2}=\frac{z_2}{z_1} \tag{6-1}$$

式中　n_1、n_2——蜗杆、蜗轮的转速，r/min。

在蜗杆传动设计中，传动比的公称值按下列数值选取：5、7.5、10、12.5、15、20、25、30、40、50、60、70、80。其中，10、20、40、80 为基本传动比，应优先选用。z_1、z_2 可根据传动比 i 按表6-1 选取。

表6-1　z_1 和 z_2 的推荐值

i	7~8	9~13	14~24	25~27	28~40	>40
z_1	4	3~4	2~3	2~3	1~2	1
z_2	28~32	27~52	28~72	50~81	28~80	>40

2. 模数 m 和压力角 α

由于蜗杆传动在主平面内相当于渐开线齿轮与齿条的啮合，而主平面既是蜗杆的轴向平面又是蜗轮的端面（见图6-4），与齿轮传动相同，为保证轮齿的正确啮合，蜗杆的轴向模数 m_{a1} 应等于蜗轮的端面模数 m_{t2}；蜗杆的轴向压力角 α_{a1} 应等于蜗轮的端面压力角 α_{t2}；蜗杆分度圆导程角 γ 应等于蜗轮分度圆螺旋角 β，且两者螺旋方向相同。即蜗杆传动的正确啮合条件为

$$\begin{cases} m_{a1} = m_{t2} = m \\ \alpha_{a1} = \alpha_{t2} = \alpha \\ \gamma = \beta \end{cases} \tag{6-2}$$

3. 蜗杆的分度圆直径 d_1 和导程角 γ

如图 6-5 所示,将蜗杆分度圆柱展开,其螺旋线与端平面的夹角 γ 称为蜗杆的导程角。可得:

$$\tan\gamma = \frac{z_1 p_{a1}}{\pi d_1} = \frac{z_1 m}{d_1} \tag{6-3}$$

式中 p_{a1}——蜗杆轴向齿距,mm;

d_1——蜗杆分度圆直径,mm。

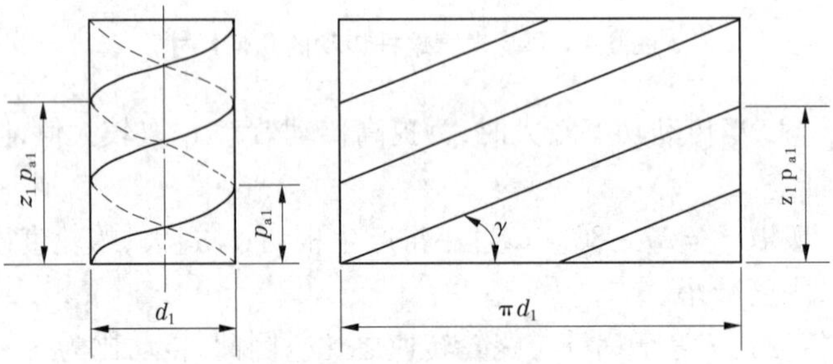

图 6-5 分度圆柱展开图

蜗杆的螺旋线与螺纹相似,也分左旋和右旋,一般多为右旋。动力传动时为提高效率应采用较大的 γ 值,即采用多头蜗杆;对要求具有自锁性能的传动,应采用头数为 1 的蜗杆。由式(6-3)得:

$$d_1 = m\frac{z_1}{\tan\gamma} = mq \tag{6-4}$$

式中 q——蜗杆的直径系数,$q = \frac{z_1}{\tan\gamma}$。

当 m 一定时,q 值增大,则蜗杆直径 d_1 增大,蜗杆的刚度提高。小模数蜗杆一般有较大的 q 值,以使蜗杆有足够的刚度。

为保障蜗杆与蜗轮正确啮合,加工蜗轮的滚刀直径和齿形参数必须与相应的蜗杆相同,考虑到蜗轮滚刀的数量不宜过多,d_1 已标准化。d_1 与 m 有一定的匹配,如表 6-2 所示。

4. 中心距 a

蜗杆传动中,当蜗杆节圆与蜗轮分度圆重合时称为标准传动,其中心距为

$$a = \frac{1}{2}(d_1 + d_2) \tag{6-5}$$

表 6-2　蜗杆基本参数（$\Sigma=90^\circ$）（摘自 GB/T 10085—1988）

模数 m（mm）	分度圆直径 d_1（mm）	蜗杆头数 z_1	直径系数 q	m^2d_1（mm^3）	模数 m（mm）	分度圆直径 d_1（mm）	蜗杆头数 z_1	直径系数 q	m^2d_1（mm^3）
1	18	1	18.000	18	6.3	(80)	1,2,4	12.698	3 175
1.25	20	1	16.000	31.25		112	1	17.778	4 445
	22.4	1	17.920	35	8	(63)	1,2,4	7.875	4 032
1.6	20	1,2,4	12.500	51.2		80	1,2,4,6	10.000	5 376
	28	1	17.500	71.68		(100)	1,2,4	12.500	6 400
2	(18)	1,2,4	9.000	72		140	1	17.500	8 960
	22.4	1,2,4,6	11.200	89.6	10	(71)	1,2,4	7.100	7 100
	(28)	1,2,4	14.000	112		90	1,2,4,6	9.000	9 000
	35.5	1	17.750	142		(112)	1,2,4	11.200	11 200
2.5	(22.4)	1,2,4	8.960	140		160	1	16.000	16 000
	28	1,2,4,6	11.200	175	12.5	(90)	1,2,4	7.200	14 062
	(35.5)	1,2,4	14.200	221.9		112	1,2,4	8.960	17 500
	45	1	18.000	281		(140)	1,2,4	11.200	21 875
3.15	(28)	1,2,4	8.889	278		200	1	16.000	31 250
	35.5	1,2,4,6	11.270	352	16	(112)	1,2,4	7.000	28 672
	45	1,2,4	14.286	447.5		140	1,2,4	8.750	35 840
	56	1	17.778	556		(180)	1,2,4	11.250	46 080
4	(31.5)	1,2,4	7.875	504		250	1	15.625	64 000
	40	1,2,4,6	10.000	640	20	(140)	1,2,4	7.000	56 000
	(50)	1,2,4	12.500	800		160	1,2,4	8.000	64 000
	71	1	17.750	1 136		(224)	1,2,4	11.200	89 600
5	(40)	1,2,4	8.000	1 000		315	1	15.750	126 000
	50	1,2,4,6	10.000	1 250	25	(180)	1,2,4	7.200	112 500
	(63)	1,2,4	12.600	1 575		200	1,2,4	8.000	125 000
	90	1	18.000	2 250		(280)	1,2,4	11.200	175 000
6.3	(50)	1,2,4	7.936	1 985		400	1	16.000	250 000
	63	1,2,4,6	10.000	2 500					

注：1. 表中模数和分度圆直径仅列出了第一系列的较常用数据。

2. 括号内的数字尽可能不用。

国家标准《圆柱蜗杆传动基本参数》（GB/T 10085—1998）规定，标准中心距为 40、50、63、80、100、125、160、（180）、200、（225）、250、（280）、315、（355）、400、（450）、500，单位为 mm。在蜗杆传动设计时，中心距应按上述标准进行圆整后取值。

（二）蜗杆传动的几何尺寸计算

标准阿基米德蜗杆传动的主要几何尺寸计算公式，如表 6-3 所示。

表 6-3　阿基米德蜗杆传动的几何尺寸计算

名　称	计算公式	
	蜗　杆	蜗　轮
齿顶高和齿根高	$h_{a1}=h_{a2}=m, h_{f1}=h_{f2}=1.2\ m$	
分度圆直径	$d_1=mq$	$d_2=mz_2$
齿顶圆直径	$d_{a1}=m(q+2)$	$d_{a2}=m(z_2+2)$
齿根圆直径	$d_{f1}=m(q-2.4)$	$d_{f2}=m(z_2-2.4)$
顶隙	$C=0.2\ m$	
蜗杆轴向齿距和蜗轮端面齿距	$p_{a1}=p_{t2}=\pi m$	
蜗杆分度圆导程角 蜗轮分度圆螺旋角	$\gamma=\arctan(z_1/q)$	$\beta=\gamma$
中心距	$a=\frac{m}{2}(q+z_2)$	

三、蜗杆传动的失效形式、设计准则、材料和结构

(一)蜗杆传动的失效形式和设计准则

1. 齿面相对滑动速度 v_s

蜗杆传动中蜗杆的螺旋面和蜗轮的齿面之间有较大的相对滑动。滑动速度 v_s 沿蜗杆螺旋线的切线方向(见图 6-6),v_1 为蜗杆的圆周速度,v_2 为蜗轮的圆周速度,作速度三角形得:

$$v_s=\sqrt{v_1^2+v_2^2}=\frac{v_1}{\cos\gamma} \tag{6-6}$$

较大的滑动速度 v_s,对齿面的润滑情况、失效形式及传动效率都有很大的影响,其概略值如图 6-7 所示。

2. 轮齿的失效形式和设计准则

蜗杆传动的失效形式与齿轮传动相似,有轮齿折断、齿面点蚀、齿面磨损和胶合等,但由于蜗杆、蜗轮的齿廓间相对滑动速度较大、发热量大而效率低,因此蜗杆传动的主要失效形式为胶合、磨损和点蚀。由于蜗杆的齿是连续的螺旋线,且蜗杆的强度高于蜗轮,因而失效多发生在蜗轮轮齿上。在闭式传动中,蜗轮的主要失效形式是胶合与点蚀;在开式传动中,蜗轮的主要失效形式是磨损。

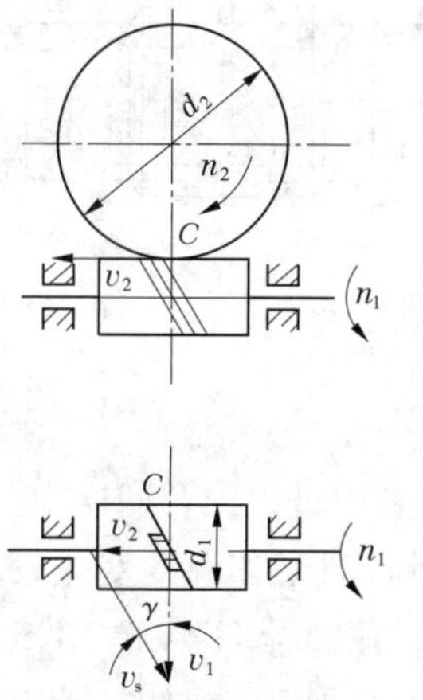

图 6-6　蜗杆传动滑动速度

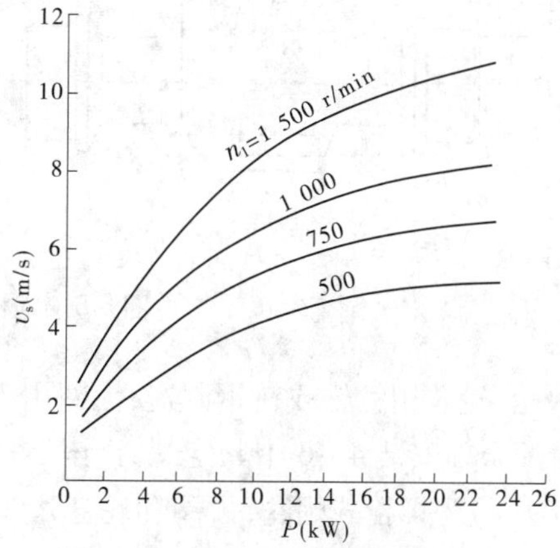

图 6-7　滑动速度 v_s 的概略值

综上所述，蜗杆传动的设计准则为：对于闭式蜗杆传动，按齿面接触疲劳强度设计，并校核齿根弯曲疲劳强度，为避免发生胶合失效还必须作热平衡计算；对于开式蜗杆传动，通常只需按齿根弯曲疲劳强度设计。实践证明，闭式蜗杆传动，当载荷平稳无冲击时，蜗轮轮齿因弯曲强度不足而失效的情况多发生于齿数 z_2 大于 80～100 时，所以在齿数少于以上数值时，弯曲强度校核可不考虑。

（二）蜗杆、蜗轮的材料和结构

1. 蜗杆、蜗轮的材料选择

根据蜗杆传动的主要失效形式可知，蜗杆和蜗轮材料不仅要求有足够的强度，更重要的是要具有良好的减摩性、耐磨性和抗胶合能力。

蜗杆一般用碳钢或合金钢制造。对高速重载传动，常用 15Cr、20Cr、20CrMnTi 等，渗碳淬火，表面硬度 56～62 HRC，须经磨削。对中速中载传动，蜗杆材料可用 45、40Cr、35SiMn 等钢材，表面淬火，表面硬度 45～55 HRC，须要磨削。对速度不高、载荷不大的蜗杆，材料可用 45 钢调质或正火处理，调质硬度 220～270 HBS。

蜗轮材料可参考相对滑动速度 v_s 来选择。铸造锡青铜抗胶合性、耐磨性好，易加工，允许的滑动速度 v_s 高，但强度较低，价格较贵。一般 ZCuSn10P1 允许滑动速度 25 m/s，ZCuSn5Pb5Zn5 常用于 $v_s < 12$ m/s 的场合。铸造铝青铜，如 ZCuAl10Fe3，其减磨性和抗胶合性比锡青铜差，但强度高，价格便宜，一般用于 $v_s \leqslant 4$ m/s 的传动。灰铸铁（如 HT150、HT200），用于 $v_s \leqslant 2$ m/s 的低速轻载传动中。

2. 蜗杆、蜗轮的结构

蜗杆通常和轴做成一体，称为蜗杆轴，如图 6-8 所示（只有 $d_f/d \geqslant 1.7$ 时才采用蜗杆齿圈套装在轴上的形式）。车制蜗杆需有退刀槽时，$d = d_f - (2 \sim 4)$ mm，故刚性较差（见图 6-8（a））；铣削蜗杆无退刀槽时，d 可大于 d_f（见图 6-8（b）），刚性较好。

蜗轮结构分为整体式和组合式两种。图 6-9（a）所示的整体式蜗轮用于铸铁蜗轮及直径小于 100 mm 的青铜蜗轮。图 6-9（b）、（c）、（d）均为组合式结构。其中，图 6-9（b）为

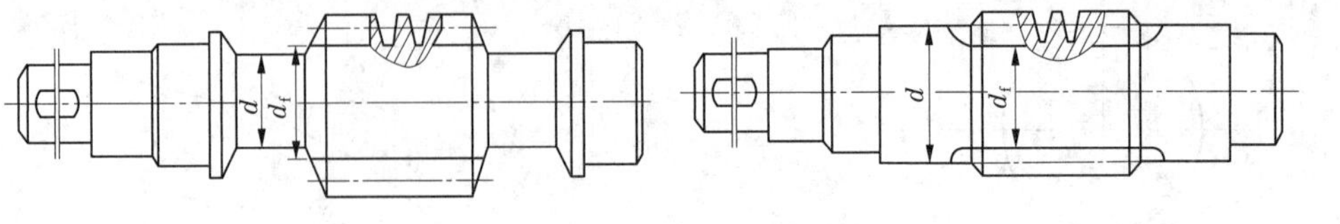

图 6-8　蜗杆轴结构

齿圈式蜗轮，轮芯用铸铁或铸钢制造，齿圈用青铜材料，两者采用过盈配合（H7/s6 或 H7/r6），并沿配合面安装 4～6 个紧定螺钉，该结构用于中等尺寸而且工作温度变化较小的场合。图 6-9（c）为螺栓式蜗轮，齿圈和轮芯用普通螺栓或铰制孔螺栓联接，常用于尺寸较大的蜗轮。图 6-9（d）为镶铸式蜗轮，将青铜轮缘铸在铸铁轮芯上然后切齿，适用于中等尺寸批量生产的蜗轮。

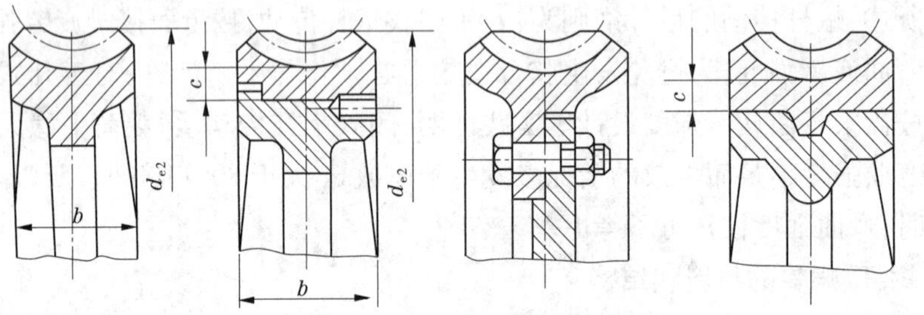

图 6-9　蜗轮结构

思考题：蜗杆通常和轴做成一体，称为蜗杆轴。前面我们还学习了哪些"做成一体的轴"？

四、蜗杆传动的强度计算

（一）蜗杆传动的受力分析

蜗杆传动的受力分析与斜齿圆柱齿轮的受力分析相似，齿面上的法向力 F_n 可分解为三个相互垂直的分力：圆周力 F_t、轴向力 F_a、径向力 F_r，如图 6-10 所示。蜗杆为主动件，轴向力 F_{a1} 的方向由"左、右手法则"确定。图 6-10 为右旋蜗杆，用右手四指指向蜗杆转向，拇指所指方向就是轴向力 F_{a1} 的方向。圆周力 F_{t1} 与主动蜗杆转向相反；径向力 F_{r1} 指向蜗杆中心。

蜗轮的受力方向，由 F_{t1} 与 F_{a2}、F_{a1} 与 F_{t2}、F_{r1} 与 F_{r2} 的作用力与反作用力关系确定。各力的大小可按下式计算：

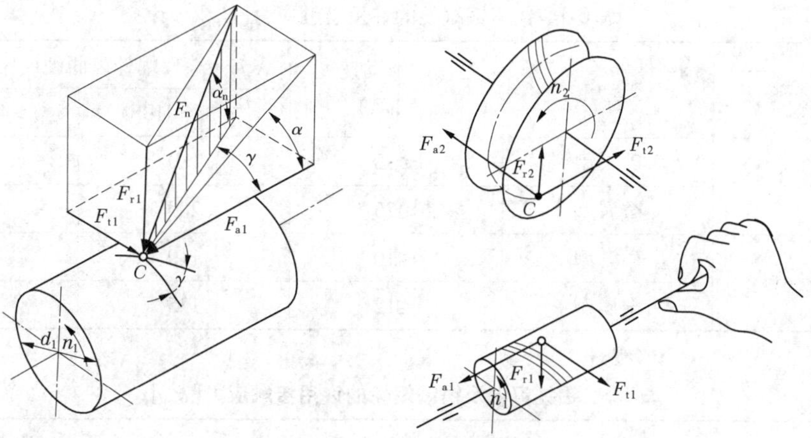

图 6-10　蜗杆传动受力分析

$$\begin{cases} F_{t1} = F_{a2} = \dfrac{2T_1}{d_1} \\ F_{a1} = F_{t2} = \dfrac{2T_2}{d_2} \\ F_{r1} = F_{r2} = F_{t2}\tan\alpha \\ T_2 = T_1 i\eta \end{cases} \tag{6-7}$$

式中　T_1、T_2——作用在蜗杆、蜗轮上的转矩；

η——蜗杆传动的总效率。

（二）蜗杆传动的强度计算

蜗轮齿面接触疲劳强度计算与斜齿轮相似，按节点处的啮合条件计算齿面接触应力，可推出对钢制蜗杆与青铜蜗轮或铸铁蜗轮的计算公式：

校核公式
$$\sigma_H = 520\sqrt{\frac{KT_2}{d_1 d_2^2}} = 520\sqrt{\frac{KT_2}{m^2 d_1 z_2^2}} \leqslant [\sigma_H] \tag{6-8}$$

设计公式
$$m^2 d_1 \geqslant KT_2\left(\frac{520}{z_2[\sigma_H]}\right)^2 \tag{6-9}$$

式中　K——载荷系数，考虑到工作时载荷性质、载荷沿齿向分布情况以及动载荷影响，一般取 1.1～1.3；

T_2——蜗轮上的转矩，N · mm；

z_2——蜗轮齿数；

$[\sigma_H]$——蜗轮许用接触应力，可由表 6-4、表 6-5 查取。

表 6-4　锡青铜蜗轮的许用接触应力[σ_H]　（单位：MPa）

蜗轮材料	铸造方法	适用的滑动速度 v_s（m/s）	蜗杆齿面硬度	
			≤350 HBS	>45 HRC
ZCuSn10P1	砂　型	≤12	180	200
	金属型	≤25	200	220
ZCuSn6Zn6Pb3	砂　型	≤10	110	125
	金属型	≤12	135	150

表 6-5　铝铁青铜及铸铁蜗轮的许用接触应力[σ_H]　（单位：MPa）

蜗轮材料	蜗杆材料	滑动速度 v_s（m/s）						
		0.5	1	2	3	4	6	8
ZCuAl10Fe3	淬火钢	250	230	210	180	160	120	90
HT150 HT200	渗碳钢	130	115	90	—	—	—	—
HT150	调质钢	110	90	70	—	—	—	—

注：蜗杆未经淬火时，需将表中许用应力值降低 20%。

对于闭式蜗杆传动，轮齿弯曲折断的情况较少出现，通常仅在蜗轮齿数较多（$z_2>80\sim100$）时才进行蜗轮轮齿弯曲疲劳强度计算。对于开式蜗杆传动，则按蜗轮轮齿的弯曲疲劳强度进行设计。蜗轮轮齿弯曲强度的计算方法可参考有关资料。

五、蜗杆传动的效率、润滑和热平衡计算

（一）蜗杆传动的效率

闭式蜗杆传动的总效率 η 包括啮合效率 η_1、搅油效率 η_2 和轴承效率 η_3，即

$$\eta = \eta_1\eta_2\eta_3 \tag{6-10}$$

啮合效率 η_1 是总效率的主要组成部分，蜗杆为主动件时啮合效率按螺旋传动公式求出

$$\eta_1 = \frac{\tan\gamma}{\tan(\gamma+\rho_v)}$$

实际设计时，通常取 $\eta_2\eta_3=0.95\sim0.97$，故有

$$\eta = (0.95\sim0.97)\frac{\tan\gamma}{\tan(\gamma+\rho_v)} \tag{6-11}$$

式中　γ——蜗杆螺旋升角（导程角）；

ρ_v——当量摩擦角，$\rho_v=\arctan f_v$，其值如表 6-6 所示。

表 6-6　当量摩擦系数 f_v 和当量摩擦角 ρ_v

蜗轮材料	锡青铜				铝青铜		灰铸铁			
蜗杆齿面硬度	≥45 HRC		<45 HRC		≥45 HRC		≥45 HRC		<45 HRC	
滑动速度 v_s(m/s)	f_v	ρ_v	f_v	ρ_v	f_v	ρ_v	f_v	ρ_v	f_v	ρ_v
0.01	0.110	6°17′	0.120	6°51′	0.180	10°12′	0.180	10°12′	0.190	10°45′
0.05	0.090	5°09′	0.100	5°43′	0.140	7°58′	0.140	7°58′	0.160	9°05′
0.10	0.080	4°34′	0.090	5°09′	0.130	7°24′	0.130	7°24′	0.140	7°58′
0.25	0.065	3°43′	0.075	4°17′	0.100	5°43′	0.100	5°43′	0.120	6°51′
0.50	0.055	3°09′	0.065	3°43′	0.090	5°09′	0.090	5°09′	0.100	5°43′
1.00	0.045	2°35′	0.055	3°09′	0.070	4°00′	0.070	4°00′	0.090	5°09′
1.50	0.040	2°17′	0.050	2°52′	0.065	3°43′	0.065	3°43′	0.080	4°34′
2.00	0.035	2°00′	0.045	2°35′	0.055	3°09′	0.055	3°09′	0.070	4°00′
2.50	0.030	1°43′	0.040	2°17′	0.050	2°52′	—	—	—	—
3.00	0.028	1°36′	0.035	2°00′	0.045	2°35′	—	—	—	—
4.00	0.024	1°22′	0.031	1°47′	0.040	2°17′	—	—	—	—
5.00	0.022	1°16′	0.029	1°40′	0.035	2°00′	—	—	—	—
8.00	0.018	1°02′	0.026	1°29′	0.030	1°43′	—	—	—	—
10.0	0.016	0°55′	0.024	1°22′	—	—	—	—	—	—
15.0	0.014	0°48′	0.020	1°09′	—	—	—	—	—	—
24.0	0.013	0°45′	—	—	—	—	—	—	—	—

注：对于硬度≥45 HRC 的蜗杆，ρ_v 值系指 R_a <0.32 ~ 1.25 μm，经跑合并充分润滑的情况。

在初步计算时，蜗杆的传动效率可按表 6-7 选取。

表 6-7　蜗杆传动的总效率

闭式传动	z_1	1	2	4	6
	η	0.7 ~ 0.75	0.75 ~ 0.82	0.82 ~ 0.92	0.86 ~ 0.95
开式传动	$z_1 = 1$、2　$\eta = 0.60 \sim 0.70$				

（二）蜗杆传动的润滑

润滑对蜗杆传动特别重要，这是因为润滑不良时，蜗杆传动的效率会显著降低，并会导致剧烈的磨损和胶合。通常采用黏度较大的润滑油，为提高其抗胶合能力，可加入油性添加剂以提高油膜的刚度，但青铜蜗轮不允许采用活性较大的油性添加剂，以免被腐蚀。

闭式蜗杆传动的润滑油黏度和润滑方法可参考表 6-8 选择。开式传动则采用黏度较高的齿轮油或润滑脂进行润滑。闭式蜗杆传动用油池润滑，在 $v_s \leqslant 5$ m/s 时常采用蜗杆下置式，浸油深度约为一个齿高，但油面不得超过蜗杆轴承的最低滚动体中心；当 $v_s > 5$ m/s 时常用上置式，油面允许达到蜗轮半径 1/3 处。

表 6-8　闭式蜗杆传动的润滑油黏度及润滑方法

<table>
<tr><td>滑动速度 v_s(m/s)</td><td><1</td><td><2.5</td><td><5</td><td>5～10</td><td>10～15</td><td>15～25</td><td>>25</td></tr>
<tr><td>工作条件</td><td>重载</td><td>重载</td><td>中载</td><td>—</td><td>—</td><td>—</td><td>—</td></tr>
<tr><td>运动黏度 $v_{40\,℃}$(mm²/s)</td><td>1 000</td><td>680</td><td>320</td><td>220</td><td>150</td><td>100</td><td>68</td></tr>
<tr><td rowspan="2">润滑方法</td><td rowspan="2" colspan="2">浸油</td><td rowspan="2" colspan="2">浸油
或喷油</td><td colspan="3">喷油润滑，油压(MPa)</td></tr>
<tr><td>0.07</td><td>0.2</td><td>0.3</td></tr>
</table>

(三)蜗杆传动的热平衡计算

蜗杆传动效率低，发热量大，若产生的热量不能及时散逸，将使油温升高、油黏度下降，油膜被破坏，磨损加剧，甚至产生胶合破坏。因此，对连续工作的闭式蜗杆传动应进行热平衡计算。在单位时间内，蜗杆传动由于摩擦损耗产生的热量为

$$Q_1 = 1\,000(1-\eta)P_1 \tag{6-12}$$

式中　P_1——蜗杆传动的输入功率，kW；

η——蜗杆传动的效率。

自然冷却时单位时间内经箱体外壁散逸到周围空气中的热量为

$$Q_2 = K_s A(t_1 - t_0) \tag{6-13}$$

式中　K_s——散热系数，可取 $K_s = 8 \sim 17$ W/(m² · ℃)，通风良好时取大值；

A——散热面积，m²；

t_1——箱体内的油温，一般取许用油温 $[t_1] = 60 \sim 80$ ℃，最高不超过 90 ℃；

t_0——周围空气的温度，通常取 $t_0 = 20$ ℃。

按热平衡条件 $Q_1 = Q_2$，可得工作条件下的油温为

$$t_1 = \frac{1\,000(1-\eta)P_1}{K_s A} + t_0 \leqslant [t_1] \tag{6-14}$$

若工作温度超过许用温度，可采用下列措施：

(1)在箱体壳外铸出散热片，增加散热面积 A。

(2)在蜗杆轴上装风扇(见图 6-11(a))，提高散热系数，此时 $K_s \approx 20 \sim 28$ W/(m² · ℃)。

(3)加冷却装置，如在箱体油池内装蛇形冷却管(见图 6-11(b))或用循环油冷却(见图 6-11(c))。

思考题：蜗杆传动时一定要进行热平衡计算吗？热平衡计算的目的是什么？

【例题 6-1】　设计用于带式运输机的一级闭式蜗杆传动。蜗杆轴输入功率 $P_1 = 4$ kW，转速 $n = 960$ r/min，传动比 $i = 20$，连续单向运转，载荷平稳，一班制，预期寿命 10 年。

解：设计计算过程如表 6-9 所示。

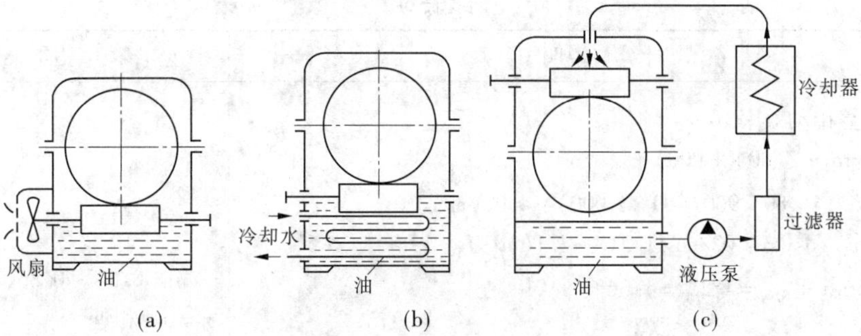

图 6-11　蜗杆传动的散热方法

表 6-9　设计计算过程

计算与说明	主要结果
1. 选择材料确定许用应力。 (1) 选择材料。 蜗杆:45 钢表面淬火 45 ~ 50 HRC 蜗轮:ZCuSn10P1 砂模铸造(由图 6-7 初估 $v_s = 4$ m/s) (2) 确定许用应力。 $[\sigma_H] = 200$ MPa(见表 6-4)	$[\sigma_H] = 200$ MPa 蜗杆,45 钢,表面淬火,45 ~ 50 HRC;蜗轮,ZCuSn10P1,砂模铸造
2. 确定 z_1、z_2。 $z_1 = 2$(见表 6-1)　　$z_2 = iz_1 = 20 \times 2 = 40$	$z_1 = 2$ $z_2 = 40$
3. 计算蜗轮转矩 T_2。 $T_2 = T_1 i\eta = 9.55 \times 10^6 \times (P_1/n_1) \times i\eta$ $= 9.55 \times 10^6 \times (4/960) \times 20 \times 0.8 = 6.37 \times 10^5$ (N · mm) (取 $\eta = 0.8$)	$T_2 = 6.37 \times 10^5$ N · mm
4. 按齿面接触疲劳强度计算。 $K = 1.1$(工作载荷稳定速度较低) $m^2 d_1 \geqslant KT_2 \left(\frac{520}{z_2[\sigma_H]}\right)^2$ $= 1.1 \times 6.37 \times 10^5 \times \left(\frac{520}{40 \times 200}\right)^2$ $= 2\,960$ (mm^3) 考虑到常用数据,由表 6-2 取 $m^2 d = 5\,376$ mm^3 得: $m = 8$ mm, $q = 10$, $d_1 = 80$ mm $d_2 = mz_2 = 8 \times 40 = 320$ (mm) $\gamma = \arctan(z_1 m/d_1) = \arctan(2 \times 8/80) = 11.31°$	$m = 8$ mm $q = 10$ $d_1 = 80$ mm $d_2 = 320$ mm $\gamma = 11.31°$
5. 校核齿根弯曲疲劳强度(略)	

续表 6-9

计算与说明	主要结果
6. 验算传动效率 η。 $v_1=\pi d_1 n_1/(60\times 1\,000)$ $=3.14\times 80\times 960/(60\times 1\,000)\approx 4.02(\text{m/s})$ $v_s=v_1/\cos\gamma=4.02/\cos 11.31^\circ\approx 4.1(\text{m/s})$ 查表 6-6 得：$\rho_v=1^\circ 22'=1.36^\circ$ $\eta=(0.95\sim 0.97)\dfrac{\tan\gamma}{\tan(\gamma+\rho_v)}$ $=(0.95\sim 0.97)\times\dfrac{\tan 11.31^\circ}{\tan(11.31^\circ+1.36^\circ)}$ $=0.84\sim 0.86$	$\eta=0.84\sim 0.86$，与初估值 $\eta=0.8$ 相近
7. 蜗杆几何尺寸计算。 (1) $d_1=80$ mm $d_{a1}=m(q+2)=8\times(10+2)=96(\text{mm})$ $d_{f1}=m(q-2.4)=8\times(10-2.4)=60.8(\text{mm})$ $p_{a1}=\pi m=3.14\times 8=25.12(\text{mm})$ (2) $d_2=mz_2=8\times 40=320(\text{mm})$ $d_{a2}=m(z_2+2)=8\times(40+2)=336(\text{mm})$ $d_{f2}=m(z_2-2.4)=8\times(40-2.4)=300.8(\text{mm})$ (3) 中心距。 $a=m(q+z_2)/2=8\times(10+40)/2=200(\text{mm})$	$d_1=80$ mm $d_{a1}=96$ mm $d_{f1}=60.8$ mm $p_{a1}=25.12$ mm $d_2=320$ mm $d_{a2}=336$ mm $d_{f2}=300.8$ mm $a=200$ mm
8. 热平衡计算。 取 $t_0=20$ ℃、$t_1=65$ ℃、$K_s=14\ \text{W/(m}^2\cdot\text{℃)}$ $A=\dfrac{1\,000(1-\eta)P_1}{K_S(t_1-t_0)}=\dfrac{1\,000\times(1-0.8)\times 4}{14\times(65-20)}\approx 1.27(\text{m}^2)$	所需散热面积： $A\approx 1.27\ \text{m}^2$
9. 结构设计绘制工作图（略）	

六、拓展提高

（一）蜗杆、蜗轮的安装调整

在蜗杆传动中，蜗杆中心线应位于中间平面上，蜗杆与蜗轮的中心距应准确。在装配时，应仔细调整蜗轮的轴向位置，否则难以正确啮合，导致齿面在短时间内严重磨损。对于单向运转的蜗杆传动，可调整蜗轮的位置，使蜗杆和蜗轮在偏于啮出（蜗杆旋出的方向）一侧接触，以利于在啮合入口处造成油楔，易于形成油膜润滑。

（二）蜗杆传动的啮合和试运转

蜗杆传动装配后，须经跑合，以使齿面接触良好。跑合时采用低速运转，通常 $n_1 = 50 \sim 100$ r/min，逐步加载至额定载荷，跑合 1 ~ 5 h。若发现蜗杆齿面上粘有青铜，应立即停车，用细砂纸打去，再继续跑合。跑合好后，应清洗全部零件，换新润滑油，并应把此时蜗轮相对于蜗杆的轴向位置打上印记，便于以后装拆时配对和调整到位。新机试车时，先空载运转，然后逐步加载至额定载荷，观察齿面啮合、轴承密封及温升等情况。

小　结

（1）了解蜗杆传动的特点。传动比大，结构紧凑，具有自锁性，工作平稳，噪声低，冲击载荷小。但传动的效率低，发热大，易发生磨损和胶合等失效形式，蜗轮齿圈常需用比较贵重的青铜制造，因此蜗杆传动成本较高。

（2）合理选择蜗杆传动的参数。除模数外，蜗杆的分度圆直径也应取标准值，保证蜗杆与配对蜗轮的正确啮合。蜗杆头数的选择应考虑到效率和传动比。

（3）蜗杆传动的受力分析和强度计算。蜗杆传动受力分析的方法与齿轮传动的分析方法类似，但是各力的对应关系与齿轮传动的不同。在蜗杆传动的强度计算时，考虑到蜗杆传动的相对滑动速度大，效率低，发热大，因此蜗轮齿面的主要失效形式是胶合，其次是点蚀和磨损。

（4）蜗杆的热平衡计算。蜗杆传动结构紧凑，箱体的散热面积小，所以在闭式传动中，产生的热量不能及时散发出去，容易产生胶合，所以与一般的闭式齿轮传动不同，蜗杆传动一般需进行热平衡计算。

习题与训练题

一、简答题

1. 蜗杆传动有何特点？适用于什么场合？

2. 蜗杆传动的模数和压力角是在哪个平面上定义的？蜗杆传动正确啮合的条件是什么？

3. 蜗杆传动的失效形式有哪几种？设计准则是什么？

4. 蜗杆、蜗轮常用的材料有哪些？选择材料的主要依据是什么？

5. 蜗杆传动的啮合效率与哪些因素有关？为提高蜗杆传动的效率常采用什么措施？

二、填空题

1. 在蜗杆传动中，通常________为主动件。

2. 蜗杆分度圆直径用公式 $d_1 = mq$ 计算，其中 q 称为蜗杆的__________。

3. 蜗杆蜗轮传动时，轮齿之间是__________接触。

4. 在蜗杆传动中，当蜗轮为主动件时的自锁条件为__________。

5. 蜗轮蜗杆传动的标准中心距 $a =$__________。

三、判断题

1. 蜗轮的螺旋角 β 一定等于蜗杆的导程角 γ。（　）

2. 蜗轮和蜗杆轮齿的螺旋方向一定相同。（　）

3. 自锁的蜗杆蜗轮机构中，蜗杆不能反向旋转来驱动蜗轮。（　）

4. 蜗杆传动的传动比与齿轮传动一样，也是齿数或直径的反比。（　）

5. 蜗杆传动的主要失效形式是胶合、点蚀和磨损，一般不会出现断齿现象。（　）

四、计算题

1. 已知某蜗杆减速器中蜗杆的参数为 $z_1=2$、右旋、$d_{a1}=48$ mm、$p_{a1}=12.56$ mm、中心距 $a=100$ mm，试计算蜗轮的几何尺寸。

2. 标出题图 6-12 中未注明蜗杆或蜗轮的旋向及转向（蜗杆为主动件），并绘出蜗杆和蜗轮啮合点处作用力的方向。

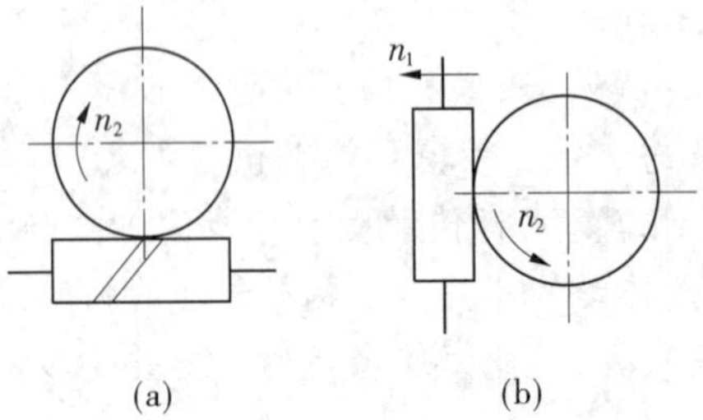

图 6-12　计算题 2 图

3. 设计由电机驱动的单级闭式蜗杆减速器。已知电机功率 $P=3$ kW、转速 $n_1=1\,440$ r/min、传动比 $i=24$、载荷平稳、单向运转、预期寿命 $L_h=15\,000$ h。

4. 图 6-13 为圆柱蜗杆—锥齿轮传动，已知锥齿轮使中间轴上的轴向力互相抵消一部分，试在图中画出：①蜗杆、蜗轮的转向和螺旋线方向；②锥齿轮 3 和蜗轮 2 的轴向力方向。

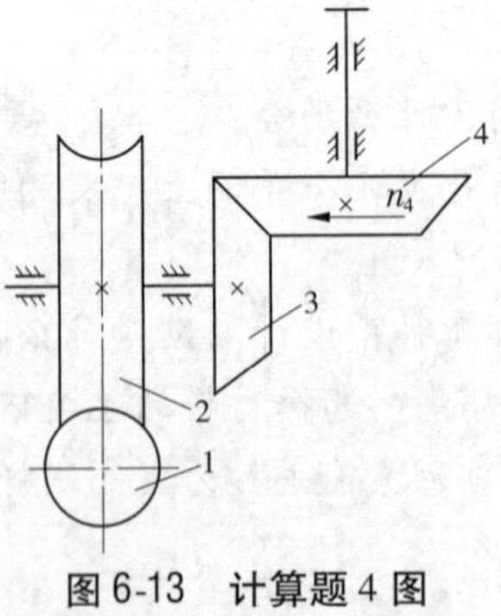

图 6-13　计算题 4 图

5. 图 6-14 为一开式蜗杆传动起重机构。蜗杆蜗轮间当量摩擦系数 $f_v=0.16$（不计轴承摩擦损失），起重时作用于手柄之力 $F=200$ N。求：①蜗杆分度圆导程角 γ，此机构是否自锁？②起重时蜗杆转向。③起重、落重时蜗杆受力方向（用三个分力表示）。④起重时最大起重量 W。

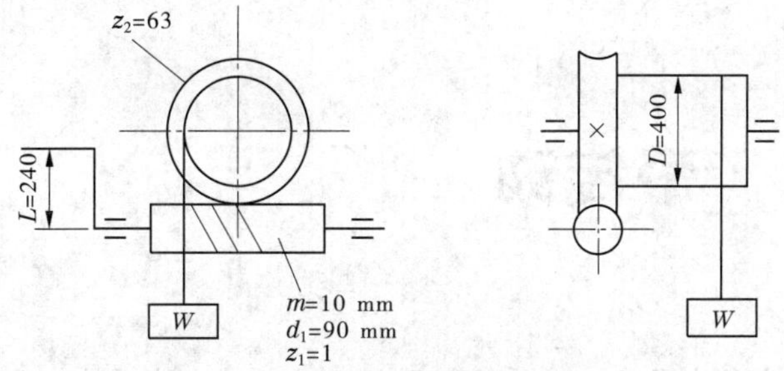

图 6-14　计算题 5 图

模块七　带传动

【模块导入】

带传动是利用张紧在带轮上的柔性带进行运动或动力传递的一种机械传动。根据传动原理的不同,有靠带与带轮间的摩擦力传动的摩擦带传动,也有靠带与带轮上的齿相互啮合传动的啮合带传动。如图7-1所示为带传动示意图。

带传动具有结构简单、传动平稳,能缓冲吸振,可以在大的轴间距和多轴间传递动力,且造价低廉,不需润滑,维护容易等特点,在近代机械传动中应用十分广泛。

摩擦型带传动能过载打滑,运转噪声低,但传动比不准确。同步带传动可保证传动同步,但对载荷变动的吸收能力稍差,高速运转有噪声。带传动除用以传递动力外,有时也用来输送物料,进行零件的整列等。

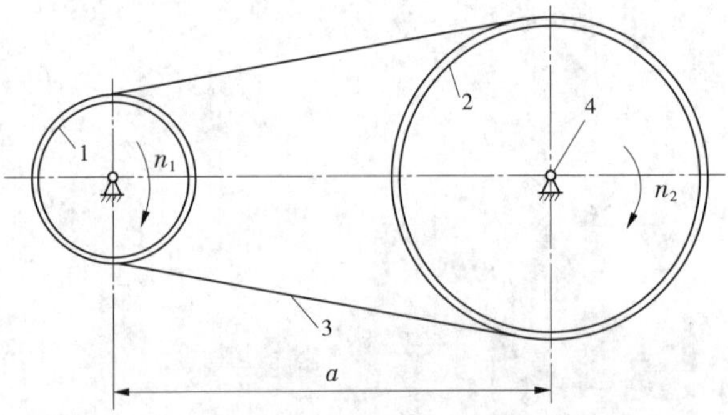

图7-1　带传动示意图

一、带传动的基本知识

(一)带传动的组成及工作原理

如图7-1所示,带传动一般由主动轮1、从动轮2、紧套在两轮上的传动带3及机架4组成。当原动机驱动带轮1(主动轮)转动时,由于带与带轮间摩擦力的作用,从动轮2一起转动,实现传递运动和动力。

(二)带传动的类型

(1)按工作原理,带传动分为摩擦带传动和啮合带传动两大类。

(2)按传动带的截面形状不同,传动中常用的有平带、V带和特殊截面带(如多楔带和圆截面带)。

平带如图7-2(a)所示,截面为矩形,内表面为工作面。

V带如图7-2(b)所示,截面形状为梯形,两侧面为工作面。在同样压紧力W的作用下，V 带的摩擦力比平带大，传递功率也较大。因此，在传递同样功率情况下，V 带传动结构更为紧凑。

圆形带如图 7-2(c)所示，只适用于小功率传动，如缝纫机等。

多楔带如图 7-2(d)所示，它是在平带基体上由多根 V 带组成的传动带，可传递很大的功率，用于要求结构紧凑的场合。

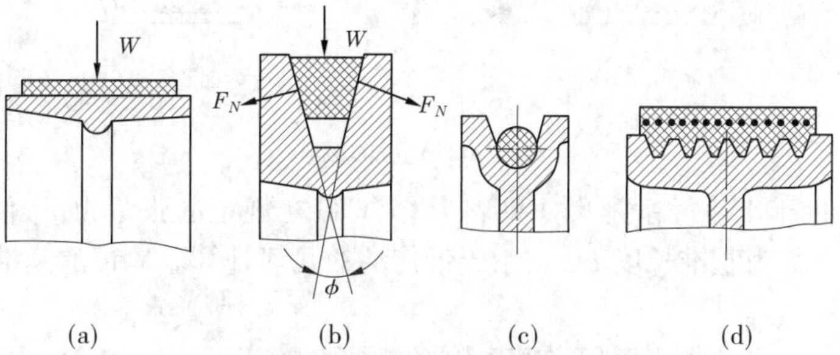

图 7-2 带传动的主要类型

(三)带传动的特点和应用

因带传动是通过中间挠性件(带)，靠摩擦来传动的，所以其具有传动平稳、缓冲吸振、过载保护、结构简单、安装和维护方便、成本低廉，且适用较远距离传动等优点，但不能保证准确的传动比且外廓尺寸较大，使其在使用中受到一定的限制。

带传动适用于要求传动平稳、传动比不要求准确、中小功率的较远距离传动。一般带传动的功率 $P \leqslant 100$ kW，带速 $v = 5 \sim 25$ m/s，高速带传动的带速可达 60 m/s 以上。

思考题：在同样压紧力 W 的作用下，V 带传动的摩擦力约为平带传动的 3 倍，故能传递较大的功率。原因何在？

二、普通 V 带和 V 带轮

(一)普通 V 带的结构和尺寸标准

V 带已实现标准化，并由专业厂家系列化生产。V 带分为普通 V 带、窄 V 带、宽 V 带、汽车 V 带、大楔角 V 带等。其中，普通 V 带和窄 V 带应用较广，本模块主要讨论普通 V 带传动。

标准 V 带呈无接头的环形，其横截面结构如图 7-3 所示，由包布层(包布)、伸张层(顶胶)、强力层(抗拉体)、压缩层(底胶)组成。其中的强力层有帘布芯结构和绳芯结构两种。帘布芯结构抗拉强度高，但柔韧性及抗弯曲强度不如绳芯结构好。绳芯结构 V 带适用于转速高、带轮直径较小的场合。

普通 V 带按截面尺寸由小至大的顺序分为 Y、Z、A、B、C、D、E 七种型号(见表 7-1)。其中，Y 型尺寸最小，只用于不传递动力的仪器等机构中。

V 带绕在带轮上产生弯曲，伸张层受拉伸长，压缩层受压缩短，两者之间存在一长度不变的中性层。中性层面称为节面，节面的宽度称为节宽 b_p。普通 V 带的节面高度 h 与其节宽 b_p 的比值为 0.7。V 带装在带轮上，和节宽 b_p 相对应的带轮直径称为基准直径，用

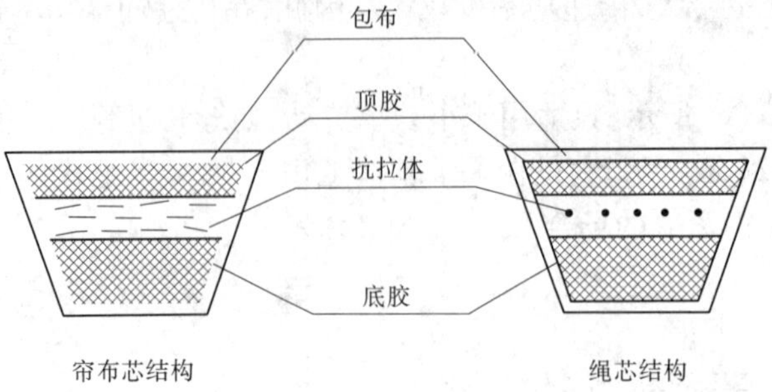

图 7-3　V 带的结构

d_d表示，V 带轮的基准直径系列尺寸见表 7-2。V 带在规定的张紧力下，位于带轮基准直径上的周线长度称为基准长度 L_d，它用于带传动的几何计算。V 带的基准长度 L_d的系列尺寸见表 7-3。

表 7-1　V 带(基准宽度制)的截面尺寸(GB 11544—2012)　　(单位:mm)

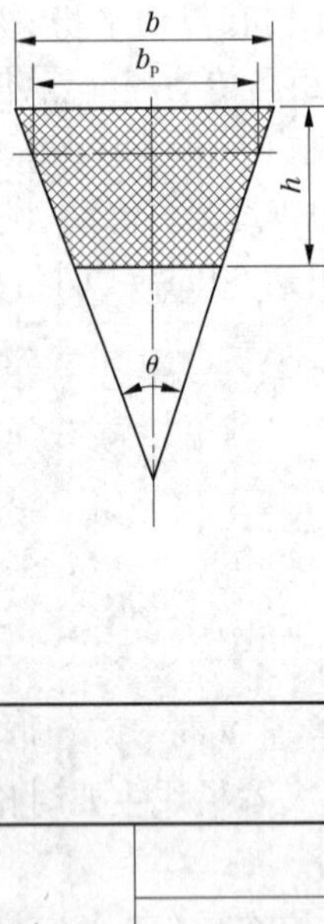

带型		节宽	基本尺寸		
普通 V 带	窄 V 带	b_p	顶宽 b	带高 h	楔角 θ
Y		5.3	6	4	40°
Z		8.5	10	6	
	SPZ			8	
A		11.0	13	8	
	SPA			10	
B		14.0	17	11	
	SPB			14	
C		19.0	22	14	
	SPC			18	
D		27.0	32	19	
E		32.0	38	25	

表 7-2　V 带轮的基准直径 d_d 系列尺寸　　(单位:mm)

基准直径 d_d	带型						
	Y	Z SPZ	A SPA	B SPB	C SPC	D	E
	外径 d_a						
20	23.2						
22.4	25.6						
25	28.2						
28	31.2						
31.5	34.7						

续表 7-2

基准直径 d_d	带型						
	Y	Z SPZ	A SPA	B SPB	C SPC	D	E
	外径 d_a						
35.5	38.7						
40	43.2						
45	48.2						
50	53.2	+54					
56	59.2	+60					
63	66.2	67					
71	74.2	75					
75		79	+80.5				
80	83.2	84	+85.5				
85			+90.5				
90	93.2	94	95.5				
95			100.5				
100	103.2	104	105.5				
106			111.5				
112	115.2	116	117.5				
118			123.5				
125	128.2	129	130.5	+132			
132		136	137.5	+139			
140		144	145.5	147			
150		154	155.5	157			
160		164	165.5	167			
170				177			
180		184	185.5	187			
200		204	205.5	207	+209.6		
212				219	+221.6		
224				231	233.6		
236		228	229.5	243	245.6		
250		254	255.5	257	259.6		
265					274.6		
280		284	285.5	287	289.6		
315		319	320.5	322	324.6		

续表 7-2

基准直径 d_d	带型						
	Y	Z SPZ	A SPA	B SPB	C SPC	D	E
	外径 d_a						
355		359	360.5	362	364.6	371.2	
375						391.2	
400		404	405.5	407	409.6	416.2	
425						441.2	
450			455.5	457	459.6	466.2	
475						491.2	
500		504	505.5	507	509.6	516.2	519.2
530							549.2
560			565.5	567	569.6	576.2	579.2
630		634	635.5	637	639.6	646.2	649.2
710			715.5	717	719.6	726.2	729.2
800			805.5	807	809.6	816.2	819.2
900				907	909.6	916.2	919.2
1 000				1 007	1 009.6	1 016.2	1 019.2
1 120				1 127	1 129.6	1 136.2	1 139.2
1 250					1 259.6	1 266.2	1 269.2
1 600						1 616.2	1 619.2
2 000						2 016.2	2 019.2
2 500							2 519.2

注:1. 有“+”号的外径只用于普通 V 带。

2. 直径的极限偏差:基准直径按 c11,外径按 h12。

3. 没有外径值的基准直径不推荐采用。

表 7-3　V 带(基准宽度制)的基准长度 L_d 系列尺寸及长度修正系数 K_L

基准长度 L_d(mm)	K_L										
	普通 V 带							窄 V 带			
	Y	Z	A	B	C	D	E	SPZ	SPA	SPB	SPC
200	0.81										
224	0.82										
250	0.84										
280	0.87										
315	0.89										

续表 7-3

基准长度 L_d(mm)	K_L										
	普通 V 带							窄 V 带			
	Y	Z	A	B	C	D	E	SPZ	SPA	SPB	SPC
355	0.92										
400	0.96	0.87									
450	1.00	0.89									
500	1.02	0.91									
560		0.94									
630		0.96	0.81					0.82			
710		0.99	0.82					0.84			
800		1.00	0.85					0.86	0.81		
900		1.03	0.87	0.81				0.88	0.83		
1 000		1.06	0.89	0.84				0.90	0.85		
1 120		1.08	0.91	0.86				0.93	0.87		
1 250		1.11	0.93	0.88				0.94	0.89	0.82	
1 400		1.14	0.96	0.90				0.96	0.91	0.84	
1 600		1.16	0.99	0.92	0.83			1.00	0.93	0.86	
1 800		1.18	1.01	0.95	0.86			1.01	0.95	0.88	
2 000			1.03	0.98	0.88			1.02	0.96	0.90	0.81
2 240			1.06	1.00	0.91			1.05	0.98	0.92	0.83
2 500			1.09	1.03	0.93			1.07	1.00	0.94	0.86
2 800			1.11	1.05	0.95	0.83		1.09	1.02	0.96	0.88
3 150			1.13	1.07	0.97	0.86		1.11	1.04	0.98	0.90
3 550			1.17	1.09	0.99	0.89		1.13	1.06	1.00	0.92
4 000			1.19	1.13	1.02	0.91			1.08	1.02	0.94
4 500				1.15	1.04	0.93	0.90		1.09	1.04	0.96
5 000				1.18	1.07	0.96	0.92			1.06	0.98
5 600					1.09	0.98	0.95			1.08	1.00
6 300					1.12	1.00	0.97			1.10	1.02
7 100					1.15	1.03	1.00			1.12	1.04
8 000					1.18	1.06	1.02			1.14	1.06
9 000					1.21	1.08	1.05				1.08

续表 7-3

基准长度 L_d(mm)	K_L										
	普通 V 带							窄 V 带			
	Y	Z	A	B	C	D	E	SPZ	SPA	SPB	SPC
10 000					1.23	1.11	1.07				1.10
11 200						1.14	1.10				1.12
12 500						1.17	1.12				1.14
14 000						1.20	1.15				
16 000						1.22	1.18				

注:无长度修正系数的规格均无标准 V 带供货。

窄 V 带的截面高度与其节宽之比为 0.9。窄 V 带的强力层采用高强度绳芯。按国家标准,窄 V 带截面尺寸分为 SPZ、SPA、SPB、SPC 四个型号(见表 7-1)。窄 V 带具有普通 V 带的特点,并能承受较大的张紧力。当窄 V 带带高与普通 V 带相同时,其带宽较普通 V 带约小 1/3,而承载能力可提高 1.5 ~ 2.5 倍,因此适用于传递大功率且传动装置要求紧凑的场合。

普通 V 带和窄 V 带的标记为

[带型]—[基准长度]　[标准编号]

标记示例:A 型普通 V 带,基准长度为 1 400 mm,其标记为

A—1 400　GB 11544—2012

又如,SPA 型窄 V 带,基准长度为 1 250 mm,其标记为

SPA—1 250　GB 12730—2008

V 带的标记通常压印在带的外表面上,以便选用识别。

(二)普通 V 带轮的结构

1. V 带轮的设计要求

带轮应具有足够的强度和刚度,无过大的铸造内应力;质量小且分布均匀,结构工艺性好,便于制造;带轮工作表面应光滑,以减少带的磨损。当 5 m/s < v < 25 m/s 时,带轮要进行静平衡,当 v > 25 m/s 时带轮则应进行动平衡。

2. 带轮的材料

带轮材料常采用铸铁、钢、铝合金或工程塑料等,灰铸铁应用最广。当带速 v≤25 m/s 时采用 HT150;当 v = 25 ~ 30 m/s 时采用 HT200;当 v≥25 ~ 45 m/s 时则应采用球墨铸铁、铸钢或锻钢,也可以采用钢板冲压后焊接带轮。小功率传动时带轮可采用铸铝或塑料等材料。

3. 带轮的结构

带轮由轮缘、腹板(轮辐)和轮毂三部分组成。

轮缘上制有槽,槽的结构尺寸和数目应与所用 V 带的型号、根数相对应。

轮槽尺寸见表 7-4。轮毂是带轮的内圈部分，它和轴相联接。

表 7-4　基准宽度制 V 带轮的轮槽尺寸（摘自 GB/T 13575.1—2008）　（单位：mm）

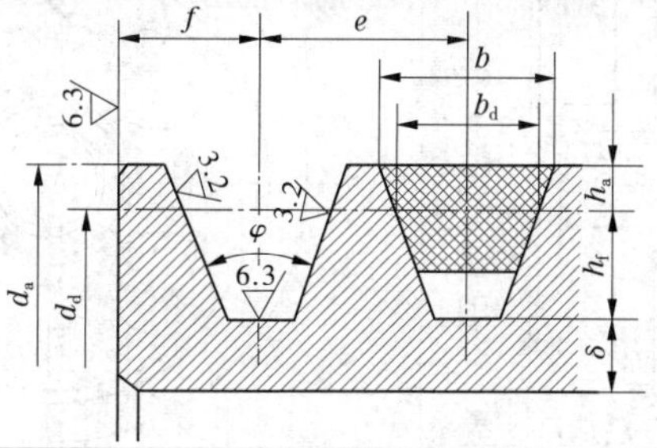

模块		符号	槽型						
			Y	Z SPZ	A SPA	B SPB	C SPC	D	E
基准宽度		b_d	5.3	8.5	11.0	14.0	19.0	27.0	32.0
基准线上槽深		h_{amin}	1.6	2.0	2.75	3.5	4.8	8.1	9.6
基准线下槽深		h_{fmin}	4.7	7.0 9.0	8.7 11.0	10.8 14.0	14.3 19.0	19.9	23.4
槽间距		e	8 ±0.3	12 ±0.3	15 ±0.3	19 ±0.4	25.5 ±0.5	37 ±0.6	44.5 ±0.7
槽边距		f_{min}	6	7	9	11.5	16	23	28
最小轮缘厚		δ_{min}	5	5.5	6	7.5	10	12	15
圆角半径		r_1	0.2 ~ 0.5						
带轮宽		B	$B=(z-1)e+2f$　　z—轮槽数						
外径		d_a	$d_a=d_d+2h_a$						
轮槽角 φ	32	相应的基准直径 d_d	≤60	—	—	—	—	—	—
	34		—	≤80	≤118	≤190	≤315	—	—
	36		>60	—	—	—	—	≤475	≤600
	38		—	>80	>118	>190	>315	>475	>600
	极限偏差		±30′						

注：槽间距 e 的极限偏差适用于任何两个轮槽对称中心面的距离，无论相邻还是不相邻。

联接轮缘和轮毂的中间部分称为轮辐（或腹板），V 带轮按腹板（轮辐）结构的不同分为以下几种形式：当带轮基准直径 $d_a \leqslant (2.5 \sim 3)d$（$d$ 为轴的直径）时，可采用 S 型——实心带轮，如图 7-4 所示；当 $d_a \leqslant 300$ mm 时，可采用 P 型——腹板带轮，如图 7-5 所示。每种形式根据轮毂相对于腹板（轮辐）位置的不同分为 Ⅰ、Ⅱ、Ⅲ、Ⅳ 等几种，详细分类可查阅机械设计手册相关内容。V 带轮的结构形式及腹板（轮辐）厚度的确定可参阅有关设计手册。

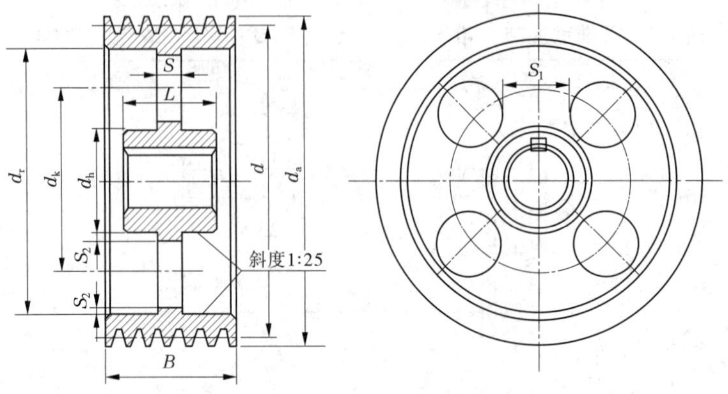

图 7-4　S 型 V 带轮的结构

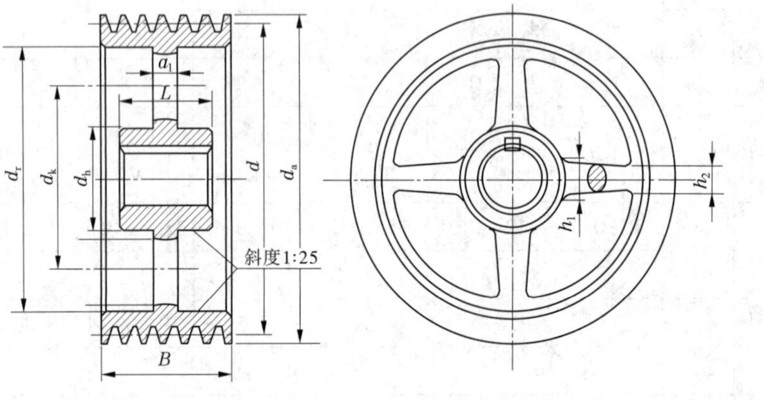

图 7-5　P 型 V 带轮的结构

三、普通 V 带传动工作能力分析

(一) 带传动的受力分析

为保证带传动正常工作,安装时必须把带适度张紧。此时,带轮两边的带承受了相等的初拉力(又称预紧力)F_0,如图 7-6(a)所示。工作时,由于带和带轮接触面间摩擦力 F_f 的作用,带两边的拉力不再相等,如图 7-6(b)所示。带绕入主动轮的一边被拉紧,拉力由 F_0增大到 F_1,称为紧边;绕入从动轮的一边被放松,拉力由 F_0减少为 F_2,称为松边。设环形带的总长不变,则紧边拉力的增加量 $F_1 - F_0$应等于松边拉力的减少量 $F_0 - F_2$,即

$$F_0 = \frac{F_1 + F_2}{2} \tag{7-1}$$

带传动两边的拉力之差 F 称为带传动的有效拉力。有效拉力就是带传动所传递的有效圆周力。实际上 F 就是带与带轮之间摩擦力的总和,在最大静摩擦力范围内,带传动的有效拉力 F 与总摩擦力相等,即

$$F = F_1 - F_2 \tag{7-2}$$

带传动所传递的功率为

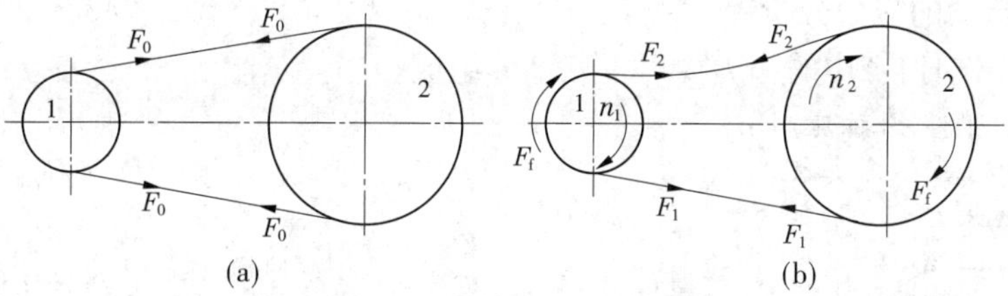

图 7-6 带传动的工作原理图

$$P = \frac{Fv}{1\,000} \tag{7-3}$$

式中 P——传递功率,kW;

F——有效圆周力,N;

v——带速,m/s。

在一定的初拉力 F_0 作用下,带与带轮接触面间摩擦力的总和有一极限值。当带所传递的圆周力超过极限摩擦力总和时,带将沿带轮表面全面滑动,这种现象称为打滑。当传动带和带轮接触弧间有全面滑动趋势时,摩擦力达到最大值,即有效圆周力达到最大值。此时,忽略离心力的影响,紧边拉力 F_1 和松边拉力 F_2 之间的关系可用欧拉公式表示,即

$$\frac{F_1}{F_2} = e^{f\alpha} \tag{7-4}$$

式中 F_1、F_2——带的紧边拉力、松边拉力,N;

e——自然对数的底,e≈2.718;

f——带与带轮接触面间的摩擦系数,V 带用当量摩擦系数 f_v 代替 f, $f_v = f/\sin(\varphi/2)$;

α——包角,即带与小带轮接触弧所对的中心角,rad。

由式(7-1)、式(7-2)和式(7-4)可得:

$$F = 2F_0\left(\frac{e^{f\alpha} - 1}{e^{f\alpha} + 1}\right) \tag{7-5}$$

上式表明,带所传递的圆周力 F 与下列因素有关:

(1)初拉力 F_0。F 与 F_0 成正比,增大初拉力 F_0,带与带轮间正压力增大,则传动时产生的摩擦力就越大,故 F 越大。但 F_0 过大会加剧带的磨损,致使带过快松弛,缩短其工作寿命。

(2)摩擦系数 f。f 越大,摩擦力也越大,F 就越大。f 与带和带轮的材料、表面状况、工作环境、条件等有关。

(3)包角 α。F 随 α 的增大而增大。增加 α 会使整个接触弧上摩擦力的总和增加,从而提高传动能力。因此,水平装置的带传动,通常将松边放置在上边,以增大包角。由于大带轮的包角 α_2 大于小带轮的包角 α_1,打滑首先在小带轮上发生,所以只需考虑小带轮的包角 α_1。

联立式(7-2)和式(7-4),可得带传动在不打滑条件下所能传递的最大圆周力为

$$F_{\max} = F_1\left(1 - \frac{1}{e^{f\alpha}}\right) \tag{7-6}$$

(二) 带传动的应力分析

带传动工作时,带中的应力由以下三部分组成。

1. 由拉力产生的拉应力 σ

紧边拉应力:
$$\sigma_1 = \frac{F_1}{A} \tag{7-7}$$

松边拉应力:
$$\sigma_2 = \frac{F_2}{A} \tag{7-8}$$

式中　A——带的横截面面积,mm^2。

2. 由离心力产生的离心拉应力 σ_c

工作时,绕在带轮上的传动带随带轮作圆周运动,产生离心拉力 F_c,F_c的计算公式为
$$F_c = qv^2$$

式中　q——传动带单位长度的质量,kg/m ,各种型号 V 带的 q 值见表 7-5;

v——传动带的速度,m/s。

表 7-5　基准宽度制 V 带每米长的质量 q 及带轮最小基准直径 d_{dmin}

带型	Y	Z	A	B	C	D	E	SPZ	SPA	SPB	SPC
q(kg/m)	0.02	0.06	0.10	0.17	0.30	0.62	0.90	0.07	0.12	0.20	0.37
d_{dmin}(mm)	20	50	75	125	200	355	500	63	90	140	224

F_c作用于带的全长上,产生的离心拉应力为
$$\sigma_c = \frac{F_c}{A} = \frac{qv^2}{A} \tag{7-9}$$

3. 弯曲应力 σ_b

传动带绕过带轮时发生弯曲,从而产生弯曲应力。由材料力学得带的弯曲应力 $\sigma_b \approx Eh/d$。式中,E 为带的弹性模量,单位为 MPa;h 为带的高度,单位为 mm;d 为带轮直径,单位为 mm,对于 V 带轮,则为其基准直径。

弯曲应力 σ_b只发生在带上包角所对的圆弧部分。h 越大,d 越小,则带的弯曲应力就越大,故一般小带轮弯曲应力大于大带轮弯曲应力,即 $\sigma_{b1} > \sigma_{b2}$。因此,为避免弯曲应力过大,小带轮的直径不能过小。

带在工作时的应力分布情况如图 7-7 所示。由此可知,带是在变应力情况下工作的,故易产生疲劳破坏。带的最大应力发生在紧边与小带轮的接触处,其值为
$$\sigma_{max} = \sigma_1 + \sigma_c + \sigma_{b1} \tag{7-10}$$

为保证带具有足够的疲劳寿命,应满足:
$$\sigma_{max} = \sigma_1 + \sigma_c + \sigma_{b1} \leqslant [\sigma] \tag{7-11}$$

式中　$[\sigma]$——带的许用应力。

$[\sigma]$是在 $\alpha_1 = \alpha_2 = 180°$、规定的带长和应力循环次数、载荷平稳等条件下通过试验确定的。

(三) 带传动的弹性滑动和传动比

传动带是弹性体,受到拉力后会产生弹性伸长,伸长量随拉力大小的变化而改变。带

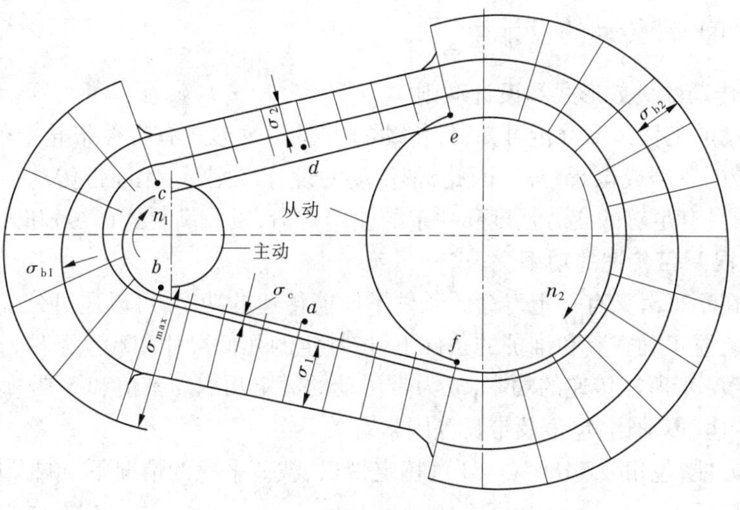

图7-7　带的应力分布

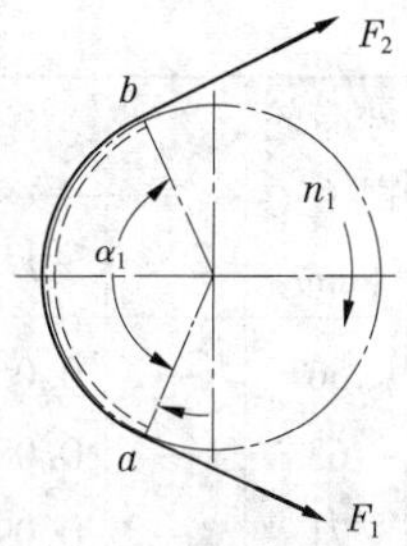

图7-8　带传动的弹性滑动

由紧边绕过主动轮进入松边时，带内拉力由 F_1 减小为 F_2，其弹性伸长量也由 δ_1 减小为 δ_2。这说明带在绕经带轮的过程中，相对于轮面向后收缩了 $\Delta\delta(\Delta\delta=\delta_1-\delta_2)$，带与带轮轮面间出现局部相对滑动，导致带的速度逐渐小于主动轮的圆周速度，如图7-8所示。同样，当带由松边绕过从动轮进入紧边时，拉力增加，带逐渐被拉长，沿轮面产生向前的弹性滑动，使带的速度逐渐大于从动轮的圆周速度。这种由于带的弹性变形及拉力差而产生的带与带轮轮面间的微量相对滑动称为弹性滑动。弹性滑动是不可避免的。

带的弹性滑动使从动轮的圆周速度 v_2 低于主动轮的圆周速度 v_1，其速度的降低程度用滑动率 ε 表示，即

$$\varepsilon=\frac{v_1-v_2}{v_1}=\frac{\pi d_1n_1-\pi d_2n_2}{\pi d_1n_1} \tag{7-12}$$

式中　n_1、n_2——主动轮、从动轮的转速，r/min；

d_1、d_2——主动轮、从动轮的直径，mm，对V带传动则为带轮的基准直径。

由上式得带传动的传动比为

$$i=\frac{n_1}{n_2}=\frac{d_2}{d_1(1-\varepsilon)} \tag{7-13}$$

从动轮的转速为

$$n_2=\frac{n_1d_1(1-\varepsilon)}{d_2} \tag{7-14}$$

因带传动的滑动率 $\varepsilon=0.01\sim0.02$，其值很小，所以在一般传动计算中可不予考虑。

思考题：水平装置的带传动，通常将松边放置在上面，紧边放置在下面，这是为什么呢？

四、普通 V 带传动的设计

(一)带传动的失效形式和设计准则

由带传动的工作情况分析可知,带传动的主要失效形式有带在带轮上的打滑和带的疲劳破坏(带的撕裂或拉断)等。因此,带传动的设计准则是:保证带传动工作时,在不打滑的前提下,具有足够的疲劳强度和一定的使用寿命,以及满足式(7-6)和式(7-11)。

(二)单根 V 带传递的功率

带传动在不打滑又有一定寿命的条件下所能传递的功率,可以通过公式计算。

在传动装置正确安装和维护的条件下,按规定的几何尺寸和环境条件,在规定的时间周期内,给定 V 带所能传递的功率,成为带传动的额定功率。其值和 V 带横截面、小带轮基准直径、带速、传动比、包角及带长等因素有关。

为设计方便,包角 $\alpha=180°$($i=1$)、特定带长、载荷平稳的情况下,单根普通 V 带的额定功率 P_0见表 7-6。

表 7-6　包角 $\alpha=180°$、特定带长、载荷平稳情况下,单根 V 带的额定功率 P_0

(单位:kW)

型号	小带轮直径 d_{d1}(mm)	小带轮转速 n_1(r/min)												
		200	400	730	800	980	1 200	1 460	1 600	2 000	2 400	2 800	3 200	3 600
Z	56	—	0.06	0.11	0.12	0.14	0.17	0.19	0.20	0.25	0.30	0.33	0.35	0.37
	63	—	0.08	0.13	0.15	0.18	0.22	0.25	0.27	0.32	0.37	0.41	0.45	0.47
	71	—	0.09	0.17	0.20	0.23	0.27	0.31	0.33	0.39	0.46	0.50	0.54	0.58
	80	—	0.14	0.20	0.22	0.26	0.30	0.36	0.39	0.44	0.50	0.56	0.61	0.64
	90	—	0.14	0.22	0.24	0.28	0.33	0.37	0.40	0.48	0.54	0.60	0.64	0.68
A	75	0.16	0.27	0.42	0.45	0.52	0.60	0.68	0.73	0.84	0.92	1.00	1.04	1.08
	90	0.22	0.39	0.63	0.68	0.79	0.93	1.07	1.15	1.34	1.50	1.64	1.75	1.83
	100	0.26	0.47	0.77	0.83	0.97	1.14	1.32	1.42	1.66	1.87	2.05	2.19	2.28
	112	0.31	0.56	0.93	1.00	1.18	1.39	1.62	1.74	2.04	2.30	2.51	2.68	2.78
	125	0.37	0.67	1.11	1.19	1.40	1.66	1.93	2.07	2.44	2.74	2.98	3.16	3.26
	140	0.43	0.78	1.31	1.41	1.66	1.96	2.29	2.45	2.87	3.22	3.48	3.65	3.72
	160	0.51	0.94	1.56	1.69	2.00	2.36	2.74	2.94	3.42	3.80	4.06	4.19	4.17
B	125	0.48	0.84	1.34	1.44	1.67	1.93	2.20	2.33	2.64	2.85	2.96	2.94	2.80
	140	0.59	1.05	1.69	1.82	2.13	2.47	2.83	3.00	3.42	3.70	3.85	3.83	3.63
	160	0.74	1.32	2.16	2.32	2.72	3.17	3.64	3.86	4.40	4.75	4.89	4.80	4.46
	180	0.88	1.59	2.61	2.81	3.30	3.85	4.41	4.68	5.30	5.67	5.76	5.52	4.92
	200	1.02	1.85	3.06	3.30	3.86	4.50	5.15	5.46	6.13	6.47	6.43	5.95	4.98
	224	1.19	2.17	3.59	3.86	4.50	5.26	5.99	6.33	7.02	7.25	6.95	6.05	4.47

续表 7-6

型号	小带轮直径 d_{d1}（mm）	小带轮转速 n_1（r/min）												
		200	400	730	800	980	1 200	1 460	1 600	2 000	2 400	2 800	3 200	3 600
SPZ	63	0.20	0.35	0.56	0.60	0.70	0.81	0.93	1.00	1.17	1.32	1.45	1.56	1.66
	71	0.25	0.44	0.72	0.78	0.92	1.08	1.25	1.35	1.59	1.81	2.00	2.18	2.33
	75	0.28	0.49	0.79	0.87	1.02	1.21	1.41	1.52	1.79	2.04	2.27	2.48	2.65
	80	0.31	0.55	0.88	0.99	1.15	1.38	1.60	1.73	2.05	2.34	2.61	2.85	3.06
	90	0.37	0.67	1.12	1.21	1.44	1.70	1.98	2.14	2.55	2.93	3.26	3.57	3.84
	100	0.43	0.79	1.33	1.44	1.70	2.02	2.36	2.55	3.05	3.49	3.90	4.26	4.58
SPA	90	0.43	0.75	1.21	1.30	1.52	1.76	2.02	2.16	2.49	2.77	3.00	3.16	3.26
	100	0.53	0.94	1.54	1.65	1.93	2.27	2.61	2.80	3.27	3.67	3.99	4.25	4.42
	112	0.64	1.16	1.91	2.07	2.44	2.86	3.31	3.57	4.18	4.71	5.15	5.49	5.72
	125	0.77	1.40	2.33	2.52	2.98	3.50	4.06	4.38	5.15	5.80	6.34	6.76	7.03
	140	0.92	1.68	2.81	3.03	3.58	4.23	4.91	5.29	6.22	7.01	7.64	8.11	8.39
	160	1.11	2.04	3.42	3.70	4.38	5.17	6.01	6.47	7.60	8.53	9.24	9.72	9.94
SPB	140	1.08	1.92	3.13	3.35	3.92	4.55	5.21	5.54	6.31	6.86	7.15	7.17	6.89
	160	1.37	2.47	4.06	4.37	5.13	5.98	6.89	7.33	8.38	9.13	9.52	9.53	9.10
	180	1.65	3.01	4.99	5.37	6.31	7.38	8.50	9.05	10.34	11.21	11.62	11.43	10.77
	200	1.94	3.54	5.88	6.35	7.47	8.74	10.07	10.70	12.18	13.11	13.41	13.01	11.83
	224	2.28	4.18	6.97	7.52	8.83	10.33	11.86	12.59	14.21	15.10	15.14	14.22	—
	250	2.64	4.86	8.11	8.75	10.27	11.99	13.72	14.51	16.19	16.89	16.44	—	—
SPC	224	2.90	5.19	8.38	8.99	10.39	11.89	13.26	13.81	14.58	14.01	—	—	—
	250	3.50	6.31	10.27	11.02	12.76	14.61	16.26	16.92	17.70	16.69	—	—	—
	280	4.18	7.59	12.40	13.31	15.40	17.60	19.49	20.20	20.75	18.86	—	—	—
	315	4.97	9.07	14.82	15.90	18.37	20.88	22.92	23.58	23.47	19.98	—	—	—
	355	5.87	10.72	17.50	18.76	21.55	24.34	26.32	26.80	25.37	19.22	—	—	—
	400	6.86	12.56	20.41	21.84	25.15	27.33	29.40	29.53	25.81	—	—	—	—

续表 7-6

型号	小带轮直径 d_{d1} (mm)	小带轮转速 n_1 (r/min)												
		100	200	300	400	500	600	730	980	1 200	1 460	1 600	1 800	2 000
C	200	—	1.39	1.92	2.41	2.87	3.30	3.80	4.66	5.29	5.86	6.07	6.28	6.34
	224	—	1.70	2.37	2.99	3.58	4.12	4.78	5.89	6.71	7.47	7.75	8.00	8.05
	250	—	2.03	2.85	3.62	4.33	5.00	5.82	7.18	8.21	9.06	9.38	9.63	9.62
	280	—	2.42	3.40	4.32	5.19	6.00	6.99	8.65	9.81	10.74	11.06	11.22	11.04
	315	—	2.86	4.04	5.14	6.17	7.14	9.34	10.23	11.53	12.48	12.72	12.67	12.14
	400	—	3.91	5.54	7.06	8.52	9.82	11.52	13.67	15.04	15.51	15.24	14.08	11.95
D	355	3.01	5.31	7.35	9.24	10.90	12.39	14.04	16.30	17.25	16.70	15.63	12.97	—
	400	3.66	6.52	9.13	11.45	13.55	15.42	17.58	20.25	21.20	20.03	18.31	14.28	—
	450	4.37	7.90	11.02	13.85	16.40	18.67	21.12	24.16	24.84	22.42	19.59	13.34	—
	500	5.08	9.21	12.88	16.20	19.17	21.78	24.52	27.60	27.61	23.28	18.88	9.59	—
	560	5.91	10.76	15.07	18.95	22.38	25.32	28.28	31.00	29.67	22.08	15.13	—	—
E	500	6.21	10.86	14.96	18.55	21.65	24.21	26.62	28.52	25.53	16.25	—	—	—
	560	7.32	13.09	18.10	22.49	26.25	29.30	32.02	33.00	28.49	14.52	—	—	—
	630	8.75	15.65	21.69	26.95	31.36	34.83	37.64	37.14	29.17	—	—	—	—
	710	10.31	18.52	25.69	31.83	36.85	40.58	43.07	39.56	25.91	—	—	—	—
	800	12.05	21.70	30.05	37.05	42.53	46.26	47.79	39.08	16.46	—	—	—	—

当实际工作条件与确定 P_0 值的特定条件不同时，应对查得的单根 V 带的基本额定功率 P_0 值加以修正。修正后即得实际工作条件下单根 V 带所能传递的功率 $[P_0]$，$[P_0]$ 的计算公式为

$$[P_0] = (P_0 + \Delta P_0)K_\alpha K_L \tag{7-15}$$

$$\Delta P_0 = K_b n_1\left(1 - \frac{1}{K_i}\right) \tag{7-16}$$

式中　ΔP_0——功率增量，考虑传动比 $i \neq 1$ 时，带在大轮上的弯曲应力较小，故在寿命相同的条件下，可传递的功率应比基本额定功率 P_0 大；

K_α——包角系数，考虑 $\alpha \neq 180°$ 时 α 对 V 带传递功率的影响，查表 7-7；

K_L——带长修正系数，考虑带为非特定长度时带长对 V 带传递功率的影响，查表 7-3；

K_b——弯曲影响系数，考虑 $i \neq 1$ 时不同带型弯曲应力差异的影响，查表 7-8；

n_1——小带轮转速，r/min；

K_i——传动比系数，考虑 $i \neq 1$ 时带绕经两轮的弯曲应力差异对 ΔP_0 的影响，查表 7-9 和表 7-10。

表 7-7　小带轮包角系数 K_α

$\alpha(°)$	180	175	170	165	160	155	150	145	140	135	130	125	120	115	110	100	90
K_α	1	0.99	0.98	0.96	0.95	0.93	0.92	0.91	0.89	0.88	0.86	0.84	0.82	0.80	0.78	0.74	0.69

表 7-8　弯曲影响系数 K_b

带型		K_b
普通 V 带	Y	0.0204×10^{-3}
	Z	0.1734×10^{-3}
	A	1.0275×10^{-3}
	B	2.6494×10^{-3}
	C	7.5019×10^{-3}
	D	2.6572×10^{-2}
	E	4.9833×10^{-2}
窄 V 带（基准宽度制）	SPZ	1.2834×10^{-3}
	SPA	2.7862×10^{-3}
	SPB	5.7266×10^{-3}
	SPC	1.3887×10^{-2}

表 7-9　普通 V 带传动比系数 K_i

i	K_i	i	K_i
1.00～1.01	1.000 0	1.19～1.24	1.071 9
1.02～1.04	1.013 6	1.25～1.34	1.087 5
1.05～1.08	1.027 6	1.35～1.51	1.103 6
1.09～1.12	1.041 9	1.52～1.99	1.120 2
1.13～1.18	1.056 7	≥2.00	1.137 3

表 7-10　窄 V 带传动比系数 K_i

i	K_i	i	K_i
1.00～1.01	1.000 0	1.19～1.26	1.065 4
1.02～1.05	1.009 6	1.27～1.38	1.080 4
1.06～1.11	1.026 6	1.39～1.57	1.095 9
1.12～1.18	1.047 3	1.58～1.94	1.109 3

（三）普通 V 带传动的设计步骤

设计普通 V 带传动时，一般已知条件是传动的工作情况，传递的功率 P，两轮转速 n_1、n_2（或传动比 i）以及空间尺寸要求等。具体的设计内容有：确定 V 带的型号、长度和根数、传动中心距及带轮直径，画出带轮零件图等。

1. 确定计算功率

计算功率 P_C 是根据传递的额定功率(如电动机的额定功率)P,并考虑载荷性质以及每天运转时间的长短等因素的影响而确定的,即

$$P_C = K_A P \tag{7-17}$$

式中　K_A——工作情况系数,查表 7-11 可得。

表 7-11　工作情况系数 K_A

<table>
<tr><th colspan="2" rowspan="4">工况</th><th colspan="6">K_A</th></tr>
<tr><th colspan="3">空、轻载启动</th><th colspan="3">重载启动</th></tr>
<tr><th colspan="6">每天工作小时数(h)</th></tr>
<tr><th><10</th><th>10 ~ 16</th><th>>16</th><th><10</th><th>10 ~ 16</th><th>>16</th></tr>
<tr><td>载荷变动微小</td><td>液体搅拌机、通风机和鼓风机(≤7.5 kW)、离心式水泵、压缩机、轻型输送机</td><td>1.0</td><td>1.1</td><td>1.2</td><td>1.1</td><td>1.2</td><td>1.3</td></tr>
<tr><td>载荷变动小</td><td>带式输送机(不均匀载荷)、通风机(>7.5 kW)、旋转式水泵、压缩机(非离心式)、发电机、金属切削机床、印刷机、旋转筛、锯木机等</td><td>1.1</td><td>1.2</td><td>1.3</td><td>1.2</td><td>1.3</td><td>1.4</td></tr>
<tr><td>载荷变动较大</td><td>制砖机、斗式提升机、往复式水泵压缩机、起重机、磨粉机、冲剪机床、橡胶机械振动筛、纺织机械、重载输送机</td><td>1.2</td><td>1.3</td><td>1.4</td><td>1.4</td><td>1.5</td><td>1.6</td></tr>
<tr><td>载荷变动很大</td><td>破碎机(旋转式、颚式等)、磨碎机(球磨、棒磨、管磨)</td><td>1.3</td><td>1.4</td><td>1.5</td><td>1.5</td><td>1.6</td><td>1.8</td></tr>
</table>

注:1. 空、轻载启动:电动机(交流启动、△启动、直流并励),四缸以上的内燃机,装有离心式离合器、液力联轴器的动力机。

重载起动:电动机(联机交流起动、直流复励或串励),四缸以下的内燃机。

2. 反复启动、正反转频繁、工作条件恶劣等场合,K_A 应乘以 1.2。

3. 增速传动时,K_A 应乘以系数,系数随传动比增加,范围为 1.05 ~ 1.28。

2. 选择 V 带的型号

根据计算功率 P_C 和主动轮转速 n_1,由图 7-9 和图 7-10 选择 V 带型号。当所选的坐标点在图中两种型号分界线附近时,可先选择两种型号分别进行计算,然后择优选用。

3. 确定带轮基准直径 d_{d1}、d_{d2}

带轮直径小可使传动结构紧凑,但另一方面弯曲应力大,使带的寿命降低。设计时应取小带轮的基准直径 $d_{d1} \geqslant d_{dmin}$,$d_{dmin}$ 的值查表 7-5。忽略弹性滑动的影响,$d_{d2} = d_{d1} n_1 / n_2$,$d_{d1}$、$d_{d2}$ 应取标准值(查表 7-2)。

4. 验算带速 v

带速 v 的计算公式如下

$$v = \frac{\pi d_{d1} n_1}{60 \times 1\,000} \tag{7-18}$$

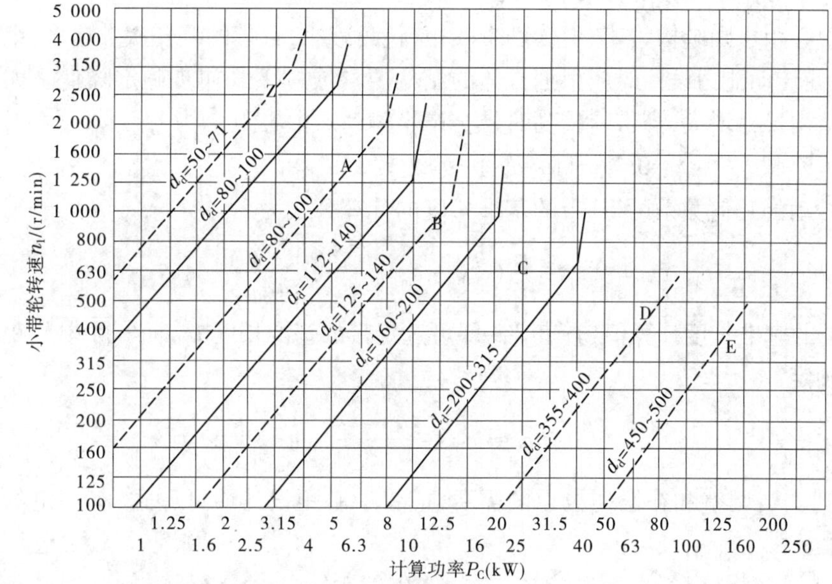

图 7-9　普通 V 带选型图

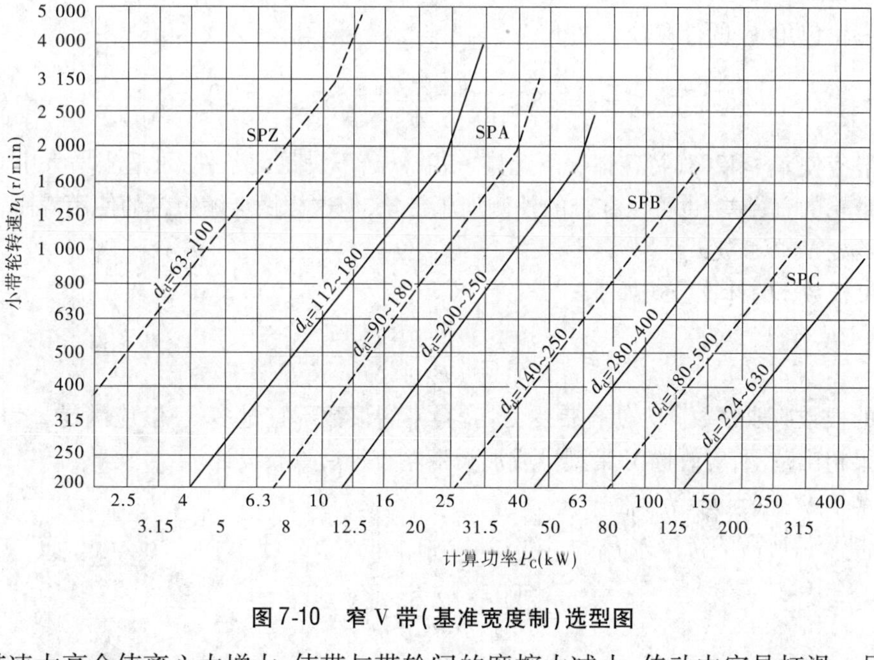

图 7-10　窄 V 带(基准宽度制)选型图

带速太高会使离心力增大,使带与带轮间的摩擦力减小,传动中容易打滑。另外,单位时间内带绕过带轮的次数也增多,降低传动带的工作寿命。若带速太低,则当传递功率一定时,传递的圆周力增大,带的根数增多。一般应使 $v > 5$ m/s,对于普通 V 带应使 $v_{max} = 25 \sim 30$ m/s,对于窄 V 带应使 $v_{max} = 35 \sim 40$ m/s。如带速超过上述范围,应重选小带轮直径 d_{d1}。

5. 初定中心距 a 和基准带长 L_d

传动中心距小则结构紧凑，但传动带较短，包角减小，且带的绕转次数增多，缩短了带的寿命，致使传动能力设计时应根据具体的结构要求或按下式初步确定降低。如果中心距过大则结构尺寸增大，当带速较高时带会产生颤动。中心距 a_0 为

$$0.7(d_{d1}+d_{d2}) \leqslant a_0 \leqslant 2(d_{d1}+d_{d2}) \tag{7-19}$$

由带传动的几何关系可得，带的基准长度的计算公式为

$$L_0 = 2a_0 + \frac{\pi}{2}(d_{d1}+d_{d2}) + \frac{(d_{d2}-d_{d1})^2}{4a_0} \tag{7-20}$$

L_0为带的基准长度计算值，查表 7-3 即可选定带的基准长度 L_d，而实际中心距 a 可由下式近似确定

$$a \approx a_0 + \frac{L_d - L_0}{2} \tag{7-21}$$

考虑到安装调整和补偿初拉力的需要，应将中心距设计成可调式，有一定的调整范围，一般取

$$\begin{cases} \alpha_{min} = a - 0.015\ L_d \\ \alpha_{max} = a + 0.03\ L_d \end{cases}$$

6. 校验小带轮包角 α_1

小带轮包角 α_1 的计算公式如下

$$\alpha_1 = 180° - \frac{d_{d2}-d_{d1}}{a} \times 57.3° \tag{7-22}$$

一般应使 $\alpha_1 \geqslant 120°$（特殊情况下允许$\geqslant 90°$），若不满足此条件，可适当增大中心距或减小两带轮的直径差，也可以在带的外侧加压带轮，但这样做会缩短带的使用寿命。

7. 确定 V 带根数 z

V 带根数 z 的计算公式如下

$$z \geqslant \frac{P_C}{[P_0]} = \frac{P_C}{(P_0+\Delta P_0)K_\alpha K_L} \tag{7-23}$$

带的根数应取整数。为使各带受力均匀，带的根数不宜过多，一般应满足 $z<10$。如计算结果超出范围，应改选 V 带型号或加大带轮直径后重新设计。

8. 单根 V 带的初拉力 F_0

单根 V 带所需的初拉力 F_0为

$$F_0 = \frac{500P_C}{zv}\left(\frac{2.5}{K_\alpha} - 1\right) + qv^2 \tag{7-24}$$

由于新带易松弛，对不能调整中心距的普通 V 带传动，安装新带时的初拉力应为计算值的 1.5 倍。

9. 带传动作用在带轮轴上的压力 F_Q

V 带的张紧对轴、轴承产生的压力 F_Q会影响轴、轴承的强度和寿命。为简化其运算，一般按静止状态下带轮两边均作用初拉力 F_Q进行计算，如图 7-11 所示，得

$$F_Q = 2F_0 z\sin\frac{\alpha_1}{2} \tag{7-25}$$

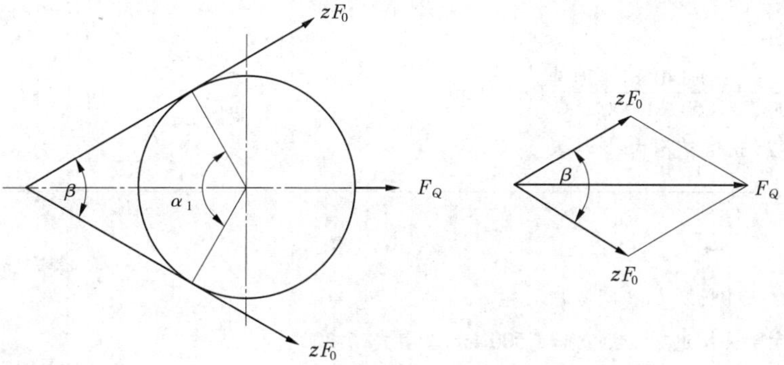

图 7-11　带传动作用在轴上的压力

10. 带轮结构设计

设计出带轮结构后还要绘制带轮零件图。

11. 设计结果

列出带型号、带的基准长度 L_d、带的根数 z、带轮直径 d_{d1}、d_{d2}、中心距 a,轴上压力 F_Q等。

【例题 7-1】　设计某鼓风机用普通 V 带传动。已知电动机额定功率 $P=10$ kW,转速 $n_1=1\ 450$ r/min,从动轴转速 $n_2=400$ r/min,中心距约为 1 500 mm,每天工作 24 h。

解:实训过程和结果如表 7-12 所示。

表 7-12　实训过程和结果

计算与说明	主要结果
1. 确定计算功率 P_C。 由表 7-11 查得 $K_A=1.3$,由式(7-13)得 $P_C=K_AP=1.3\times10=13$(kW)	$P_C=13$ kW
2. 选取普通 V 带型号。 根据 $P_C=13$ kW、$n_1=1\ 450$r/min,由图 7-9 选用 B 型普通 V 带	B 型普通 V 带
3. 确定带轮基准直径 d_{d1}、d_{d2}。 根据表 7-5 和图 7-9 选取 $d_{d1}=140$ mm,且 $d_{d1}=140$ mm $>d_{dmin}=125$mm。 大带轮基准直径为:$d_{d2}=d_{d1}n_1/n_2=140\times1\ 450/400=507.5$ (mm) 按表 7-2 选取标准值 $d_{d2}=500$ mm,则实际传动比 i、从动轮的实际转速分别为 $i=\frac{d_{d2}}{d_{d1}}=\frac{500}{140}=3.57$ $n_2=n_1/i=1\ 450/3.57=406$(r/min) 从动轮的转速误差率为 $\frac{406-400}{400}\times100\%=1.5\%$ 误差率在 ±5% 以内为允许值	$d_{d1}=140$ mm $d_{d2}=500$ mm

续表 7-12

计算与说明	主要结果
4. 验算带速 v。 $v=\frac{\pi d_{d1} n_1}{60\times 1\,000}=\frac{\pi\times 140\times 1\,450}{60\times 1\,000}=10.63(\mathrm{m/s})$ 带速在 5 ~ 25 m/s 范围内	$v=10.63\ \mathrm{m/s}$
5. 确定带的基准长度 L_d 和实际中心距 a。 按结构设计要求初定中心距 $a_0=1\,500$ mm。由式(7-20)得 $L=2a_0+\frac{\pi}{2}(d_{d1}+d_{d2})+\frac{(d_{d2}-d_{d1})^2}{4a_0}$ $=2\times 1\,500+\frac{\pi}{2}\times(140+500)+\frac{(500-140)^2}{4\times 1500}$ $=4\,026.9\ (\mathrm{mm})$ 由表 7-3 选取基准长度 $L_d=4\,000$ mm。 由式(7-21)得实际中心距 a 为 $a\approx a_0+\frac{L_d-L_0}{2}$ $=1\,500+\frac{4\,000-4\,026.9}{2}$ $=1\,487(\mathrm{mm})$ 中心距 a 的变化范围为 $a_{min}=a-0.015L_d$ $=1\,487-0.015\times 4\,000=1\,427(\mathrm{mm})$ $a_{max}=a+0.03L_d=1\,487+0.03\times 4\,000=1\,607(\mathrm{mm})$	$L_d=4\,000$ mm $a=1\,487$ mm
6. 校验小带轮 α_1。 由式(7-22)得 $\alpha_1=180^\circ-\frac{d_{d2}-d_{d1}}{a}\times 57.3^\circ$ $=180^\circ-\frac{500-140}{1\,487}\times 57.3^\circ$ $=166.13^\circ>120^\circ$	$\alpha_1=166.13^\circ$

续表 7-12

计算与说明	主要结果
7. 确定 V 带根数 z。 由式(7-23)得: $z \geq \frac{P_C}{[P_0]} = \frac{P_C}{(P_0 + \Delta P_0)K_\alpha K_L}$ 根据 $d_{d1} = 140$ mm、$n_1 = 1\,450$ r/min，查表 7-6，用内插法得：$P_0 = 2.82$ kW 由式(7-16)得功率增量 ΔP_0 为 $\Delta P_0 = K_b n_1 \left(1 - \frac{1}{K_i}\right)$ 由表 7-8 查得 $K_b = 2.649\,4 \times 10^{-3}$ 根据传动比 $i = 3.57$，查表 7-9 得 $K_i = 1.137\,3$，则 $\Delta P_0 = 2.649\,4 \times 10^{-3} \times 1\,450 \times \left(1 - \frac{1}{1.137\,3}\right) = 0.46(\text{kW})$ 由表 7-3 查得带长度修正系数 $K_L = 1.13$，由表 7-7 查得包角系数 $K_\alpha = 0.97$，得普通 V 带根数： $z = \frac{13}{(2.82 + 0.46) \times 0.97 \times 1.13} = 3.62(\text{根})$ 圆整得 $z = 4$ 根。	$z = 4$ 根
8. 求初拉力 F_0 及带轮轴上的压力 F_Q。 由表 7-5 查得 B 型普通 V 带的每米长质量 $q = 0.17$ kg/m，根据式(7-24)得单根 V 带的初拉力为 $F_0 = \frac{500P_C}{zv}\left(\frac{2.5}{K_\alpha} - 1\right) + qv^2$ $= \frac{500 \times 13}{4 \times 10.63} \times \left(\frac{2.5}{0.97} - 1\right) + 0.17 \times (10.63)^2$ $= 260.33(\text{N})$ 由式(7-25)可得作用在轴上的压力 F_Q 为 $F_Q = 2F_0 z \sin\frac{\alpha_1}{2}$ $= 2 \times 260.33 \times 4 \sin\frac{166.13°}{2}$ $= 2\,067.4\ (\text{N})$	$F_0 = 260.33$ N $F_Q = 2\,067.4$ N
9. 轮的结构设计。 按本章第二节进行设计(设计过程及带轮工作图略)	

思考题: V 带的根数 z 不宜过多，一般不超过 10 根。试解释其原因。

五、带传动的安装、张紧和维护

(一)带传动的张紧

带传动工作一段时间后就会由于塑性变形而松弛,使初拉力减小,传动能力下降,这时必需要重新张紧。常用的张紧方式主要有以下几种。

1. 调整中心距法

(1)定期张紧。如图 7-12 所示,将装有带轮的电动机 1 装在滑道 2 上,旋转调节螺钉 3 以增大或减小中心距从而达到张紧或松开的目的。如图 7-13 所示,把电机装在一摆动底座 2 上,通过调节螺钉 3 调节中心距达到张紧的目的。

(2)自动张紧。把电动机 1 装在如图 7-14 所示的摇摆架 2 上,利用电机的自重,使电动机轴心绕铰点 A 摆动,拉大中心距达到自动张紧的目的。

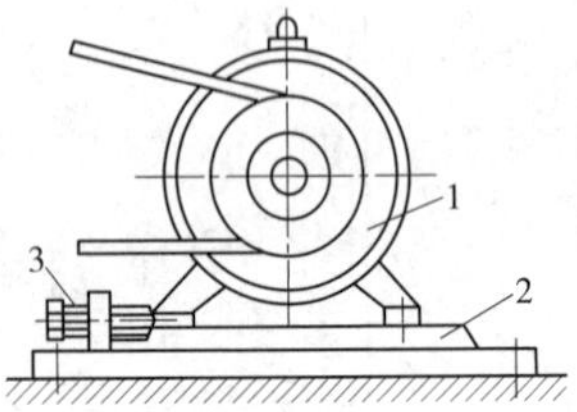

图 7-12　水平传动定期张紧装置

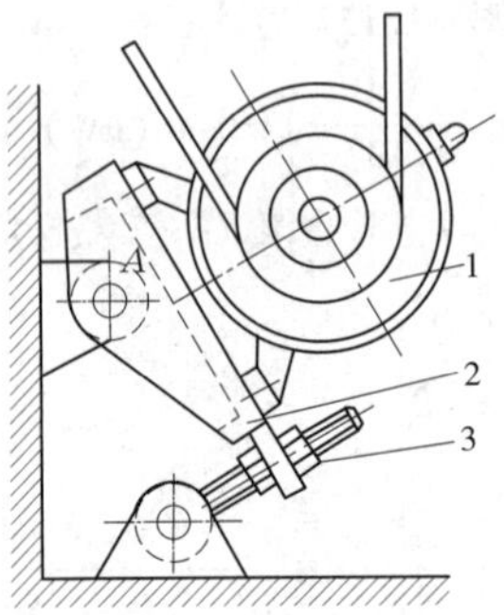

图 7-13　垂直传动定期张紧装置

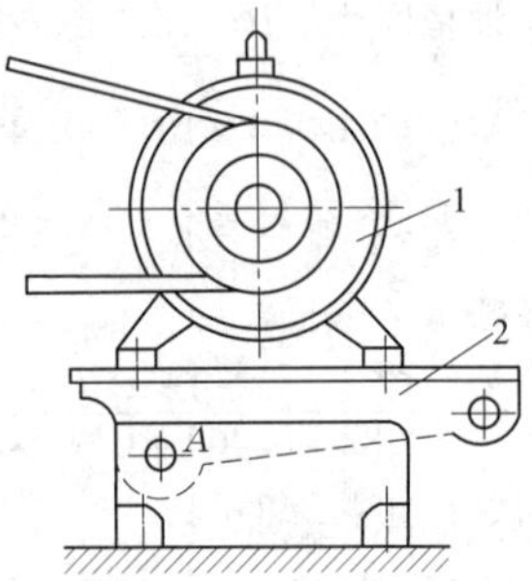

图 7-14　自动张紧装置

2. 张紧轮法

带传动的中心距不能调整时,可采用张紧轮法。图 7-15(a)所示为定期张紧装置,定期调整张紧轮的位置可达到张紧的目的。图 7-15(b)所示为摆锤式自动张紧装置,依靠摆捶重力可使张紧轮自动张紧。

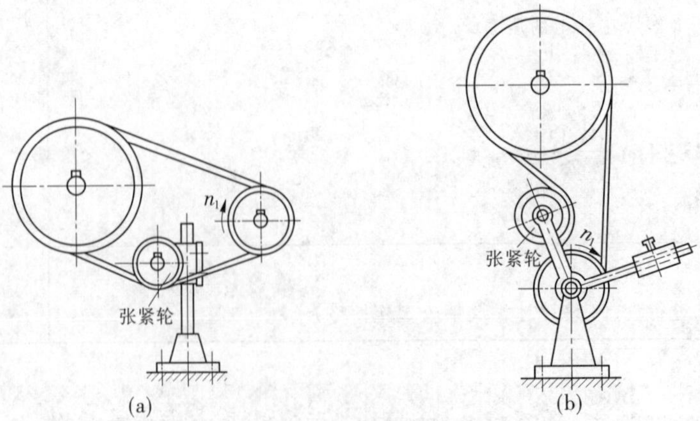

图 7-15　张紧轮的布置

V 带和同步带张紧时，张紧轮一般放在带的松边内侧并应尽量靠近大带轮一边，这样可使带只受单向弯曲，且小带轮的包角不致过分减小。

平带传动时，张紧轮一般应放在松边外侧，并靠近小带轮处。这样可以增大小带轮包角，提高了平带的传动能力。

（二）带传动的安装与维护

1. 带的安装

1）带轮的安装

平行轴传动时，各带轮的轴线必须保持固定的平行度。各轮宽的中心线，V 带轮、多楔带轮的对应轮槽中心线，平带轮面凸弧的中心线均应共面且与轴线垂直，否则会加速带的磨损，缩短带的寿命。

2）传动带的安装

（1）通常应通过调整各轮的中心距来装带和张紧。切忌硬将传动带从带轮上拔下或扳上，严禁用撬棍等工具将带强行撬入或撬出带轮。

（2）在带轮轴间距不可调而又无张紧轮的场合下，安装聚酰胺片基平带时，应在带轮边缘垫布以防刮破传动带，并应边转动带轮边套带。安装同步带时，要在多处同时缓慢地将带移动，以保持带能平齐移动。

（3）同组使用的 V 带应型号相同、长度相等，不同厂家生产的 V 带、新旧 V 带不能同组。

（4）安装 V 带时，应按规定的初拉力张紧。对于中等中心距的带传动，也可凭经验张紧，带的张紧程度以大拇指能将带按下 15 mm 为宜，如图 7-16 所示。新带使用前，最好预先拉紧一段时间后再使用。

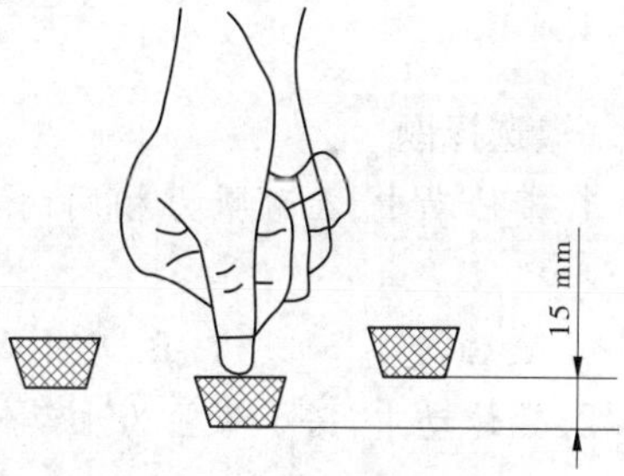

图 7-16　V 带的张紧程度

2. 带传动的维护

（1）带传动装置外面应加防护罩，以保证安全，防止带与酸、碱或油接触而腐蚀传动带。

（2）带传动不需要润滑，禁止往带上加润滑油或润滑脂，应及时清理带轮槽内及传动带上的油污。

（3）应定期检查胶带，如有一根松弛或损坏，则应全部更换新带。

六、拓展提高

同步带是以细钢丝绳或玻璃纤维为强力层，外覆聚氨酯或氯丁橡胶的环形带。由于带的强力层承载后变形小，且内周制成齿状使其与齿形的带轮相啮合，故带与带轮间无相对滑动，构成同步传动，如图 7-17 所示。

同步带传动具有传动比恒定，不打滑，效率高，初张力小，对轴及轴承的压力小，速度及功率范围广，不需润滑，耐油，耐磨损以及允许采用较小的带轮直径、较短的轴间距、较大的速比，传动系统结构紧凑的特点。一般参数为带速 $v \leqslant 50$ m/s，功率 $P \leqslant 100$ kW，速比 $i \leqslant 10$，效率 $\eta = 0.92 \sim 0.98$，工作温度 $-20 \sim 80$ ℃。

目前，同步带传动主要用于中小功率、要求传动比准确的传动中，如计算机、数控机床、纺织机械、烟草机械等。

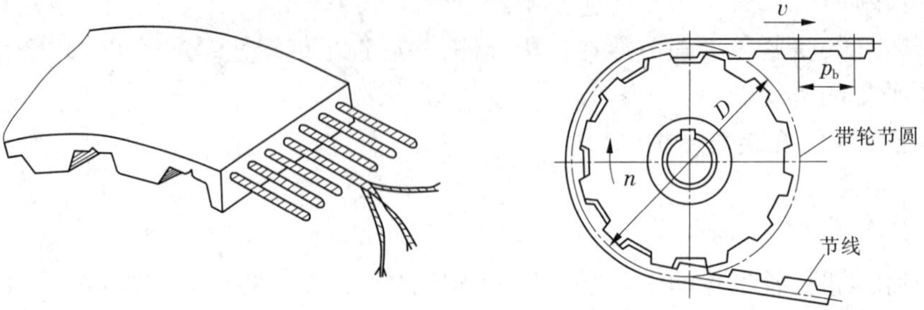

图 7-17　同步带结构与同步带传动

小　结

了解带传动的工作原理及组成，熟悉带传动的工作能力分析，掌握带传动的基本类型、型号，带传动的设计准则和计算方法，以及 V 带和带轮的结构，并能够熟练地对 V 带进行设计计算。

掌握带传动的安装、张紧和维护方法。

习题与训练题

一、选择题

1. 带传动中，在预紧力相同的条件下，V 带比平带能传递较大的功率，是因为 V 带________。

A. 强度高　　B. 尺寸小　　C. 有楔形增压作用　　D. 没有接头

2. 带传动中，若小带轮为主动轮，则带的最大应力发生在带________处。

A. 进入主动轮　　B. 进入从动轮　　C. 退出主动轮　　D. 退出从动轮

3. 带传动正常工作时不能保证准确的传动比是因为________。

A. 带的材料不符合虎克定律　　B. 带容易变形和磨损

C. 带在带轮上打滑　　D. 带的弹性滑动

4. 带传动打滑总是________。

A. 在小轮上先开始　　B. 在大轮上先开始

C. 在两轮上同时开始

5. V 带传动设计中，限制小带轮的最小直径主要是为了________。

A. 使结构紧凑　　B. 限制弯曲应力

C. 保证带和带轮接触面间有足够的摩擦力

D. 限制小带轮上的包角

6. 带传动的主要失效形式之一是带的________。

A. 松弛　　B. 颤动　　C. 疲劳破坏　　D. 弹性滑动

7. 带传动正常工作时，紧边拉力 F_1 和松边拉力 F_2 满足关系________。

A. $F_1 = F_2$　　B. $F_1 - F_2 = F$　　C. $F_1 + F_2 = F_0$

二、简答题

1. 在设计带传动时为什么要限制带速 v、小带轮直径 d_{d1} 和带轮包角 α_1？

2. 为了避免带的打滑，将带轮上与带接触的表面加工的粗糙些以增大摩擦力，这样处理是否正确？为什么？

3. 何谓带传动的弹性滑动和打滑？能否避免？

4. 为何 V 带传动的中心距一般设计成可调节的？在什么情况下需采用张紧轮？张紧轮布置在什么位置较为合理？

5. 带传动中为什么要张紧？V 带传动和平带传动张紧轮的布置位置有什么不同？为什么？

三、计算题

1. 单根普通 V 带传动，能传递的最大功率 $P = 10$ kW，主动轮的转速 $n_1 = 1\ 450$ r/min，主动轮、从动轮的基准直径分别为 $d_{d1} = 180$ mm，$d_{d2} = 350$ mm，中心距 $a = 630$ mm，带与带轮间的当量摩擦系数 $f_v = 0.2$，试求紧边拉力 F_1 和松边拉力 F_2。

2. 某 V 带传动传递的功率 $P = 5.5$ kW，带速 $v = 10$ m/s，紧边拉力 F_1 是松边拉力 F_2 的 2 倍，求该带传动的有效拉力及紧边拉力 F_1。

3. 已知某普通 V 带传动由电动机驱动，电动机转速 $n_1 = 1\ 450$ r/min，小带轮基准直径 $d_{d1} = 100$ mm，大带轮基准直径 $d_{d2} = 280$ mm，中心距 $a \approx 350$ mm，用 2 根 A 型 V 带传动，载荷平稳，两班制工作，试求此传动所能传递的最大功率。

4. 某普通 V 带传动由电动机直接驱动，已知电动机转速 $n_1 = 1\ 450$ r/min，主动带轮基准直径 $d_{d1} = 160$ mm，从动带轮直径 $d_{d2} = 400$ mm，中心距 $a = 1\ 120$ mm，用两根 B 型 V 带传动，载荷平稳，两班制工作，试求该传动可传递的最大功率。

5. 某带式运输机其异步电动机与齿轮减速器之间用普通 V 带传动，电动机额定功率 $P = 5.5$ kW，转速 $n_1 = 960$ r/min，V 带传动速比 $i_{12} = 2.5$，运输机单向运转，载荷平稳，一班制工作，试设计此 V 带传动。（允许传动比误差 $\Delta i \leqslant \pm 5\%$）

6. 试设计某车床上电动机和床头箱间的普通 V 带传动。已知电动机的功率 $P = 4$ kW，转速 $n_1 = 1\ 440$ r/min，从动轴的转速 $n_2 = 680$ r/min，两班制工作，根据机床结构，要求两带轮的中心距在 950 mm 左右。

模块八　链传动

【模块导入】

链传动是通过链条将具有特殊齿形的主动链轮的运动和动力传递到具有特殊齿形的从动链轮的一种传动方式。图 8-1 所示为链传动实物图。

链传动是一种具有中间挠性件的非共轭啮合传动，它兼有齿轮传动和带传动的一些特点，特别是在大中心距、定速比、多轴传动的工况下，以及环境恶劣的开式传动、冲击振动大的传动、大载荷的低速传动、润滑良好的高速传动中，采用链传动将带来明显的技术效益与经济效益。

图 8-1　链传动实物图

一、链传动的特点、类型及应用

链传动是应用较广的一种机械传动，由主动链轮、从动链轮和链条组成。链传动是具有中间挠性件的啮合传动，它依靠链轮轮齿与链节的啮合来传递运动和动力。

(一)链传动的特点

链传动与带传动相比，具有以下特点：

(1)无弹性滑动和打滑现象，能保持准确的平均传动比。

(2)传动效率较高。

(3)张紧力小，所以作用于轴上的径向力较小。

(4)结构紧凑。

(5)能在高温、灰尘多、湿度大及有腐蚀等恶劣条件下工作。

链传动与齿轮传动相比，具有以下特点：

(1)制造与安装精度要求低，成本低；

(2)在远距离传动时，其结构简单、轻便。

链传动的主要缺点是：

(1)只适用于平行轴之间的同向回转传动。

(2)瞬时传动比不恒定。

(3)工作时有噪声。

(4)磨损后易发生跳齿。

(5)不宜应用于载荷变化很大和急速反向的传动。

思考题:如何理解链传动的平均传动比和瞬时传动比?

(二)链的类型

(1)按用途或工作性质划分,链可分为传动链、输送链和起重链。在一般机械传动中常用传动链,而输送链和起重链主要用在运输和起重机械中。

(2)按传动链结构形式划分,链可分为滚子链、套筒链、齿形链以及成型链,前三种都已经标准化了。目前,应用最广泛的是滚子链。

(三)链传动的应用

链传动主要用在要求工作可靠、平均传动比准确,且两轴相距较远,以及其他不宜采用齿轮传动的场合。目前,链传动广泛应用于农业、矿山、起重运输、冶金、建筑、石油、化工等行业的各种机械中。

链传动传递的功率一般在100 kW以下,其链速一般不超过15 m/s,推荐使用的最大传动比为$i=6$,常用$i=2\sim2.5$。

思考题:仔细观察普通自行车,链传动时松边是在上面还是在下面?

二、滚子链和链轮

(一)滚子链

1.滚子链的结构

滚子链的结构如图8-2所示,由滚子、套筒、销轴、内链板和外链板组成。内链板与套筒之间、外链板与销轴之间分别用过盈配合固联。滚子与套筒之间、套筒与销轴之间均为间隙配合。

滚子链有单排链和多排链之分。当传递大功率时,可采用双排链或多排链,多排链的承载能力与排数成正比,但排数一般不宜超过4排。

思考题:滚子链的排数一般不宜超过4排,为什么?

2.滚子链的基本参数

滚子链的基本参数有节距p、滚子外径d_1、内链节内宽b_1、多排链排距p_t等。

相邻两销轴轴心线间的距离称为节距,用p表示,它是链的主要参数。节距p越大,链的各元件的尺寸越大,承载能力也越高,但重量增加,冲击和振动也随之加大。因此,传递功率较大时,为减小链传动的外廓尺寸,减小冲击、振动,可采用小节距的多排链。

滚子链已标准化,分为A、B两系列(A系列用于设计和出口,B系列用于维修和出口,我国以A系列为主体,表8-1列出了几种A系列滚子链的基本参数和尺寸。

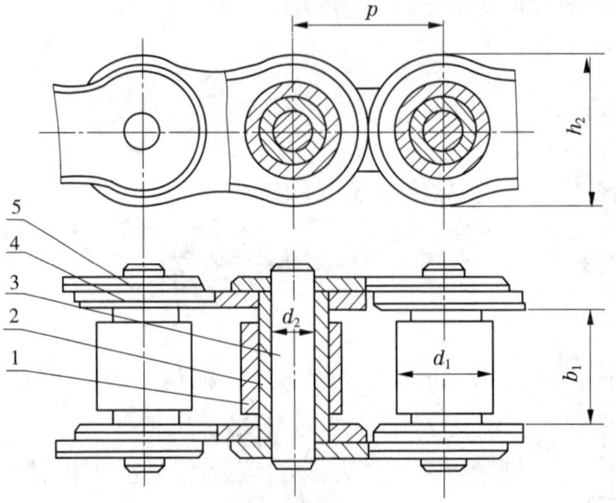

1—滚子;2—套筒;3—销轴;4—内链板;5—外链板

图 8-2 滚子链

表 8-1 A 系列滚子链的基本参数和尺寸(GB/T 1243—2006)

链号	节距 p(mm)	排距 p_t(mm)	滚子外径 d_1(mm)	内链节内宽 b_1(mm)	销轴直径 d_2(mm)	内链板高度 h_2(mm)	单排极限拉伸载荷 F_Q(KN)	单排每米质量 q(kg/m)
08A	12.70	14.38	7.92	7.85	3.98	12.07	13.8	0.60
10A	15.875	18.11	10.16	9.40	5.09	15.09	21.8	1.00
12A	19.05	22.78	11.91	12.57	5.96	18.08	31.1	1.50
16A	25.40	29.29	15.88	15.75	7.94	24.13	55.6	2.60
20A	31.75	35.76	19.05	18.90	9.54	30.18	86.7	3.80
24A	38.10	45.44	22.23	25.22	11.11	36.20	124.6	5.60
28A	44.45	48.87	25.40	25.22	12.71	42.24	169.0	7.50
32A	50.80	58.55	28.58	31.55	14.29	48.26	222.4	10.10
40A	63.50	71.55	39.68	37.85	19.85	60.33	347.0	16.10
48A	76.20	87.83	47.63	47.35	23.81	72.39	500.4	22.60

滚子链的标记为:

[链号]—[排数] × [链节的数目]　　[标准编号]

例如 08A－1×88　　GB/T 1243—2006,表示:按 GB 1243—2006 制造的 A 系列、节距为 12.7 mm、单排、88 节的滚子链。

(二)联接链节

为了使链联成封闭环状,链的两端应用联接链节联接起来,联接链节通常有三种形式。当组成链的总链节为偶数时,可采用开口销或弹簧夹将接头上的活动销轴固定,见

图 8-3(a)、(b)。当链节总数为奇数时,可采用过渡链节联接,见图 8-3(c)。链条受力时,过渡链节除受拉力外,还承受附加弯矩作用,其强度比一般链节低,故最好采用偶数链节。

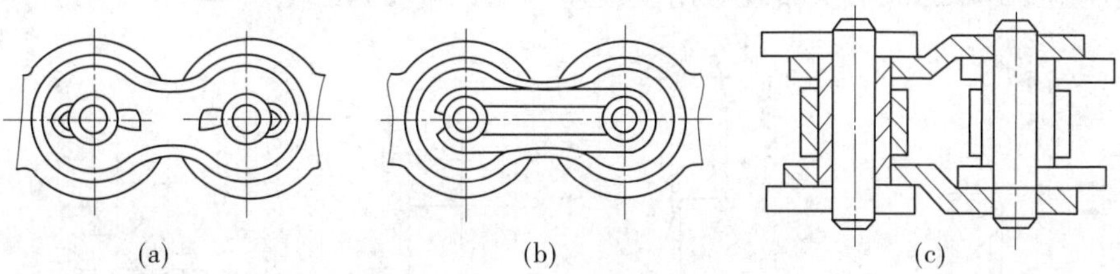

图 8-3　滚子链的接头方式

思考题:链传动一般采用的是偶数链节还是奇数链节?

(三)链轮

1. 链轮的基本参数与主要尺寸

链轮的基本参数有配用链条的节距 p、套筒的最大外径 d、排距 p_t,以及链轮的齿数 z。链轮的主要尺寸及计算公式见表 8-2。

表 8-2　滚子链链轮的主要尺寸及计算公式　(单位:mm)

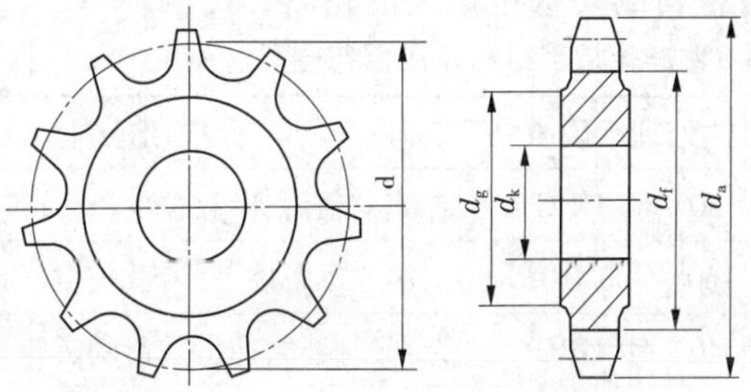

名称	符号	计算公式
分度圆直径	d	$d = p/\sin(180°/z)$
齿顶圆直径	d_a	$d_a = p(0.54 + \cot\frac{180°}{z})$
齿根圆直径	d_f	$d_f = d - d_1$
分度圆弦齿高	h_a	$h_a = 0.27p$

2. 链轮齿形

链轮齿形应满足下列要求:

(1)保证链节能自由地进入和退出啮合。

(2)接触应力小。

(3)形状简单,便于加工。

国家标准《传动用短节距精密滚子链》(GB 1243—2006)规定了滚子链链轮的齿形,相关计算公式见机械设计手册。

3. 链轮的结构

链轮常用结构见图 8-4。一般小直径链轮采用实心式(见图 8-4(a));中等直径采用孔板式(见图 8-4(b)),较大直径采用联接式(见图 8-4(c))。

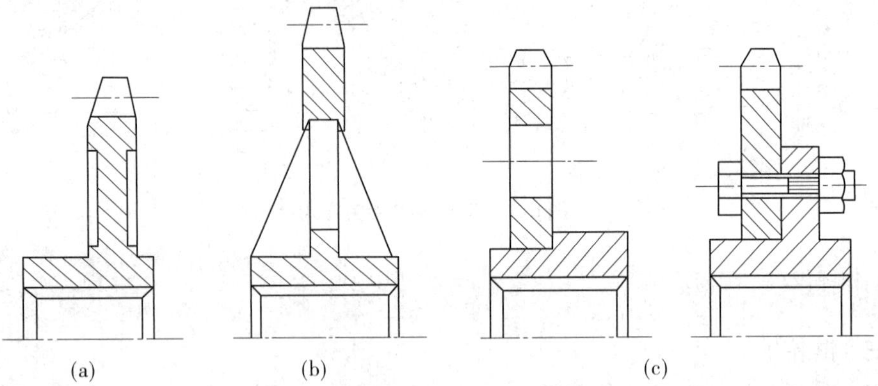

图 8-4　链轮结构

4. 链轮常用材料

链轮材料应满足强度和耐磨性要求。链轮常用材料及应用范围见表 8-3。由于小链轮的啮合次数比大链轮多,因此对材料的要求也比大链轮高。

表 8-3　链轮常用材料及应用范围

材料	热处理	热处理后硬度	应用范围
15、20	渗碳、淬火、回火	50 ~ 60 HRC	有冲击载荷、齿数较少($z \leqslant 25$)的链轮
35	正火	160 ~ 200 HBS	正常工作条件下,齿数较多($z > 25$)的链轮
40、50、ZG310 - 570	淬火、回火	40 ~ 50 HRC	无剧烈振动、冲击载荷的链轮
15Cr、20Cr	渗碳、淬火、回火	50 ~ 60 HRC	齿数较少($z < 25$)、功率较大且有冲击载荷的重要链轮
40Cr、35SiMn、35CrMo	淬火、回火	40 ~ 50 HRC	使用优质链条、重要的链轮
Q235、Q275	焊接后退火	140 HBS	中等速度、中等功率、直径较大的链轮
普通灰铸铁(不低于 HT150)	淬火、回火	260 ~ 280 HBS	齿数较多($z > 50$)的从动链轮

三、链传动的运动特性及受力分析

(一)链传动的运动不均匀性

链是由刚性链节通过销轴铰接而成的,当链绕在链轮上时呈多边形时,如图 8-5 所示,链传动会产生周期性速度变化。

链的平均速度 v 为

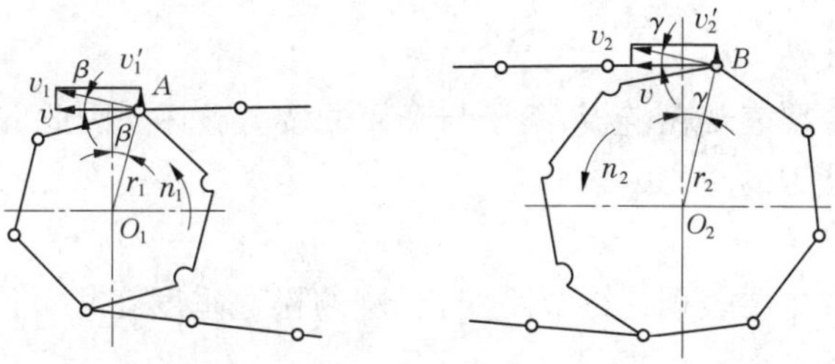

图 8-5　链传动的速度分析

$$v = \frac{z_1 n_1 p}{60 \times 1\ 000} = \frac{z_2 n_2 p}{60 \times 1\ 000} \tag{8-1}$$

式中　z_1、z_2——主、从动链轮的齿数；

n_1、n_2——主、从动链轮的转速，r/min；

p——链的节距，mm。

链传动的平均传动比 i_{12} 为

$$i_{12} = \frac{n_1}{n_2} = \frac{z_2}{z_1} \tag{8-2}$$

注意：由式(8-1)、式(8-2)计算的链速和传动比只是其平均值。即使主动链轮的角速度为常数，然而由于多边形的影响，链传动的瞬时链速和瞬时传动比还是变化的。这种链传动的运动不均匀性是由于链条围绕在链轮上形成了正多边形而造成的，因此称为链传动的多边形效应。

(二)链传动的动载荷

动载荷的大小与回转零件的质量和角速度的大小相关，动载荷产生的主要原因有：

(1)链条和从动链轮做周期性的变速运动。

(2)链条沿垂直方向的分速度做周期性变化，使链条发生横向振动。

(3)链节与链轮啮合瞬间有一定的相对速度。

(三)链传动的受力分析

链在工作过程中，紧边与松边的拉力是不等的。若不计传动中的动载荷，则链的紧边受到的拉力 F_1 为

$$F_1 = F_e + F_c + F_f \tag{8-3}$$

式中　F_e——链传递的有效圆周力；

F_c——链的离心力引起的拉力；

F_f——链条松边垂度引起的悬垂拉力。

链的松边受到的拉力 F_2 为

$$F_2 = F_c + F_f \tag{8-4}$$

四、滚子链传动的设计计算

(一)链传动的失效形式

链传动的失效形式主要有链的疲劳失效、链条铰链的磨损、链条铰链的胶合、链条静

力拉断。

1. 链的疲劳失效

链的疲劳失效主要表现在链板、滚子与套筒的疲劳破坏。因此,链条元件的疲劳强度是决定链传动承载能力的主要因素。

2. 链条铰链的磨损

链条铰链的磨损主要表现在链节距变长、链的松边垂度变化,增大动载荷,容易发生跳齿或脱齿。

3. 链条铰链的胶合

在润滑不良或转速过高时,工作表面容易发生胶合破坏。因此,链条铰链的胶合在一定程度上限制了传动的极限转速。

4. 链条静力拉断

低速的链条过载时,容易发生静强度不足而断裂。因此,链条静力拉断常发生在低速重载或严重过载的传动中。

思考题:链传动的主要失效形式有哪些?

(二)中高速链传动的设计计算

1. 传动比 i

通常限制链传动的传动比 $i \leqslant 6$。传动比过大时,将导致链条在小链轮上的包角过小,啮合的齿数减少,这样容易跳齿或加速链条的磨损。

2. 链轮齿数 z

小链轮齿数 z_1 对链传动的平稳性、使用寿命以及外廓尺寸影响较大。齿数 z_1 小,有利于减小外廓尺寸。但 z_1 过小,将导致:

(1)传动不均匀性和载荷增大。

(2)链条进入和退出啮合时的相对转角增大,加速链条铰链的磨损。

(3)增大圆周力,加速链条和链轮的损坏。

齿数 z_1 大,有利于链传动。当 z_1 过大,将导致:

(1)大链轮齿数增大,加大传动的尺寸和质量。

(2)容易发生跳链和脱链现象。

(3)缩短链条的使用寿命。

3. 计算功率 P_C

计算功率 P_C 为

$$P_C = K_A P \tag{8-5}$$

式中 P——传递的功率,kW;

K_A——工作情况系数,可参见《机械设计》手册。

4. 链节距 p

链节距是链传动的特征参数,反映了链条和链轮各部分尺寸大小。在一定条件下,链节距越大,链条承载能力就越强,但是运动的不均匀性、冲击、振动、噪声就越严重。因此,在设计时,应尽量选择较小的节距。对于高速、功率大的链传动,可选用小节距的多排链;

对于低速、传动比大、中心距大的链传动，可选用节距较大的单排链。

链条节距可根据功率 P_0 和小链轮转速 n_1 由额定功率曲线图选定。由于链传动的实际工作条件与试验条件不完全一致，因此应使用修正计算公式为

$$P_0 = \frac{P_C}{K_Z K_L K_P} \tag{8-6}$$

式中 P_0——在特定条件下，单排链所能传递的功率，kW；

P_C——链传动的计算功率，kW；

K_Z——小链轮齿数系数；

K_L——链长系数；

K_P——多排链系数。

5. 链速 v

一般来说，链速 v 要求满足

$$v = \frac{z_1 n_1 p}{60 \times 1000} \leqslant 15 \tag{8-7}$$

推荐链速 $v = 6 \sim 8$ m/s。

6. 链节数 L_p 与中心距 a

中心距过小，链节数小，链速不变时，单位时间内链条绕转次数增多，链条曲伸次数和应力循环次数增多，将加速链的磨损和疲劳；中心距过大，链条松边下垂量大，会造成链条松边上下颤动。

7. 小链轮轮毂孔最大直径 d_{kmax}

链轮的轮毂孔最大直径 d_{kmax} 不应小于安装链轮处的轴径。若不能满足要求，则需要采用特殊结构链轮或重新选择链的传动参数。

8. 压轴力 Q

压轴力 Q 可近似用下式计算

$$\begin{cases} F_e = 1\,000 \times \dfrac{P}{v} \\ Q \approx K_Q F_e \end{cases} \tag{8-8}$$

式中 P——传递的功率，kW；

v——链速，m/s；

K_Q——压轴力系数，对于水平传动 $K_Q = 1.15$，对于垂直传动 $K_Q = 1.05$。

（三）低速链传动的设计计算

低速链传动的失效形式主要是链条的静拉断，故应按静拉力强度条件计算，即

$$S_{ca} = \frac{Qn}{K_A F_1} \geqslant 4 \sim 8 \tag{8-9}$$

式中 S_{ca}——链的抗拉静力强度的计算安全系数；

Q——单排链的极限拉伸载荷，kN；

n——排数；

K_A——工作情况系数；

F_1——链的紧边工作拉力，kN。

五、链传动的布置原则、张紧和润滑

(一)链传动的布置原则

(1)两链轮回转平面应在同一垂直平面内。

(2)两链轮中心连线最好是水平的。

(3)一般情况下，紧边在上，松边在下。

(二)链传动的张紧

链传动中心距可调时，调节中心距以控制张紧程度；中心距不可调时，可设置张紧轮或在链条磨损变长后取掉1～2个链节，以恢复原来的长度。张紧轮一般紧压在松边靠近小链轮处。张紧轮可以是链轮，也可以是无齿的滚轮。张紧轮的直径与小链轮的直径接近。张紧轮有自动张紧(用弹簧、吊重等自动张紧装置)及定期调整(用螺旋、偏心等调整装置)。另外，还可用压板和托板张紧。链的张紧机构如图8-6所示。

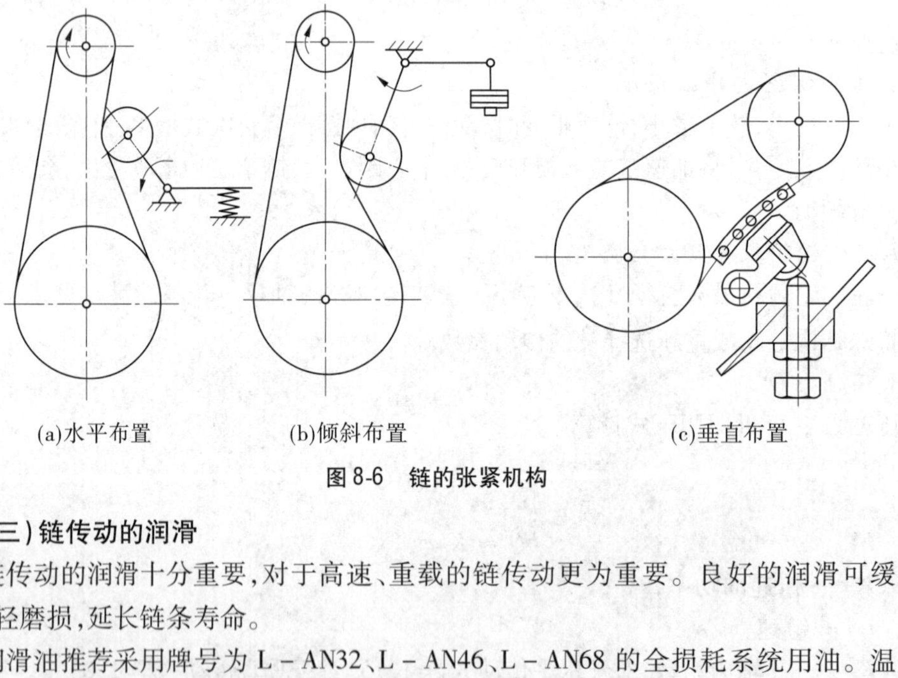

(a)水平布置　　(b)倾斜布置　　(c)垂直布置

图8-6　链的张紧机构

(三)链传动的润滑

链传动的润滑十分重要，对于高速、重载的链传动更为重要。良好的润滑可缓和冲击，减轻磨损，延长链条寿命。

润滑油推荐采用牌号为L－AN32、L－AN46、L－AN68的全损耗系统用油。温度低时取前者。对于开式及重载低速传动，可在润滑油中加入MoS_2、WS_2等抗胶合添加剂。对用润滑油不便的场合，允许涂抹润滑脂，但应定期清洗与涂抹。

六、拓展提高

在国际上，我国已成为世界链传动制造大国，业内有不少企业利用世界经济低迷的机遇，在国外创办各种模式的经营公司，构建国际营销网络，直接把企业的自主品牌打入国际市场。如“杭州东华”先后在美国、英国、荷兰、泰国等建立了仓储式经销公司，并收购了德国KOBO公司，控股日本EK公司，把东华的自主品牌直接打入了国际市场和OEM

客户;“浙江恒久”在德国聘请德国专家担纲总经理建立了销售公司,积极打造了自己的国外营销网络;“常州盛天”“杭州永利百合”“杭州顺峰”“杭州源景”“诸暨链条总厂”等企业正在积极筹划“走出去”战略,准备多形式把自主品牌推向国际市场。

在国际市场上,我国的链传动产品由过去的边缘打工地位进入了国际主流市场和国外的主机配套市场,这使得我们在国际市场上有了立足之地,有了定价权和话语权。而这一变化也使国外同行刮目相看。不少跨国公司、集团纷至沓来,在中国创办链传动企业。比如美国 Diamond 链条公司两任总裁先后三次来中国与链条专业协会会面洽谈。

小　结

了解链传动的工作原理及组成,熟悉链传动的工作能力分析,掌握链传动的基本类型、型号和链传动的设计准则和计算方法以及链轮的结构,并能够熟练地对滚子链进行设计计算。

习题与训练题

一、简答题

1. 引起链传动速度不均匀的原因是什么?其主要影响因素有哪些?为什么一般情况下链传动的瞬时传动比不是恒定的?在什么情况下能使其瞬时传动比恒定呢?

2. 链传动工作时,产生动载荷的原因有哪些?

3. 中心距 a 的大小,对链传动有何影响?

4. 标出图 8-7 所示的链传动中小链轮的转向(小链轮为主动轮),并说明原因。

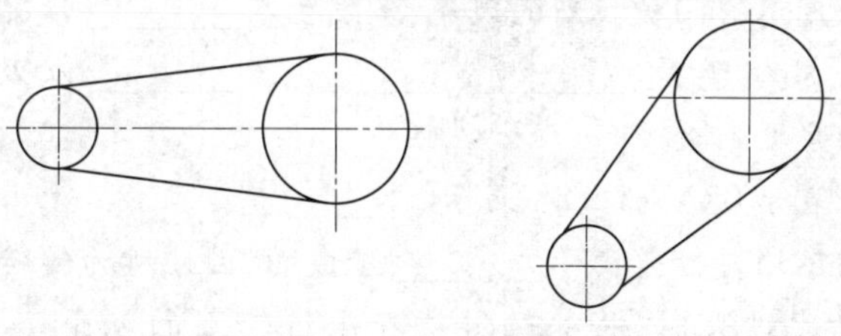

(a)　(b)

图 8-7　简答题 4 图

二、选择题

1. 当链条磨损后,脱链通常发生在________。

A. 小链轮上　B. 大链轮上　C. 同时在大、小链轮上

2. 在一定使用寿命和良好润滑条件下,链传动的承载能力取决于________。

A. 铰链元件的疲劳强度　B. 铰链销轴的耐磨性

C. 链的静强度　D. 链轮轮齿的耐磨性

3. 链条的节数宜采用________。

A. 奇数　B. 偶数

C. 5 的倍数　　D. 10 的倍数

4. 在一定转速下，要减轻链传动的运动不均匀和动载荷，应________。

A. 增大链节距和链轮齿轮　　B. 减小链节距和链轮齿数

C. 增大链节距，减小链轮齿数　　D. 减小链条节距，增大链轮齿数

5. 链传动中，传动比过大，则链在小链轮上的包角会过小。包角过小的缺点是________。

A. 同时啮合的齿数少，链条和轮齿的磨损快，容易跳齿

B. 链条易被拉断，承载能力低

C. 传动的运动不均匀性和动载荷大

D. 链条铰链易胶合

6. 链传动的合理链长应取________。

A. 链节距长度的偶数倍　　B. 链节距长度的奇数倍

C. 任意值　　D. 按链轮齿数来决定链长

7. 若一传动装置由带传动、齿轮传动和链传动组成，则三种传动方式由高速到低速的排列次序为________。

A. 带—齿轮—链　　B. 链—齿轮—带　　C. 齿轮—链—带

8. 链传动中两轮轴线的相对位置应________。

A. 平行　　B. 相交成一定的角度

C. 相交成直角　　D. 成任意角交错

三、填空题

1. 链传动是具有________的啮合传动，其失效形式主要有________、________、________，以及________。

2. 链条由于静强度不够而被拉断的现象，多发生在________情况下。

3. 滚子链的基本参数是________、________、________以及________等，其中________是滚子链的主要参数。

4. 滚子链的标记表示 08A－1×88 表示________。

5. 链传动的运动不均匀性是由于________造成的，因此称为链传动的________。

6. 链传动的传动比过大时，将导致链条在小链轮上的包角________，啮合的齿数________，这样容易出现________现象。

7. 链传动张紧的目的是________，常用的张紧方法有________和________。

四、计算题

1. 单排滚子链传动，已知链节距 $p = 25.4$ mm，小链轮分度圆直径 $d_1 = 170.47$ mm，小链轮转速 $n_1 = 790$ r/min，单位长度链条的质量 $q = 2.6$ kg/m，求小链轮齿数 z_1 和链所受的离心拉力 F_c。

2. 双排滚子链传动，传递功率 $P = 1.5$ kW，传动中心距 $a = 500$ mm，链节距 $p = 12.7$ mm，单位长度链条的质量 $q = 0.6$ kg/m，主动链轮转速 $n_1 = 130$ r/min，主动链轮齿数 $z_1 = 17$，工作情况系数 $K_A = 1$，水平传动，静强度许用安全系数取 7，试校核此链传动的强度。

模块九 联 接

【模块导入】

机器由许多零部件组成,这些零部件需要通过联接来实现机器的功能,因而联接是构成机器的重要环节。联接的种类很多,根据被联接件之间的相互关系可分为动联接和静联接两类。机器通常用到如下的联接件,图 9-1(a)所示为键联接,图 9-1(b)所示为螺纹联接件,图 9-1(c)所示为联轴器。

本模块主要学习螺纹联接、键联接、联轴器、离合器、弹簧等相关知识。

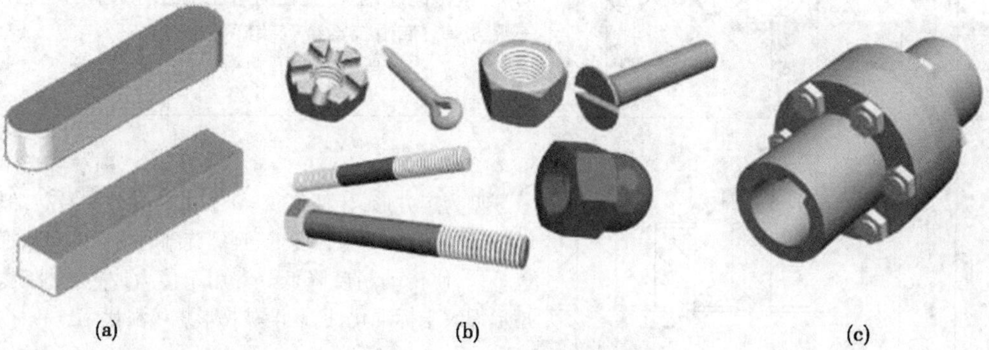

图 9-1 联接件

一、螺纹

(一)螺纹的分类、特点和应用

螺纹有外螺纹和内螺纹之分,它们共同组成螺旋副。起联接作用的螺纹称为联接螺纹;起传动作用的螺纹称为传动螺纹。按螺纹的旋向可分为左旋和右旋,常用的为右旋螺纹。螺纹又分为米制和英制(螺距以每英寸牙数表示)两类。我国除管螺纹保留英制外,都采用米制螺纹。

思考题:如何区分螺纹是左旋螺纹还是右旋螺纹?

常用螺纹的类型主要有普通螺纹、管螺纹、矩形螺纹、梯形螺纹和锯齿形螺纹。前两种主要用于联接,后三种主要用于传动。常用螺纹大都已经标准化,标准螺纹的基本尺寸可查阅有关标准。常用螺纹的类型、特点和应用见表 9-1。

表 9-1 常见螺纹的类型、特点和应用

类型		图例	特点和应用
联接螺纹	普通螺纹	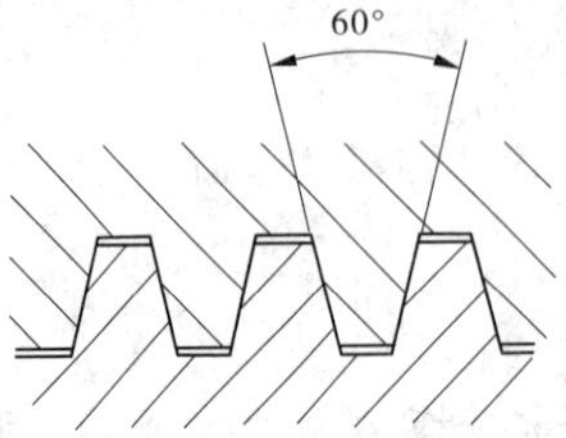	米制三角形螺纹，其牙型角 $\alpha=60°$。普通螺纹的当量摩擦系数较大，自锁性能好，螺纹牙根的强度高，广泛应用于各种紧固联接。一般联接多用粗牙螺纹。细牙螺纹螺距小、升角小、自锁性能好，但螺牙强度低、耐磨性较差、易滑脱，常用于细小零件、薄壁零件或受冲击、振动和变载荷的联接，还可用于微调机构的调整
	圆柱管螺纹	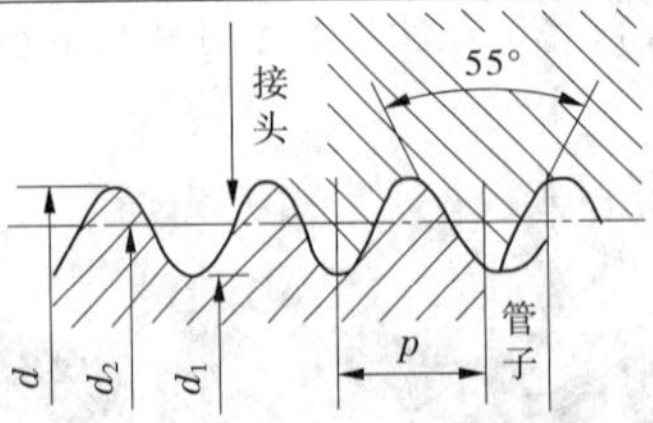	牙型角 $\alpha=55°$，牙顶呈圆弧形，旋合螺纹间无径向间隙，紧密性好，公称直径为管子的公称通径，广泛用于水、煤气、润滑等系统管路联接中
传动螺纹	矩形螺纹	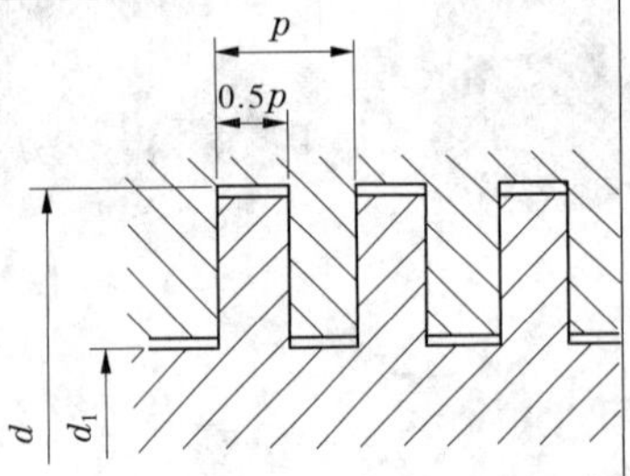	牙型为正方形，牙型角 $\alpha=0°$。其传动效率最高，但精加工较困难，牙根强度低，且螺旋副磨损后的间隙难以补偿，使传动精度降低。常用于传力或传导螺旋。矩形螺纹未标准化，已逐渐被梯形螺纹替代
	梯形螺纹	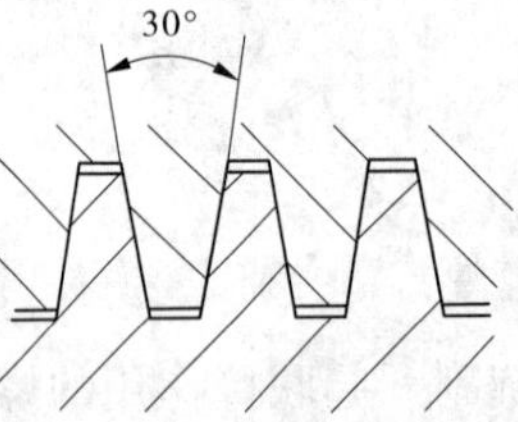	牙型为等腰梯形，牙型角 $\alpha=30°$。其传动效率略低于矩形螺纹，但工艺性好，牙根强度高，螺旋副对中性好，可以调整间隙。广泛用于传力螺旋或传导螺旋，如机床的丝杠、螺旋举重器等
	锯齿形螺纹	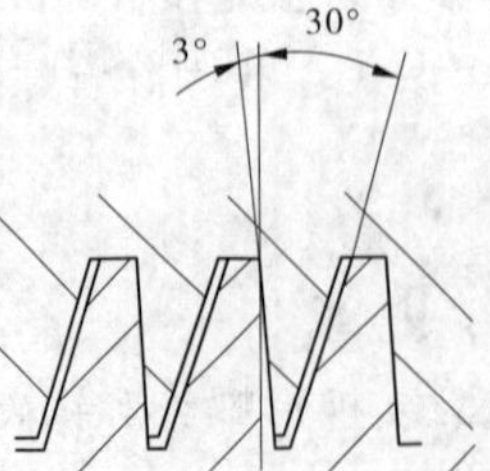	工作面的牙侧角为 3°，非工作面的牙侧角为 30°，兼有矩形螺纹效率高和梯形螺纹牙根强度高的优点，但只能承受单向载荷，适用于单向承载的螺旋传动。螺纹牙强度高，用于单向受力的传力螺旋，如螺旋压力机、千斤顶等。

（二）螺纹的主要参数

要区分不同的螺纹，就要掌握一些说明螺纹特点的参数。以广泛应用的圆柱普通外

螺纹为例,螺纹的主要参数如下(见图9-2):

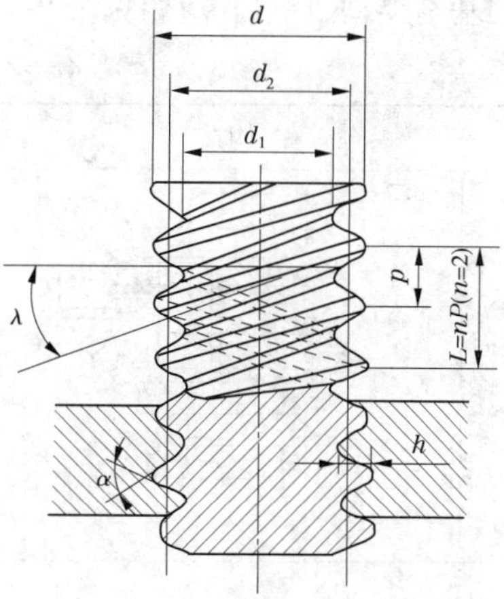

图9-2 螺纹的主要参数

(1)大径 d(外径)——与外螺纹牙顶相重合的假想圆柱面直径,一般定为螺纹的公称直径。

(2)小径 d_1(内径)——与外螺纹牙底相重合的假想圆柱面直径,在强度计算中作为危险剖面的计算直径。

(3)中径 d_2——在轴向剖面内牙沟槽与凸起宽相等处的假想圆柱面的直径,近似等于螺纹的平均直径,$d_2 \approx 0.5(d + d_1)$。

(4)螺距 p——相邻两牙在中径圆柱面的母线上对应两点间的轴向距离。

(5)导程 L——同一螺旋线上相邻两牙在中径圆柱面的母线上对应两点间的轴向距离。

(6)线数 n——螺纹螺旋线数目。沿一根螺旋线形成的螺纹称为单线螺纹;沿两根以上的等距螺旋线形成的螺纹称为多线螺纹。常用的联接螺纹要求有一定的自锁性,故多用单线螺纹;传动螺纹要求传动效率高,故多用双线螺纹或三线螺纹。一般为便于制造,线数 $n \leqslant 4$。螺距、导程、线数之间关系如下:

$$L = np$$

(7)螺旋升角 λ——在中径圆柱面上螺旋线的切线与垂直于螺旋线轴线的平面的夹角,其计算公式如下:

$$\lambda = \arctan \frac{L}{\pi d_2} = \arctan \frac{np}{\pi d_2}$$

(8)牙型角 α——螺纹轴向平面内螺纹牙型两侧边的夹角。牙型斜角 β 指螺纹牙型的侧边与螺纹轴线的垂直平面的夹角,对称牙型 $\beta = \frac{\alpha}{2}$。

螺旋副的传动效率的计算公式如下:

拧紧时为 $$\eta = \frac{\tan\lambda}{\tan(\lambda + \rho_v)}$$

松开时为 $$\eta = \frac{\tan(\lambda - \rho_v)}{\tan\lambda}$$

式中 ρ_v——当量摩擦角,可由摩擦系数 f 和牙型斜角 β 确定:

$$\rho_v = \arctan \frac{f}{\cos\beta}$$

螺旋副的自锁条件为 $\lambda \leqslant \rho_v$。

一般来说,当 $\lambda < 6°$ 时就自锁,普通三角螺纹 $\lambda = 1.5° \sim 3.5°$。

思考题: 圆柱普通内螺纹的大径、中径和小径如何表达?

(三)螺纹联接的基本类型

螺纹联接的主要类型有螺栓联接、双头螺柱联接、螺钉联接和紧定螺钉联接。螺纹联接的基本类型、特点和应用见表 9-2。

表 9-2 螺纹联接的基本类型、特点和应用

类型		构造	主要尺寸关系	特点和应用
螺栓联接	普通螺栓	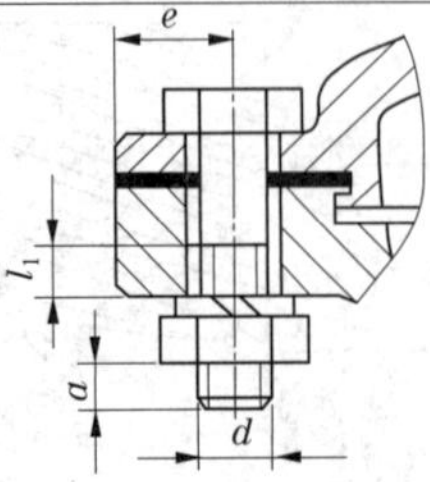	螺纹余留长度 l_1： 普通螺栓联接时， 静载荷 $l_1 \geqslant (0.3 \sim 0.5)d$ 变载荷 $l_1 \geqslant 0.75d$ 冲击、弯曲载荷 $l_1 \geqslant d$ 铰制孔用螺栓联接时，l_1尽可能小	无需在被联接件上切制螺纹，故不受被联接材料的限制，构造简单，装拆方便，广泛应用于通孔，并能从联接的两边进行装配的场合
	铰制孔用螺栓	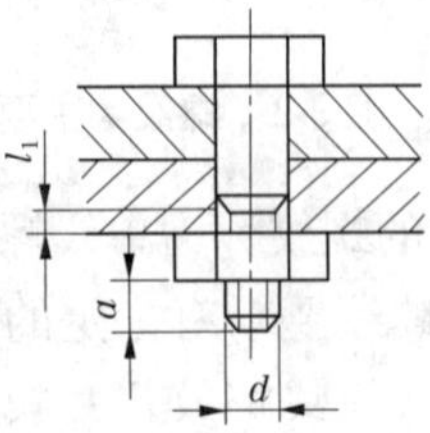	螺纹伸出长度： $a \approx (0.2 \sim 0.3)d$ 螺栓轴线到边缘的距离： $e \approx d + (3 \sim 6)\text{mm}$	铰制孔用螺栓能精确固定联接件的相对位置并能承受横向载荷，但对孔的加工精度要求高
双头螺柱联接		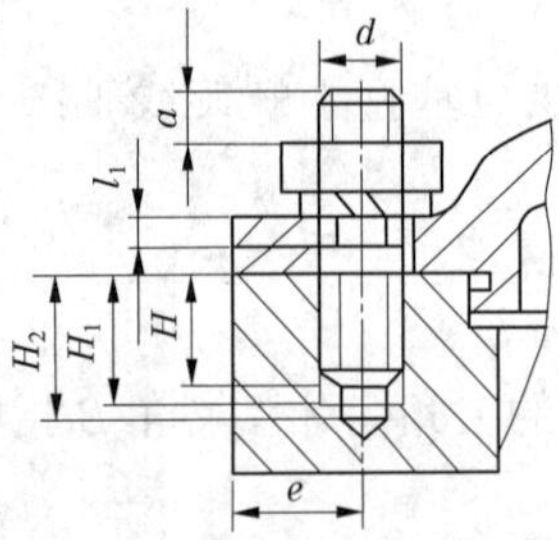	座端拧入深度 H，当螺孔零件采用以下材料时： 钢或青铜 $H \approx d$ 铸铁 $H \approx (1.25 \sim 1.5)d$ 铝合金 $H \approx (1.5 \sim 2.5)d$	双头螺柱旋紧在被联接件之一的螺孔中，用于因结构限制不能用螺栓联接的地方或希望结构较紧凑且经常装拆的场合
螺钉联接		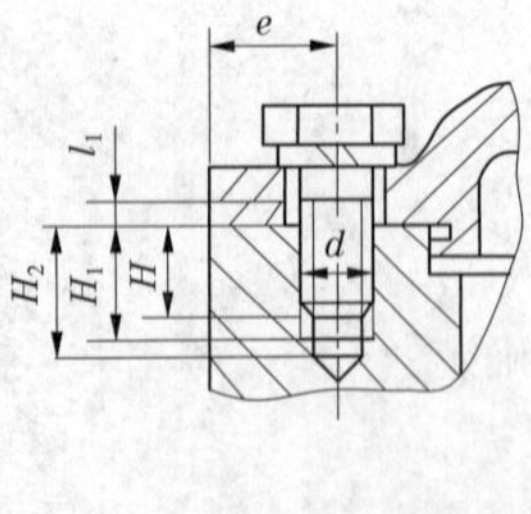	螺纹孔深度： $H_1 \approx H + (2 \sim 2.5)p$ 钻孔深度： $H_2 \approx H_1 + (0.5 \sim 1)d$ l_1、a、e 值同螺栓联接	不用螺母，重量较轻，在定位一端的被联接件外部能有光整的外露表面，应用与双头螺柱相似，但经常拆卸易使螺孔损坏，故不宜用于经常拆卸处。螺钉除用作联接和紧定外，还可用以调整零件位置，如调节螺钉等
紧定螺钉联接		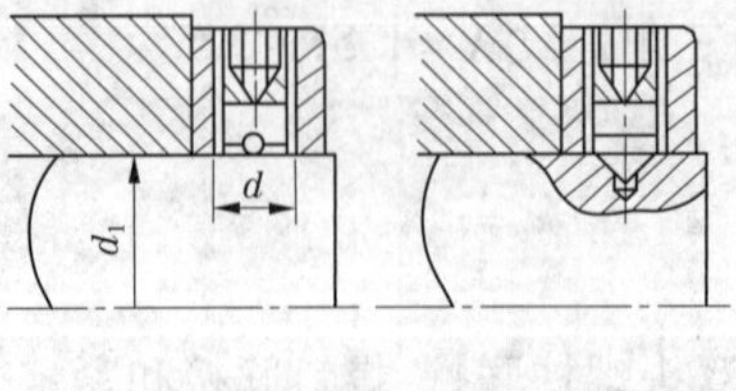		紧定螺钉旋入一零件的螺纹孔中，用其末端顶住另一零件的表面或嵌入相应的凹坑中，以固定两零件的相对位置，并可传递不大的力和转矩

(四)螺纹联接的预紧和防松

1. 预紧

在实际使用中,绝大多数的螺纹联接都必须在装配时将螺母拧紧,称为紧联接。预紧可以使螺栓在承受工作载荷之前就受到预紧力的作用,增强联接的可靠性和紧密性,以防止联接受载后被联接件之间出现间隙或横向滑移,也可以防松。所需预紧力的大小与工作载荷有关。实践证明,适当选用较大的预紧力对螺纹联接可靠性以及联接件的疲劳强度都是有利的,特别对于像气缸、管路凸缘、齿轮箱轴承盖等紧密性要求较高的螺纹联接,预紧更为重要。但过大的预紧力会导致整个联接的结构尺寸增大,也会使联接件在装配或偶然过载时被拉断。因此,为了保证联接所需要的预紧力,又不使螺纹联接件过载,重要的螺纹联接,在装配时要控制预紧力。

拧紧螺母时,要克服螺纹副的摩擦力矩 T_1 和螺母与支持面间的摩擦力矩 T_2,因此拧紧力矩为 $T = T_1 + T_2$。

对于 M10 ~ M68 的粗牙普通螺纹,无润滑时可取 $T \approx 0.2F'd$。其中,F' 为预紧力(N),d 为螺纹公称直径(mm)。

为了保证预紧力不至于过大或过小,可在拧紧过程中采用测力矩扳手或定力矩扳手(见图 9-3),控制拧紧力矩 T 的大小,必要时测定螺栓伸长量。

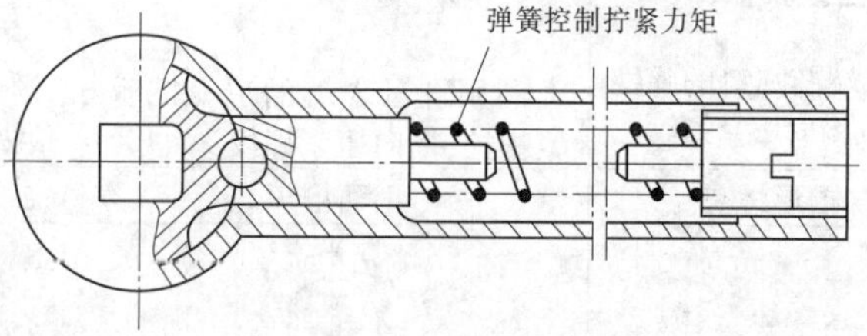

图 9-3 定力矩扳手

2. 防松

实际工作中,外载荷有振动、变化、材料高温蠕变等会造成摩擦力减小,螺纹副中正压力在某一瞬间消失,摩擦力为零,从而使螺纹联接松动,如经反复作用,螺纹联接就会松弛而失效。因此,必须进行防松,否则会影响正常工作,造成事故。常用的防松方法见表 9-3。

(五)螺栓联接的强度计算

有关强度计算的讨论主要是指单个螺栓联接,它也适用于双头螺杆和螺钉联接。

螺栓联接的受载形式有很多,它所传递的载荷主要有两类:一类为外载荷沿螺栓轴线方向,称为轴向载荷;另一类为外载荷垂直于螺栓轴线方向,称为横向载荷。

当传递横向载荷时,一种采用普通螺栓,靠螺栓联接预紧力使被联接件结合面间产生的摩擦力来传递横向载荷,此时螺栓所受的是预紧力,仍为轴向拉力;另一种采用铰制孔用螺栓,螺杆与铰制孔间是过渡配合,工作时靠螺杆受剪,杆壁与孔相互挤压来传递横向载荷,此时螺杆受剪,故称受剪螺栓。

表 9-3　常见的防松方法

防松原理	防松装置或方法		
摩擦防松（使螺纹副中有不随联接载荷而变的压力，因而始终有摩擦力矩防止相对转动。压力可由螺纹副纵向或横向压紧而产生）	对顶螺母		弹簧垫圈
	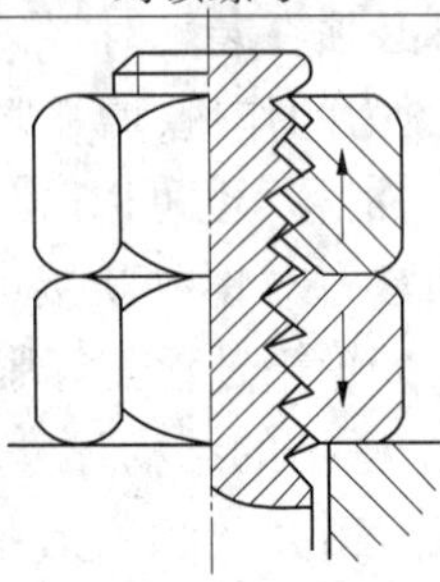 两螺母对顶拧紧，螺栓旋合段受拉而螺母受压，从而使螺纹副纵向压紧		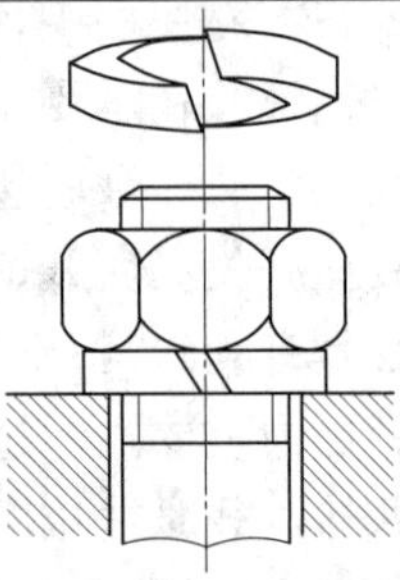 利用拧紧螺母时，垫圈被压平后的弹性力使螺纹副纵向压紧
	金属锁紧螺母	尼龙圈锁紧螺母	楔紧螺纹锁紧螺母
	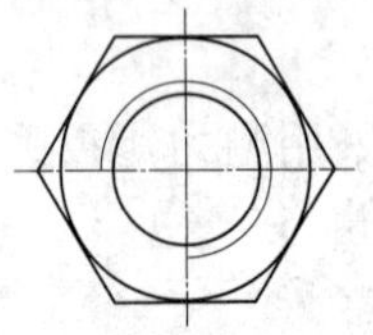 利用螺母末端椭圆口的弹性变形箍紧螺栓，横向压紧螺纹	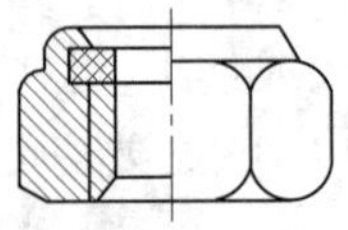 利用螺母末端的尼龙圈箍紧螺栓，横向压紧螺纹	 利用楔紧螺纹，使螺纹副纵横压紧
机械锁住（利用便于更换的金属元件约束螺纹副）	开口销与槽形螺母	止动垫片	串联金属丝
	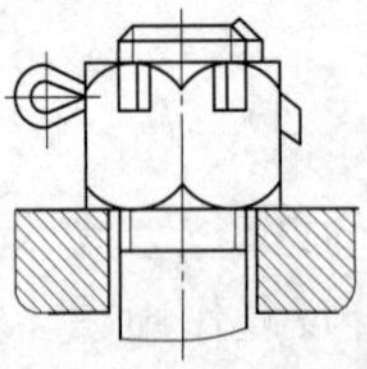 利用开口销使螺栓螺母相互约束	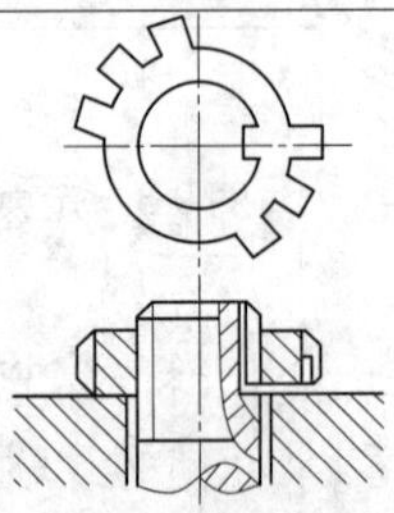 将止动垫片的内翅放入栓槽中，待螺母拧紧后，把垫片的外翅弯入螺母缺口内，使螺栓螺母相互约束	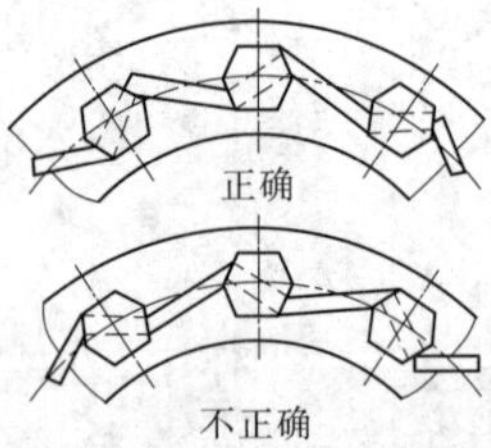 钢丝穿入一组螺钉头部的小孔并拉紧。当螺钉有松动趋势时，将使钢丝被拉得更紧。适用于螺钉组，在使用时应注意钢丝穿入螺钉的方向
其他防松方法	冲点防松法	黏合防松法	焊接法
	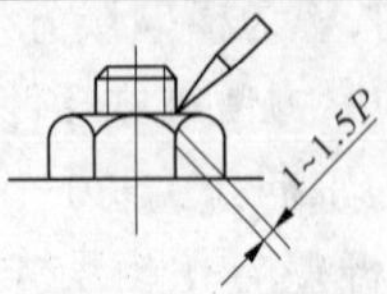 拧紧后在螺栓和螺母的骑缝处用样冲冲打 2 ~ 3 个点成永久防松	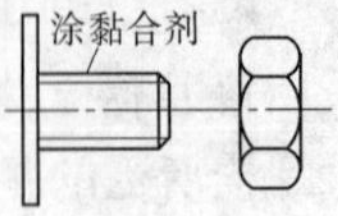 用黏合剂涂于螺纹旋合表面，拧紧螺母后黏合剂能自动固化，防松效果良好	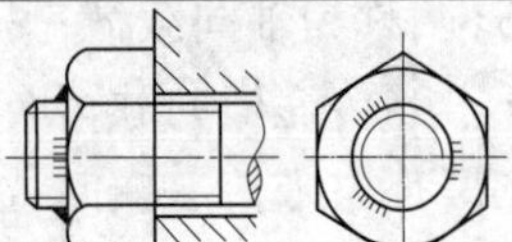 拧紧后在螺栓和螺母的骑缝处用焊具点焊 2 ~ 3 个点成永久防松

思考题:当螺栓传递轴向载荷时,可用铰制孔用螺栓联接吗?

螺栓联接的强度计算,是根据联接的类型、装配情况(预紧或不预紧、控制预紧力或不控制预紧力)、载荷状态等条件,确定螺栓的受力,然后按相应的强度计算准则,计算螺栓危险截面的直径(螺纹小径 d_1)或校核其强度。

1. 松螺栓联接的强度计算

松螺栓联接不须拧紧螺母,因而螺栓不受预紧力作用。典型的结构如图 9-4 所示的起重机吊钩。

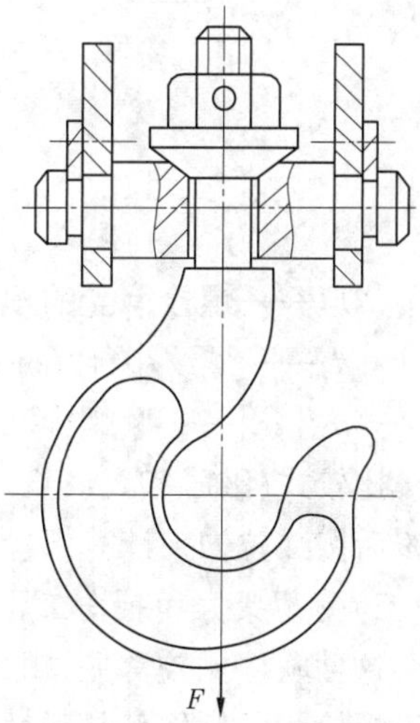

图 9-4 起重机吊钩

该螺栓联接在外载荷 F 作用下其强度条件式为

$$\sigma = \frac{F}{\pi d_1^2/4} \leqslant [\sigma] \tag{9-1}$$

螺纹小径的设计公式为

$$d_1 \geqslant \sqrt{\frac{4F}{\pi[\sigma]}}$$

式中 F——螺栓承受轴向工作载荷,N;

d_1——螺纹小径,mm;

σ、$[\sigma]$——紧螺栓联接的拉应力、许用拉应力,MPa。

2. 紧螺栓联接的强度计算

紧螺栓联接装配时必须拧紧,在承受外载荷之前,螺栓已受到预紧力 F'的作用,这种联接应用广泛。

1)只受预紧力作用的紧螺栓

图 9-5 所示为只受预紧力的紧螺栓联接。其中图 9-5(a)为受横向载荷作用的紧螺栓联接,图 9-5(b)为受转矩作用的紧螺栓联接。这种联接的螺栓与被联接件的孔壁间有间隙。拧紧螺母后,依靠螺栓的预紧力 F'使被联接件相互压紧,当被联接件受到横向工作载荷 R 作用时(见图 9-5(a)),由预紧力产生的结合面间的摩擦力抵抗横向力 R,从而阻止摩擦面间产生相对滑动。因此,这种联接正常工作的条件为被联接件彼此不产生相对滑动,即

$$F'zfm \geqslant CR \tag{9-2}$$

式中 f——被联接件结合面间的摩擦系数,钢或铸铁零件干燥表面取 $f=0.10\sim0.16$;

m——被联接件结合面的对数;

z——联接螺栓的数日;

C——联接的可靠性系数,通常取 $C=1.1\sim1.3$。

图 9-5(b)所示受转矩作用的紧螺栓联接的预紧力按式(9-2)计算时,应将转矩转化为横向载荷 R,$R=2\,000T/D_0$。其中,D_0为螺栓所分布圆周的直径,mm,T为传递的转矩,N·m。

单个预紧螺栓联接螺栓杆除受沿轴向的预紧力 F'的拉伸作用外,在拧紧螺母时还受螺纹力矩 T_1的扭转作用。F'和 T_1 将分别使螺纹部分产生拉应力 σ 及扭转剪应力 τ,当螺栓采用塑性材料时,螺纹部分的强度条件为

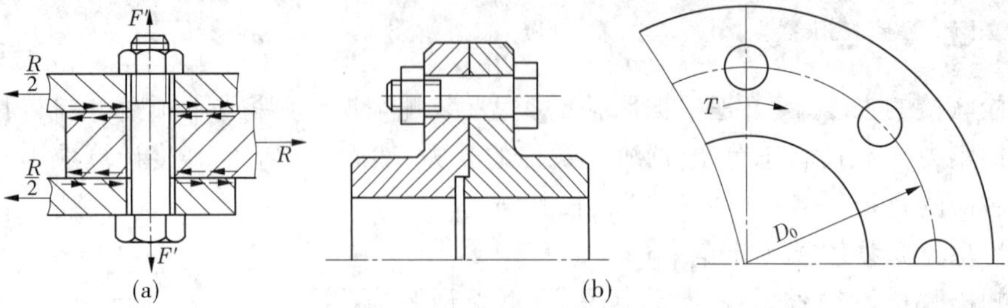

图 9-5　只受预紧力的紧螺栓联接

$$\sigma = \frac{1.3F'}{\pi d_1^2/4} \leqslant [\sigma] \tag{9-3}$$

式中　F'——螺栓承受的预紧力，N；

d_1——螺纹小径，mm；

σ、$[\sigma]$——紧螺栓联接的拉应力、许用拉应力，MPa，$[\sigma]$可查表 9-4、表 9-5。

比较式(9-1)和式(9-3)可知，考虑扭转剪应力的影响，相当于把螺栓的轴向拉力增大30%后按纯拉伸来计算螺栓的强度。

2）受预紧力和轴向工作拉力 F 作用的螺栓联接

这种联接比较常见，图 9-6 所示为气缸盖螺栓组联接，装配时螺栓受预紧力 F'作用，由于螺栓和联接件都是弹性体，在预紧力 F'作用的基础上，因受到两者弹性变形的相互制约，故总拉力 F_0并不等于预紧力 F'和工作拉力 F 之和，它们的受力关系属静不定问题。根据静力平衡条件和变形协调条件，可求出各力之间的关系式：

$$F_0 = F' + \frac{c_1}{c_1 + c_2}F = F'' + F \tag{9-4}$$

式中：$c_1/(c_1+c_2)$称为螺栓的相对刚度，其大小与联接的材料、结构形式、尺寸大小及载荷作用方式有关；F''为螺栓受载变形后的剩余预紧力，应大于零，一般当工作拉力 F 无变化时取 $F''=(0.2 \sim 0.6)F$，当工作拉力 F 有变化时取 $F''=(0.6 \sim 1.0)F$，对要求有紧密性的螺栓联接，取 $F''=(1.5 \sim 1.8)F$。

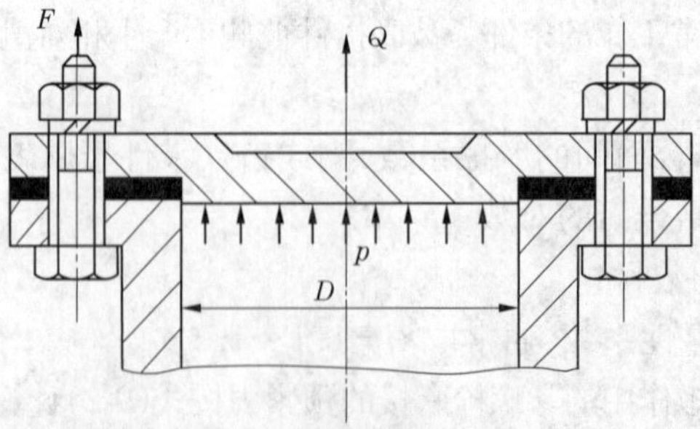

图 9-6　气缸盖螺栓组联接受力分析

考虑到螺栓工作时被拧紧，在螺纹部分产生扭转剪应力，将总拉力 F_0增大 30% 作为计算载荷，则受拉螺栓螺纹部分的强度条件为

$$\sigma = \frac{1.3F_0}{\pi d_1^2/4} \leqslant [\sigma] \tag{9-5}$$

式中各符号含义同前。

3. 铰制孔用螺栓联接的强度计算

如图9-7所示,其受力形式为:在被联接件的结合面处螺栓杆受剪切;螺栓杆表面与孔壁之间受挤压。这种联接所受的预紧力很小,所以在计算时不考虑预紧力和螺纹摩擦力矩的影响。螺纹紧固件常用材料的力学性能如表9-4所示。

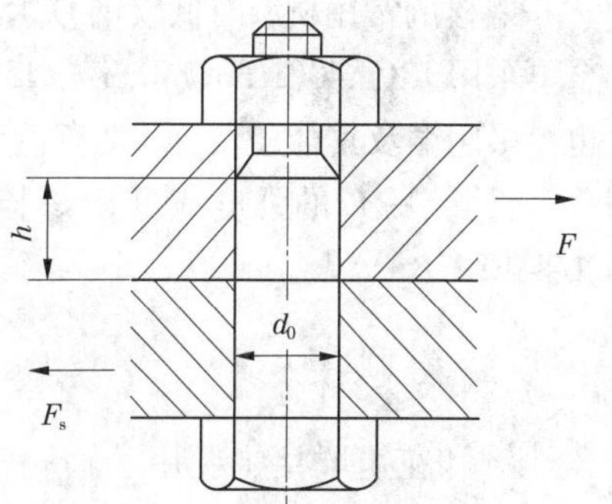

图9-7　铰制孔联接螺栓受力分析

螺栓杆受横向工作载荷 F_s 时,剪切强度条件为

$$\tau = \frac{F_s}{m\pi d_0^2/4} \leqslant [\tau] \qquad (9\text{-}6)$$

螺栓杆或孔壁的挤压强度条件为

$$\sigma_p = \frac{F_s}{d_0\delta} \leqslant [\sigma_p] \qquad (9\text{-}7)$$

式中　F_s——横向载荷,N;

d_0——螺杆或孔的直径,mm;

δ——被联接件中受挤压孔壁的最小长度,mm;

$[\tau]$——螺栓许用剪应力,MPa,查表9-5;

$[\sigma_p]$——螺栓或被联接件中较弱者的许用挤压应力,MPa,查表9-5。

表9-4　螺纹紧固件常用材料的力学性能　（单位:MPa）

钢号	Q215	Q235	35	45	40Cr
强度极限 σ_b	340～420	410～470	540	650	750～1 000
屈服极限 σ_s	220	240	320	360	650～900

表9-5　螺纹紧固件的许用应力和安全系数

联接情况	受载情况	许用应力和安全系数
松联接	静载荷	$[\sigma]=\sigma_s/s$, $s=1.2\sim1.7$
紧联接	静载荷	$[\sigma]=\sigma_s/s$,s 取值:控制预紧力时 $s=1.2\sim1.5$,不控制预紧力时 s 查表9-6
铰制孔用螺栓联接	静载荷	$[\tau]=\sigma_s/2.5$,联接件为钢时 $[\sigma_p]=\sigma_s/1.25$,联接件为铁时 $[\sigma_p]=\sigma_s/(2\sim2.5)$
	变载荷	$[\tau]=\sigma_s/(3.5\sim5)$,$[\sigma_p]$ 按静载荷的 $[\sigma_p]$ 值降低20%～30%

表9-6　紧螺栓联接的安全系数 s(静载不控制预紧力时)

材料	螺栓		
	M6～M16	M16～M30	M30～M60
碳钢	4～3	3～2	2～1.3
合金钢	5～4	4～2.5	2.5

(六)螺纹联接件的材料

螺栓的常用材料有低碳钢 Q215、Q235、10 钢和中碳钢 35、45 钢等,重要和有特殊要求的场合可采用 15Cr、40Cr、30CrMnSi 和 15MnVB 等机械性能较高的合金钢。有防蚀或导电要求时,也可采用铜及其合金以及其他有色金属。近年来还发展了高强度塑料螺栓和螺母。

注意:螺母的强度应低于螺栓材料的强度,螺母的硬度稍低于螺栓的硬度(均低于 20 ~ 40 HBS)。

二、键联接

键和花键联接主要用于轴和轴上零件(如齿轮、蜗轮)的周向固定,并传递转矩的轴毂联接。其中有些能实现轴向固定,传递轴向力;有些还能构成动联接。销主要用来固定零件间的相互位置。销联接通常只传递少量载荷。销还可用作安全保险零件。

(一)键联接的类型、特点和应用

1. 平键联接

如图 9-8(a)所示,平键的上表面与轮毂键槽顶面留有间隙,依靠键与键槽间的两侧面挤压力,传递转矩,所以两侧面为工作面。平键联接结构简单、制造容易、装拆方便、对中性良好,用于传动精度要求较高的场合。根据用途可将其分为如下三种。

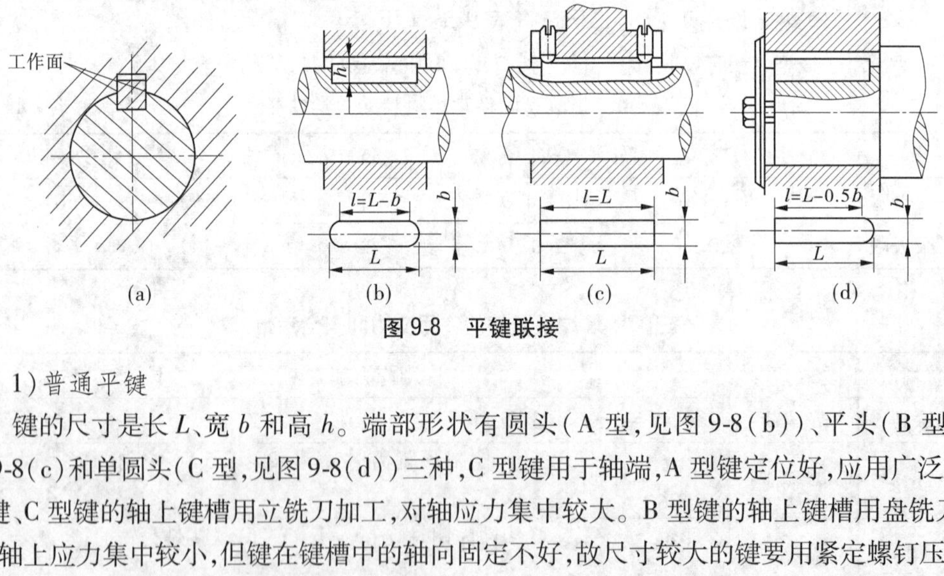

图 9-8 平键联接

1)普通平键

键的尺寸是长 L、宽 b 和高 h。端部形状有圆头(A 型,见图 9-8(b))、平头(B 型,见图 9-8(c)和单圆头(C 型,见图 9-8(d))三种,C 型键用于轴端,A 型键定位好,应用广泛。A 型键、C 型键的轴上键槽用立铣刀加工,对轴应力集中较大。B 型键的轴上键槽用盘铣刀加工,轴上应力集中较小,但键在键槽中的轴向固定不好,故尺寸较大的键要用紧定螺钉压紧。

2)导向键(平键和滑键)

当零件需要作轴向移动时,可采用导向平键联接(见图 9-9)。导向平键较普通平键长,有圆头(A 型)和方头(B 型)两种。为防止键体在轴中松动,导向平键联接用两个螺钉将其固定在轴上。为拆卸方便,在键的中部加工有起键用的螺孔。当轴上零件移动距离较大时,可用滑键联接(见图 9-10)。滑键固定在轮毂上,轮毂带着滑键在轴上键槽中作轴向移动,故需要在轴上加工长键槽。

3)薄型平键

薄型平键高为普通平键的 60% ~70%,也有 A、B、C 三种形式,用于薄壁结构、空心

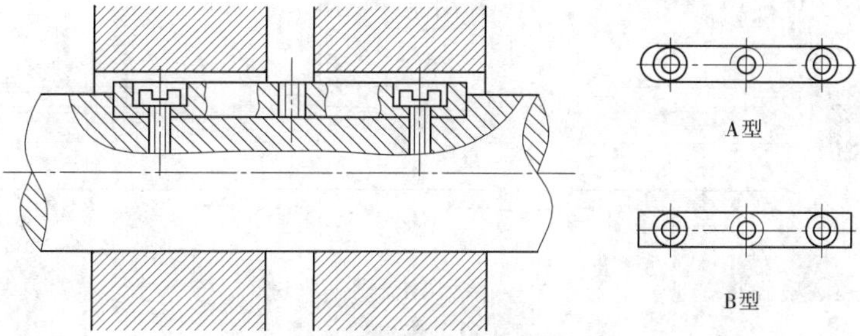

图 9-9 导向平键联接

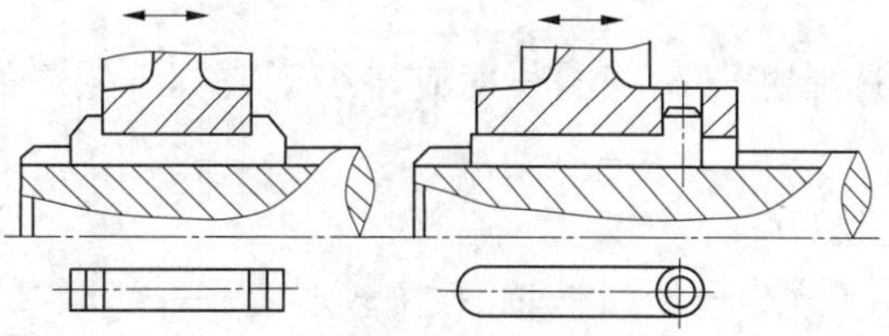

图 9-10 滑键联接

轴等径向尺寸受限制的联接。

2. 半圆键联接

半圆键(见图 9-11)的两个侧面为半圆形,工作时靠两侧面受挤压传递转矩,键在轴槽内绕其几何中心摆动,以适应轮毂槽底部的斜度。装拆方便,但对轴的强度削弱较大,主要用于轻载时锥形轴头与轮毂的联接。

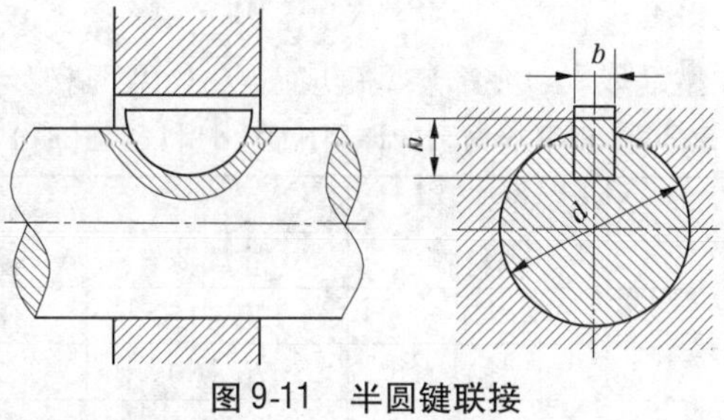

图 9-11 半圆键联接

3. 楔键联接

键的上表面和轮毂槽底面均制成 1∶100 的斜度,装配时将键用力打入槽内,使轴与轮毂之间的接触面产生很大的径向压紧力,转动时靠接触面的摩擦力来传递转矩及单向轴向力。可分为普通楔键(见图 9-12(a)、(b))和钩头楔键(见图 9-12(c))两种形式。前者又分为圆头和平头两种。圆头普通楔键是放入式的(放入轴上键槽后打紧轮毂),其他楔键都是打入式的(先将轮毂装到适当位置再将键打紧)。钩头楔键与轮毂端面之间应留有余地,以便于拆卸。楔键的定心性差,在冲击、振动或变载荷下,联接容易松动,适用于不要求准确定心、低速运转的场合,如农业机械、建筑机械等。

(二)平键的选择和强度校核

1. 尺寸选择

(1)根据键联接的工作要求和使用特点,选择平键的类型。

(2)按照轴的公称直径 d,从国家标准《普通型平键》(GB 1096—2003)中选择平键的

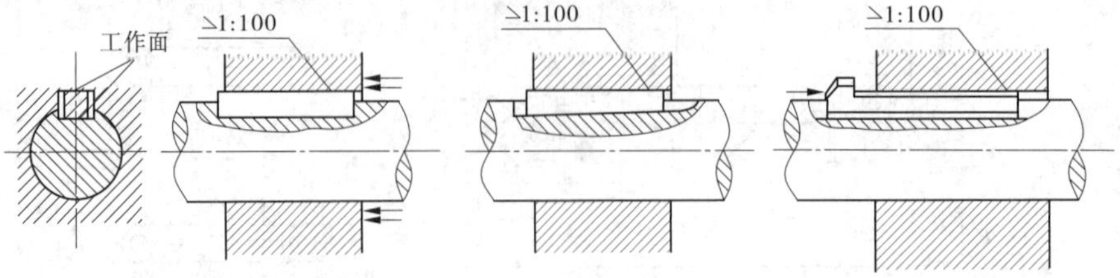

(a)A型普通楔键　(b)B型普通楔键　(c)钩头楔键

图 9-12　楔键联接

尺寸 $b\times h$。

(3)根据轮毂长度选择键长 L,键的长度应略小于或等于轮毂的长度,并应符合标准长度系列。

2. 平键联接的强度校核

键联接的主要失效形式为压溃(键、轴、毂中较弱者——静联接)、过度磨损(动联接)或键的剪断(较少发生)。对普通平键一般只进行挤压强度计算:

$$\sigma_p = \frac{4T}{dhl} \leqslant [\sigma_p] \tag{9-8}$$

式中　$[\sigma_p]$——许用挤压应力,MPa,计算时应取联接中较弱材料的值,见表 9-7;

T——扭矩,N · mm;

h——工作高度,mm;

d——轴径,mm;

l——工作长度,A 型键取 $l=L-b$,B 型键取 $l=L$,C 型键取 $l=L-b/2$,L 为公称长度。

表 9-7　键联接材料的许用应力$[\sigma_p]$(压强$[p]$)　(单位:MPa)

许用应力(压强)	联接性质	键或轴、毂材料	载荷性质		
			静载荷	轻微冲击	冲击
$[\sigma_p]$	静联接	钢	120 ~ 150	100 ~ 120	60 ~ 90
		铸铁	70 ~ 80	50 ~ 60	30 ~ 45
$[p]$	动联接	钢	50	40	30

如果单键强度不够,可适当增加轮毂宽和键长,或用间隔 180°的两个键。考虑到载荷分布的不均匀性,双键联接的强度可按 1.5 个键计算。

【例题 9-1】　已知减速器中直齿圆柱齿轮和轴的材料都是锻钢,齿轮轮毂长度为 120 mm,轴的直径 $d=100$ mm,所需传递的转矩 $T=3\ 000$ N · m,载荷有轻微冲击。试选择平键联接的尺寸并校核其强度。

解:(1)根据 $d=100$ mm 从表 9-8 或有关机械手册标准中选取圆头普通平键(A 型),$b=28$ mm,$h=16$ mm,$L=110$ mm(比轮毂长度小 10 mm)。

(2)校核该联接的强度:

$$\sigma_p = \frac{4T}{dhl} \leqslant [\sigma_p]$$

其中,$l=L-b=110-28=82$(mm)

则：
$$\sigma_p = \frac{4 \times 3\ 000\ 000}{100 \times 16 \times 82} = 91.5\ (\mathrm{MPa})$$

查表 9-7 得：$[\sigma_p] = 100$ MPa，则该平键联接强度足够。

表 9-8　平键联接尺寸（摘自 GB 1096—2003）　　（单位：mm）

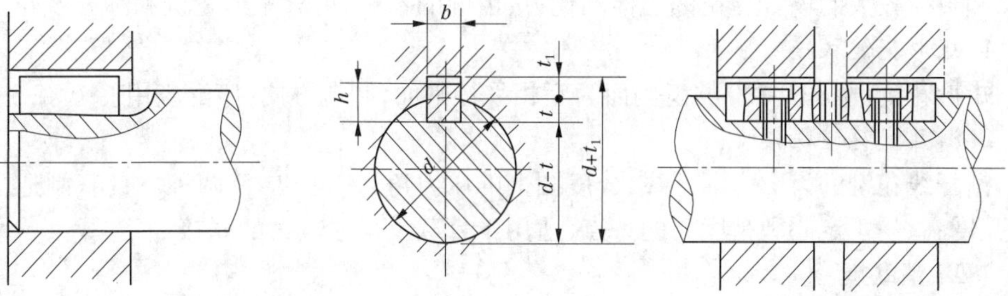

轴	键			键槽										
				宽度 b					深度				半径 r	
				极限偏差										
公称直径 d	b h8	h h11（方形 h8）	L h14	较松键联接		一般键联接		较紧键联接	轴 t		毂 t_1			
				轴 H9	毂 D10	轴 N9	毂 JS9	轴和毂 P9	公称尺寸	极限偏差	公称尺寸	极限偏差	最小	最大
>10～12	4	4	8～45	+0.030 0	+0.078 +0.030	0 −0.030	±0.015	−0.012 −0.014	2.5	+0.1 0	1.8	+0.1 0	0.08	0.16
>12～17	5	5	10～56						3.0		2.3			
>17～22	6	6	14～70						3.5		2.8		0.16	0.25
>22～30	8	7	18～90	+0.036 0	+0.098 +0.040	0 −0.036	±0.018	−0.015 −0.051	4.0	+0.2 0	3.3	+0.2 0		
>30～38	10	8	22～110						5.0		3.3			
>38～44	12	8	28～140	+0.043 0	+0.120 +0.050	0 −0.043	±0.0215	−0.018 −0.061	5.0		3.3		0.25	0.40
>44～50	14	9	36～160						5.5		3.8			
>50～58	16	10	45～180						6.0		4.3			
>58～65	18	11	50～200						7.0		4.4			
>65～75	20	12	56～220	+0.052 0	+0.149 +0.065	0 0.052	±0.026	−0.022 −0.074	7.5		4.9		0.40	0.60
>75～85	22	14	63～250						9.0		5.4			
>85～95	25	14	70～280						9.0		5.4			
95～110	28	16	80～320						10.0		6.4			
L 系列	6，8，10，12，14，16，18，20，22，25，28，32，36，40，45，50，56，63，70，80，90，100，110，125，140，160，180，200，220，250，280，320，360，400，450，500													

注：1. 在工作图中，轴槽深用 t 或 $d-t$ 标注，但 $d-t$ 的偏差应取负号；毂槽深用 t_1 或 $d+t_1$ 标注；轴槽的长度公差为 H14。

2. 较松键联接用于导向平键；一般键联接用于载荷不大的场合；较紧键联接用于载荷较大、有冲击和双向转矩的场合。

(三)花键联接

花键联接由轴上加工出多个键齿的花键轴和轮毂孔上加工出同样的键齿槽组成。工作时靠键齿的侧面互相挤压传递转矩。其优点:比平键联接承载能力强;轴与零件的定心性好;导向性好;对轴的强度削弱小。缺点是成本较高。因此,花键联接用于定心精度要求高和载荷较大的场合。花键已标准化,按齿廓的不同,可分矩形花键和渐开线花键。

1. 矩形花键联接

矩形花键(见图 9-13)的齿侧面为互相平行平面,制造方便,广泛应用。

2. 渐开线花键联接

渐开线花键的齿廓为渐开线,分度圆上的压力角为 30°和 45°两种。具有制造工艺性好、强度高、易于定心和精度高的特点,适用于重载及尺寸较大的联接。

(四)销联接

销联接主要用来固定零件之间的相互位置,也可用于轴和轮毂或其他零件的联接,并传递不大的载荷,有时还可用来作安全装置中的过载剪断元件,如图 9-14 所示。

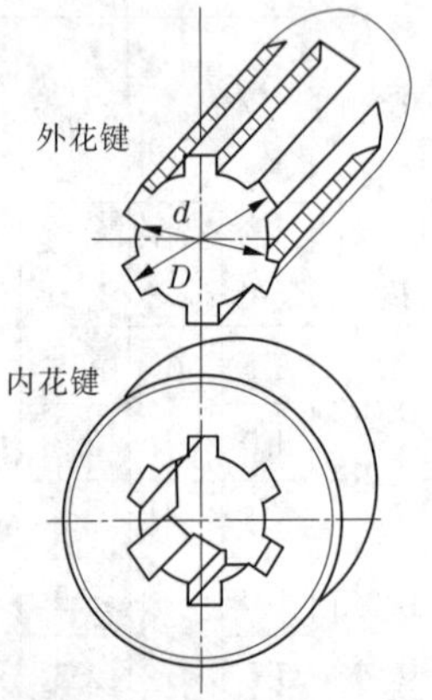

图 9-13　矩形花键

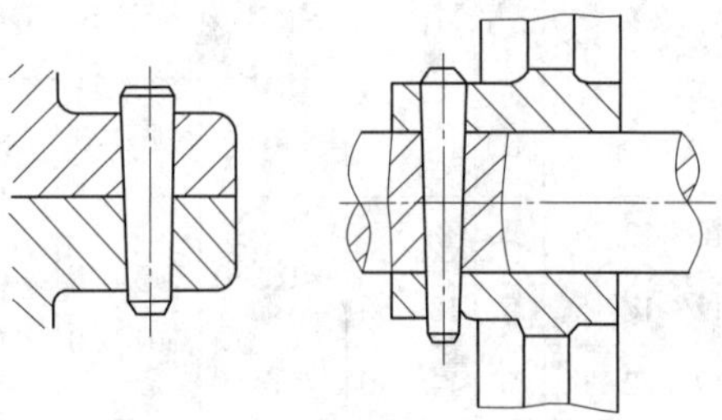

图 9-14　定位销、联接销

圆柱销利用微量的过盈装配在铰光的销孔中,如果多次装拆,就会松动,失去定位的精确性和联接的紧固性。圆锥销有 1∶50 的锥度,在受横向力时可以自锁;装配在铰光的销孔中,可多次装拆而不影响定位的精确性。

定位销通常不受载荷或受很小的载荷,其尺寸根据经验从标准中选取。承受载荷的销(如承受剪切和挤压等),一般先根据使用和结构要求选择其类型和尺寸,然后校核其强度。

开口销是一种防松零件,常用低碳钢丝制造。

三、轴间联接

联轴器和离合器是机械传动中常用的部件,主要用于联接两轴,使其一同旋转并传递转矩,有时也可用作安全装置。联轴器和离合器不同之处是,用联轴器联接两轴时,在机械运转时两轴是不能脱开的,只有在机械停车时才能将联接分开,使两轴分离;而离合器可以根据工作需要,在机械运转时随时使两轴分开或结合,而不必停车。

联轴器所联接的两轴,由于制造和安装误差以及承载后变形和热变形等影响往往不能保证严格的对中,两轴将会产生某种形式的相对位移误差,如图 9-15 所示。图 9-15(a)所示为轴向位移误差,图 9-15(b)所示为径向位移误差,图 9-15(c)所示为角位移误差,图 9-15(d)所示为综合位移误差。这就要求联轴器在结构上具有补偿能力。

联轴器和离合器都是常用构件,目前,大多已经标准化了。

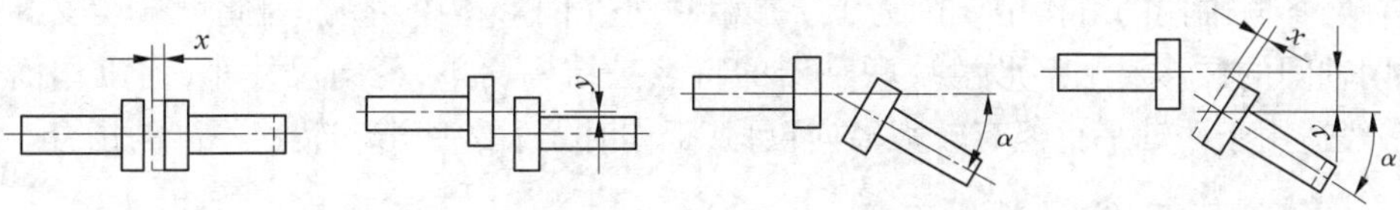

(a) (b) (c) (d)

图 9-15 轴线的相对位移

(一)联轴器

根据工作性能,联轴器可分为刚性联轴器和弹性联轴器两大类。刚性联轴器又有固定式和可移动式两种。固定式刚性联轴器构造简单,但要求被联接的两轴严格对中,而且在运转时不得有任何的相对移动。可移动式刚性联轴器则可补偿两轴在工作中发生的一定限度的相对移动。弹性联轴器中有弹性元件,所以具有缓冲、吸振的功能和适应轴线偏移的能力。

1. 联轴器的分类

1)固定式刚性联轴器

固定式刚性联轴器应用较多的有套筒式、夹壳式和凸缘式等结构类型。这里只介绍常用的凸缘联轴器。

如图 9-16 所示,凸缘联轴器由两个带凸缘的半联轴器用螺栓联接而成,半联轴器用键与两轴联接。半联轴器的材料一般采用 35、ZG270-500 钢,当转速不高(外缘速度 $v <$ 35 m/s)时,也可用中等强度的铸铁制造。凸缘联轴器应用广泛,维护容易,对中精确可靠,但要求准确保持凸缘端面与轴线垂直。这种联轴器适用于载荷较平稳的两轴联接,如果提高制造和安装精度,也可用于高速重载场合。

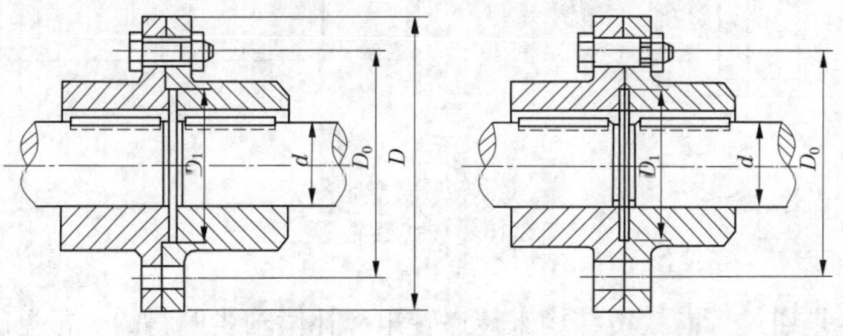

(a)用凸肩和凹槽对中 (b)用铰制孔螺栓对中

图 9-16 凸缘联轴器

特点:构造简单,成本低,可传递较大转矩。不允许两轴有相对位移,无缓冲。

用途:在转速低、无冲击、轴的刚性大,对中性较好的场合应用较广。

2）可移动式刚性联轴器

A. 滑块联轴器

滑块联轴器以滑块构成动联接来实现刚性可移的要求。根据滑块结构不同又有几种类型。如图 9-17 所示为十字形滑块联轴器，它由两个端面开有径向凹槽的半联轴器 1、3 和一个两面带凸牙的中间盘 2 所构成。中间盘两面的方形凸牙互相垂直成十字形滑块，嵌配在两半联轴器的滑槽中。因为十字形滑块可在凹形槽中滑动，因此可补偿安装及运转时两轴间的位移。十字形滑块联轴器的特点是结构简单，径向尺寸小，但工作面易磨损，一般适用于两轴平行但有较大径向位移，工作时无大的冲击和转速不高的场合。

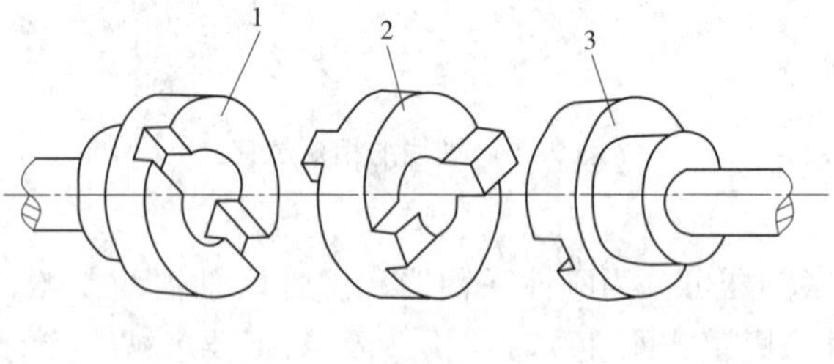

1、3—半联轴器；2—中间盘

图 9-17　十字形滑块联轴器

B. 齿式联轴器

齿式联轴器，如图 9-18 所示，由两个具有外齿的半联轴器 1 和两个带内齿及凸缘的外壳 2 组成，两外壳用螺栓相联，壳内储有润滑油，以便联轴器旋转时将油甩向四周以润滑啮合轮齿，从而减小啮合轮齿间的摩擦和相对移动阻力以及降低作用在轴和轴承上的附加载荷。

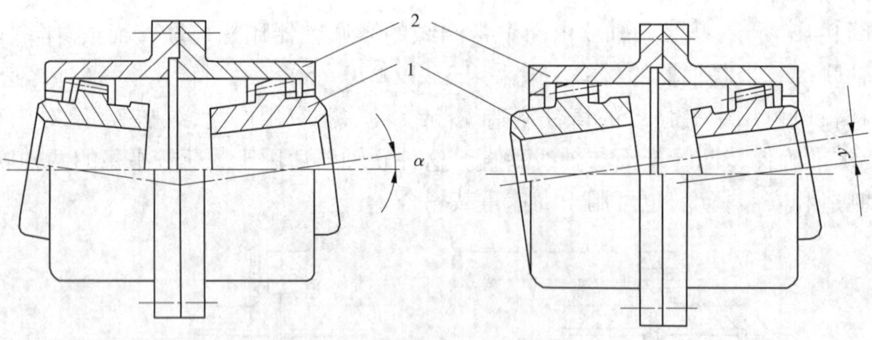

1—半联轴器；2—外壳

图 9-18　齿式联轴器

C. 万向联轴器

万向联轴器是通过万向铰链结构来传递转矩和补偿轴线偏斜的。常见的万向联轴器有十字轴万向联轴器（见图 9-19），它由两个叉形零件 1、3，十字形元件 2 和销轴 4、5 等组成。两销轴互相垂直配置并分别把两个叉形零件与十字形元件联接起来构成万向铰链。因此，当一轴的位置固定后，另一轴可以在任意方向偏斜，角位移可达 35°~45°。

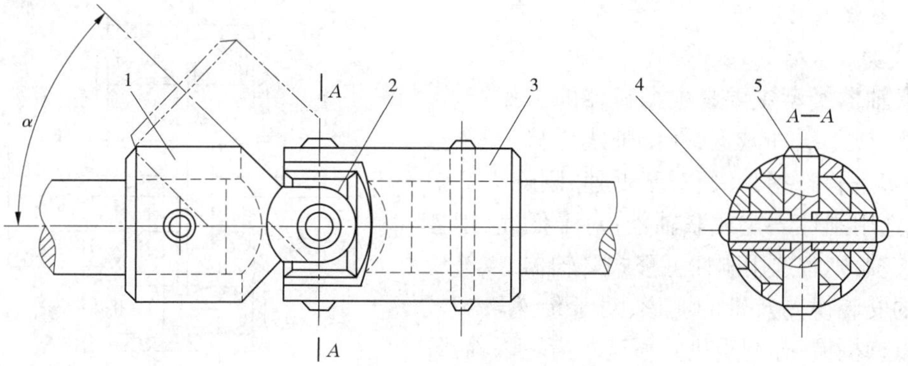

1、3—叉形零件;2—十字形元件;4、5—销轴

图 9-19　十字轴万向联轴器

3)弹性联轴器

A. 弹性套柱销联轴器

弹性套柱销联轴器,如图 9-20 所示,在结构上类似凸缘联轴器,也有两个带凸缘的半联轴器分别与主、从动轴相连。联接两个半联轴器的不是简单的螺栓,而是带弹性套的柱销。

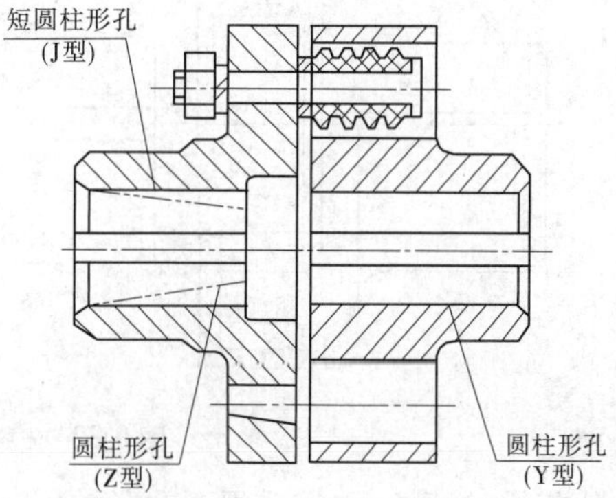

图 9-20　弹性套柱销联轴器

弹性套为橡胶制品,常做成蛹状结构以提高其弹性。由于弹性套为传力、减震和补偿位移的元件,因此应具有一定的抗压强度。柱销用 45 钢制成,其圆柱部分与弹性套配合,借助于锥面与螺纹联接固定在一半联轴器凸缘圆周上。

这种联轴器制造容易,装拆方便,成本较低,但弹性套易磨损,寿命较短。它适用于联接载荷平稳、需正反转或启动频繁的传递中、小转矩的轴。

B. 弹性柱销联轴器

如图 9-21 所示,这种联轴器是用弹性柱销 2 将两个半联轴器 1、4 联接起来。工作时转矩是通过半联轴器、柱销而传到从动轴上的。为了防止柱销脱落,在半联轴器的外侧用螺钉固定挡板 3。这种联轴器较弹性套柱销联轴器结构简单,而且传递转矩的能力更大,也有一定的缓冲吸振能力,允许被联接两轴有一定的轴向位移及少量的径向位移和偏角位移,适用于轴向窜动较大、正反转变化较多和启动频繁的场合。

C. 梅花形弹性联轴器

图 9-22 所示的梅花形弹性联轴器,是利用梅花形弹性元件置于两个半联轴器凸爪之间实现联接的。弹性元件可根据使用要求选用不同硬度的聚氨酯、尼龙、橡胶等材料制造。梅花形弹性联轴器的特点是结构简单、费用较低,具有良好的补偿位移和减振能力。

2. 联轴器的选择

1)联轴器类型的选择

联轴器类型主要是根据机器的工作特点、性能要求(如缓冲减振、补偿轴线位移、安全保护等)等进行选择,一般对于低速、刚性大的短轴,可选用刚性固定式联轴器;对于低速、刚性小的长轴,则宜选用刚性可移式联轴器,以补偿长轴的安装误差及轴的变形;对于传递转矩较大的重型机械(如起重机),可选用齿轮联轴器;对于需有一定补偿量,单向转动而冲击载荷不大的中、低速传动的水平轴的联接,可选用滚子链联轴器;对于高速轴,应选用弹性联轴器;对于轴线相交的两轴,则宜选用万向联轴器。

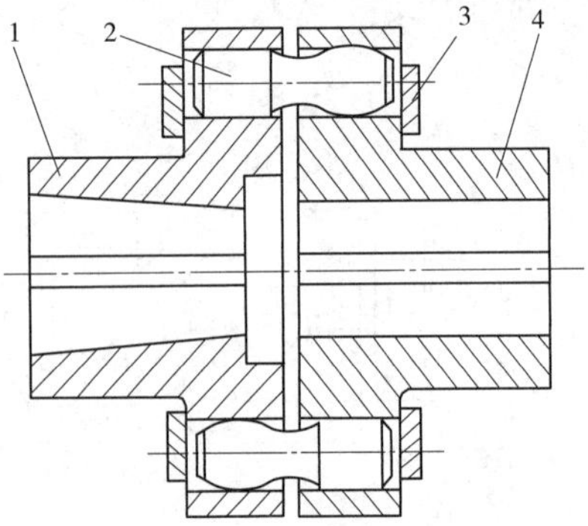

1、4—半联轴器;2—弹性柱销;3—挡板

图 9-21　弹性柱销联轴器

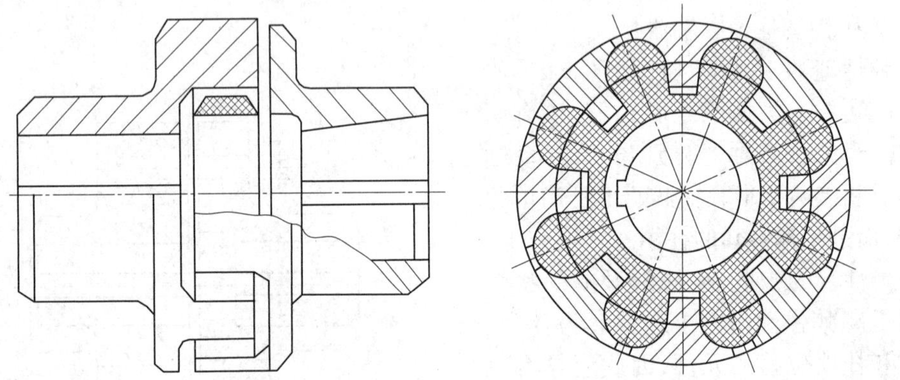

图 9-22　梅花形弹性联轴器

2)联轴器型号、尺寸的确定

在确定类型的基础上,可根据传递转矩、转速、轴的结构形式及尺寸等要求,确定联轴器型号和结构尺寸,并保证所选型号的许用转矩 T_n(可查有关国家标准)不小于其计算转矩 T_c。联轴器的计算转矩 T_c 常按下式计算

$$T_c = KT \leqslant T_n \tag{9-9}$$

式中　T——名义转矩,即为克服连续作用的额定载荷和摩擦阻力所需的工作转矩;

K——载荷系数,用以考虑机器启动时的附加动载荷和使用中可能出现的过载现象,K 值见表 9-9。

(二)离合器

离合器是一种常用的轴系部件,用来实现机器工作时能随时使两轴接合或分离的装置。

离合器种类较多,可以从不同的角度进行分类。根据实现离合动作的方式不同,分为操纵离合器和自动离合器两大类。操纵离合器的操纵方式有机械、电磁、气动和液动等,因此又有机械操纵离合器、电磁操纵离合器、气压操纵离合器和液压操纵离合器等。自动离合器不需要专门的操纵装置,它依靠一定的工作原理来自动离合。根据工作原理不同,又有离心离合器、超越离合器等。采用自动离合器可使机器操作过程简化,有利于减轻操作者体力劳动,并可以提高机器的工作效率和安全程度。

表 9-9 联轴器载荷系数 K(电动机驱动)

机械名称	K
发电机	1.0~2.0
带式运输机,鼓风机,连续运动的金属切削机床	1.25~1.5
离心、螺旋输送机,链板运输机,木材加工机床	1.5~2.0
往复运动的金属切削机床	1.5~2.5
活塞式压缩机	2.0~3.0
球磨机、破碎机、冲剪机、往复式泵	2.0~3.0
升降机、起重机、轧钢机	3.0~4.0

注: 1. 当原动机为往复式发动机时,表中的 K 值应增加 50%~70%。
2. 对于刚性联轴器,取较大值;对于弹性联轴器,取较小值。

1. 操纵离合器

1)操纵式牙嵌离合器

如图 9-23 所示的操纵式牙嵌离合器,主要由端面具有若干嵌牙的两个半离合器组成。其中,半离合器 1 固定在主动轴上,另一个半离合器 2 用导键(或花键)与从动轴相联,并可由操纵机构的滑块 4 使其做轴向移动,以实现离合器的离、合。牙嵌离合器借助于嵌牙之间的嵌合来传递转矩。为了使两半离合器能够对中,在主动轴端的半离合器上固定有对中环 3,从动轴可在对中环内自由转动。

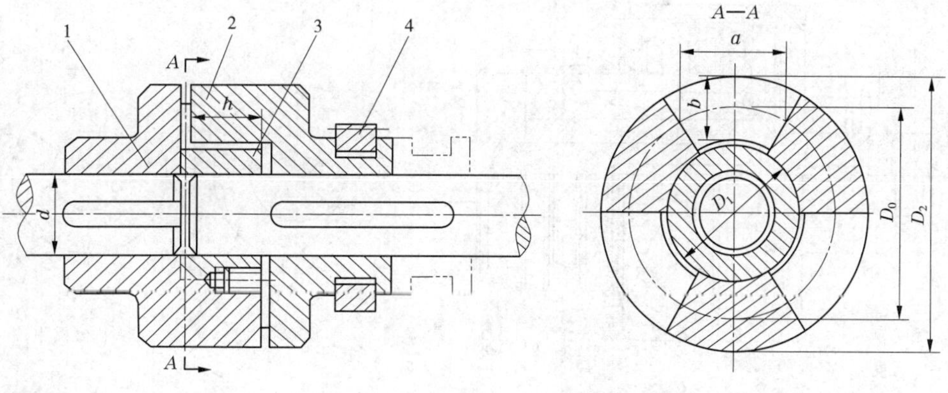

1、2—半离合器;3—对中环;4—滑块

图 9-23 操纵式牙嵌离合器

2)操纵式圆盘摩擦离合器

操纵式圆盘摩擦离合器是依靠圆盘形摩擦元件之间的摩擦来传递转矩的离合器,主要有单盘式和多盘式两种典型结构。如图 9-24 所示为单盘式摩擦离合器。摩擦盘 1 固定在主轴上，摩擦盘 3 用导键 4 与从动轴联接，它可沿轴向滑动。为了增大摩擦系数，在一个盘子的表面装上摩擦片 2。工作时利用操作机构，在可移动的摩擦盘 3 上施加轴向压力 Q，使两盘压紧，产生摩擦力传递转矩。

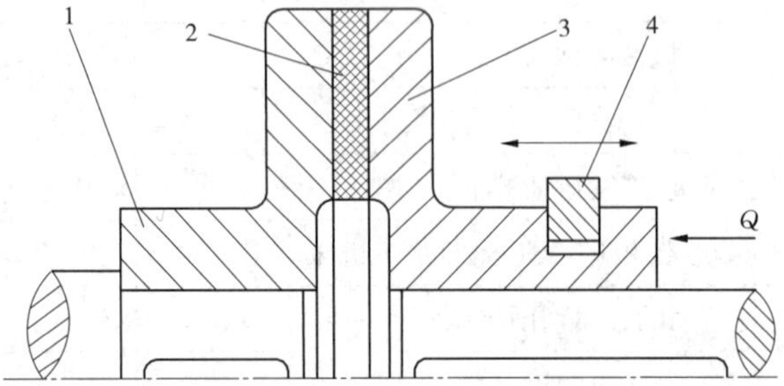

1、3—摩擦盘；2—摩擦片；4—导键

图 9-24　单盘式摩擦离合器

单盘式摩擦离合器结构简单，分离彻底，但传递转矩能力受到结构尺寸的限制。在传递转矩较大时，往往采用多盘式摩擦离合器。

如图 9-25 所示为多盘式摩擦离合器。图中主动轴 1 与外鼓轮 2 相联，从动轴 3 也用键与内套筒 4 相联。一组外摩擦片 5 的外圆与外鼓轮之间通过花键联接，而其内圆不与其他零件接触；另一组内摩擦片 6 的内圆与内套筒之间也通过花键联接，其外圆不与其他零件接触。工作时，向左移动滑环 7，通过杠杆 8、压板 9 使两组摩擦片压紧，离合器便处于接合状态。若向右移动滑环，摩擦片被松开，离合器即分开。摩擦片数目多，可以增大所传递的转矩。但片数过多，将使各层间压力分布不均匀，易于出现离合不分明的现象。

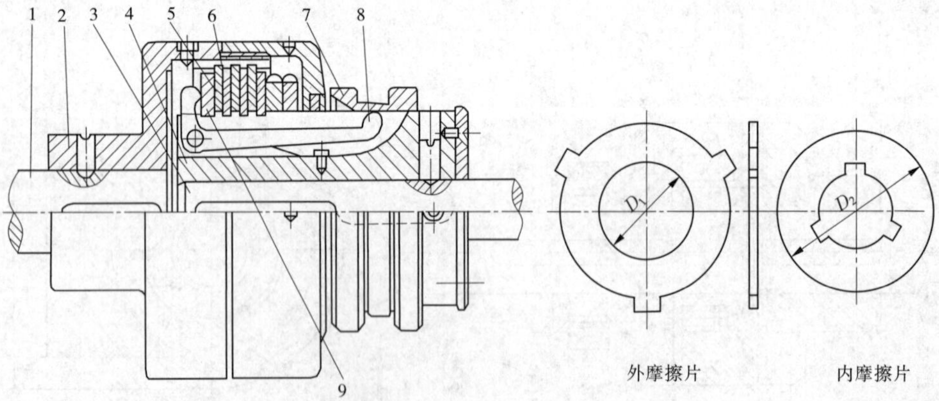

1—主动轴；2—外鼓轮；3—从动轴；4—内套筒；5—外摩擦片；
6—内摩擦片；7—滑环；8—杠杆；9—压板

图 9-25　多盘式摩擦离合器

2. 自动离合器

1) 超越离合器

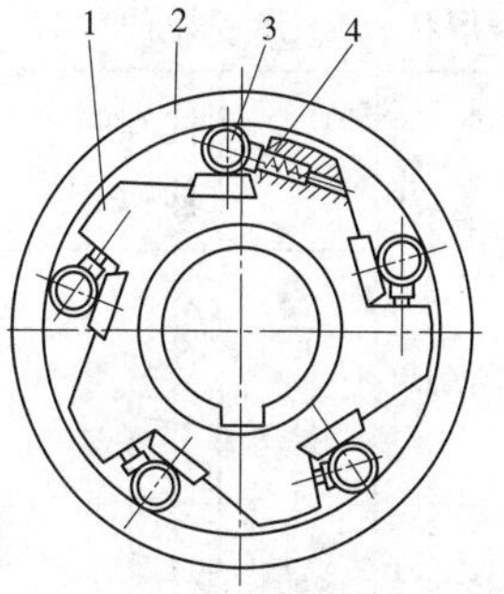

1—星轮;2—外环;3—滚柱;4—弹簧顶杆

图 9-26 超越离合器

如图 9-26 所示为精密机械中常用的滚柱超越离合器。它由星轮 1、外环 2、滚柱 3 和弹簧顶杆 4 等组成。当星轮为主动件并顺时针回转时,滚柱被摩擦力带动而锲紧在槽的狭窄部分,从而带动外环一起旋转,离合器处于接合状态。当星轮反向旋转时,滚柱则滚到槽的宽敞部分,外环不再随星轮回转,离合器处于分离状态。

2) 安全离合器

安全离合器通常有嵌合式和摩擦式。当载荷达到最大值时,安全离合器将分开联接件,使联接件打滑,从而可防止机器中重要零件的损坏。

常用的嵌合式安全离合器(见图 9-27)和牙嵌离合器很相似,只是牙的倾斜角 α 较大,并由弹簧压紧机构代替滑环操纵机构。工作时,两半离合器由弹簧 2 的压紧力使牙盘 3、4 嵌合以传递转矩。一旦转矩过载,轴向推力将克服弹簧阻力和摩擦阻力使离合器自动分离。当转矩降低到某一定值以下时,离合器自动接合。弹簧的压力通过螺母 1 调节。

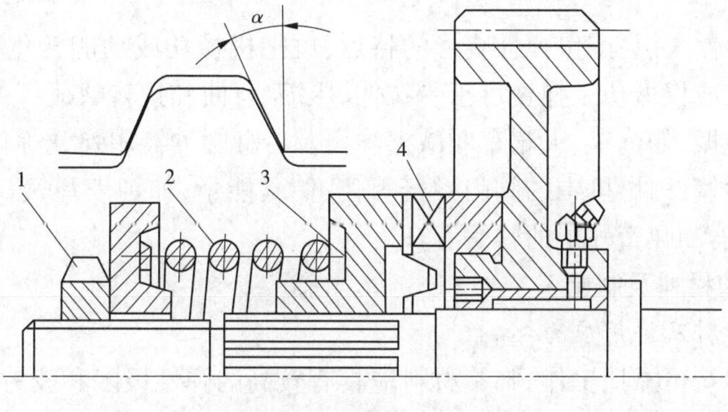

1—螺母;2—弹簧;3、4—牙盘

图 9-27 嵌合式安全离合器

摩擦盘式安全离合器与多盘式摩擦离合器相似,只是没有操作机构,而是用弹簧将摩擦盘压紧,并用螺钉调节压紧力的大小。当转矩超过限值时,摩擦盘发生打滑,从而起到安全保护作用。

思考题:联轴器和离合器在使用中有何区别?

四、弹簧

(一)弹簧的主要类型和功用

弹簧的种类很多,其主要类型有圆柱螺旋拉伸弹簧、截锥(圆锥)螺旋压缩弹簧、碟形弹簧、环形弹簧、涡卷形弹簧、板簧等(见表 9-10)。

表 9-10　弹簧的主要类型

弹簧形状	承受拉伸载荷	承受压缩载荷	承受扭转载荷	承受弯曲载荷
螺旋形状	圆柱螺旋 拉伸弹簧	圆柱螺旋 压缩弹簧	截锥螺旋 压缩弹簧	圆柱螺旋 扭转弹簧
	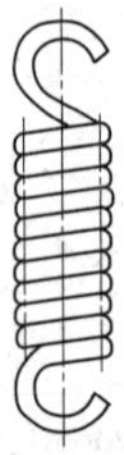	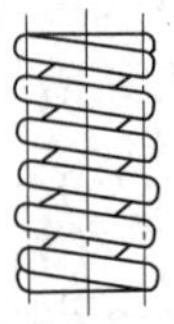		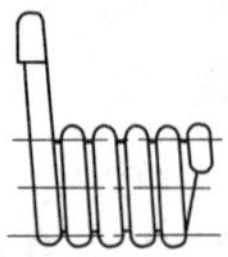
其他形状	环形弹簧	碟形弹簧	涡卷形弹簧	板簧
	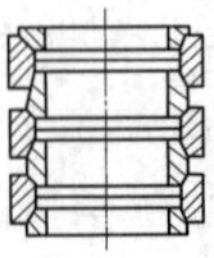	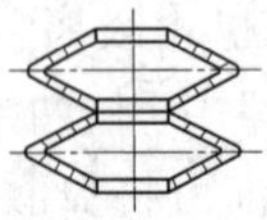	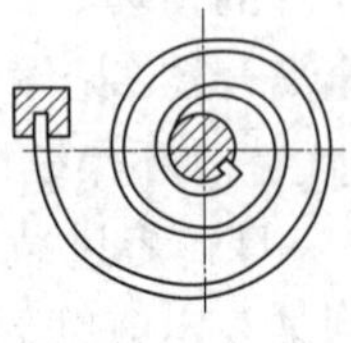	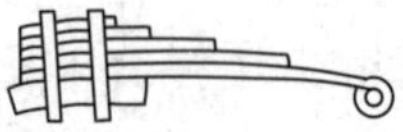

弹簧具有弹性大、易产生弹性变形的特点，可把机械功或动能转化为变形能，或把变形能转化为动能或机械功。弹簧可承受拉伸、压缩、弯曲和扭转载荷。弹簧在机器中的功用有：①缓冲、减振，如汽车、火车车厢减振弹簧及各种缓冲器用弹簧等；②控制运动，如离合器中的控制弹簧、内燃机中的阀门弹簧等；③储蓄能量，如钟表弹簧、机枪弹簧等；④测量载荷，如测力器和弹簧秤中的弹簧等。

（二）弹簧的材料及制造

1. 弹簧的材料及许用应力

为了保证弹簧可靠地工作，弹簧材料应具有较高的弹性极限和疲劳强度、足够的韧性和良好的热处理性能。

常用弹簧材料有碳素弹簧钢丝、合金弹簧钢丝、不锈钢丝及青铜丝等。选取弹簧材料时，应综合考虑弹簧的功用、重要程度、使用工况及工艺性等因素。碳素弹簧钢丝按材料强度的高低分为三组：Ⅰ组最高，常用于重要弹簧；Ⅱ组为中级，用于一般弹簧；Ⅲ组仅用于次要用途的弹簧。常用弹簧材料及许用应力见表 9-11。

2. 弹簧的卷制

弹簧的卷制方法有两种：弹簧丝直径小于 8 mm 的可用冷卷，卷制成弹簧后只进行低温回火（消除内应力）即可。对于直径大的弹簧丝应进行热卷，热卷后应进行淬火及回火处理。为了保证拉伸弹簧在空载时各圈相互压紧，常在卷制过程中同时使弹簧丝绕其本身的轴线产生扭转，这样，弹簧丝中就会产生一定的预应力，称为有预应力的拉伸弹簧。这种弹簧一定要在外加的拉伸载荷大于初拉力后才会产生拉伸变形。弹簧的性能和使用寿命与表面质量关系极大，弹簧表面必须光洁，不应有裂纹等缺陷，对弹簧表面采用喷丸等强化处理，有利于提高其疲劳寿命。

表 9-11　常用弹簧材料及许用应力

材料	许用切应力[τ](MPa)			切变模量 G(MPa)	推荐使用温度(℃)	特性及用途
	Ⅰ类弹簧	Ⅱ类弹簧	Ⅲ类弹簧			
碳素弹簧钢丝 B、C、D级	$0.3\sigma_b$	$0.4\sigma_b$	$0.5\sigma_b$	d=0.5~4 mm 80 000 d>4 mm 78 700	-40~130	强度高,加工性能好,适用于制造小弹簧
合金弹簧钢丝 60Si2Mn 50CrVA	471 441	628 588	785 735	78 700 78 700	-40~250 -40~400	弹性好,回火稳定性好,用于受高载荷弹簧,有高的疲劳性能,耐高温,常用于受变载荷弹簧
不锈弹簧钢丝 1Cr18Ni94Cr13	324 441	432 588	533 735	71 600 75 500	-250~300 -40~300	耐腐蚀、耐高温
青铜丝 QSi3-1	265	353	441	40 200	-40~120	耐辐射、防磁性好

注:1. 弹簧按其载荷性质分为三类:Ⅰ类—受变载荷作用 10^6 次以上;Ⅱ类—受变载荷作用 10^3 ~ 10^5 次及受冲击载荷;Ⅲ类—受变载荷作用 10^3 次以下。

2. 表中许用切应力为压缩弹簧的许用值,对于拉伸弹簧则取表中数值的 80%。

3. 弹簧的极限切应力 τ_{lim} 取为:Ⅰ类≤1.67[τ];Ⅱ类≤1.25[τ];Ⅲ类≤1.12[τ]。

五、拓展提高

螺栓组的结构设计应注意以下几点。

(一)螺栓(钉)孔的布置

联接接合面的几何形状通常都设计成轴对称的简单几何形状,同一螺栓组的螺栓布置应力求对称、分布均匀,从设计上首先保证被联接件接合面上受力均匀,如图 9-28 所示。

在布置螺栓时,应该注意:不要在平行于外力的方向成排地布置 8 个以上的螺栓,以免载荷分布过度不均(当然这也不是绝对的)。

(二)螺栓排列应有合理的间距、边距

在布置螺栓时,螺栓中心线与机体壁、螺栓之间的距离,要依据扳手所需的活动空间大小和联接的密封性要求来决定。最小扳手空间尺寸可查阅有关手册,也可以根据经验确定。

(三)螺栓数量的选择

分布在同一圆周上的螺栓数应取为 3、4、6、8、12 等易于分度的数目,以利于划线钻孔和加工。当然,如果自动化程度较高,也可以采用其他的分度方法。

(四)螺栓直径的选择

一般是先根据经验或类比的方法,或依据相关的规范进行选取,然后进行强度的计算。

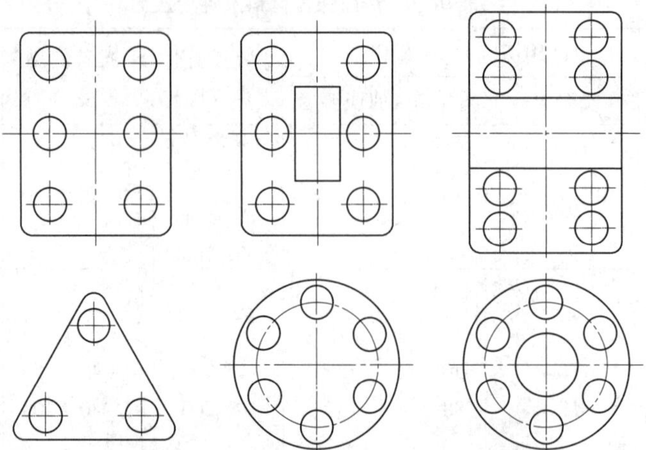

图 9-28　螺栓组联接常见的接合面形式

对于一般联接,初选螺栓直径时,约可取为被联接件的厚度。

(五)螺栓规格的选择

在通用机械中,为简化设计、制造,对同一螺栓组内的螺栓及配套件而言,不管受力的大小差异,应该选择同样材料、规格的同一标准的螺栓,便于采购、管理和装配。

(六)对联接支承面的要求

被联接件上与螺母或螺栓头接触的支承面应该平整,并且要求与螺栓轴线垂直,以免引起偏心载荷而削弱螺栓强度。为了便于加工,经常将支承面做成凸台或沉头(鱼眼坑),如图 9-29 所示。

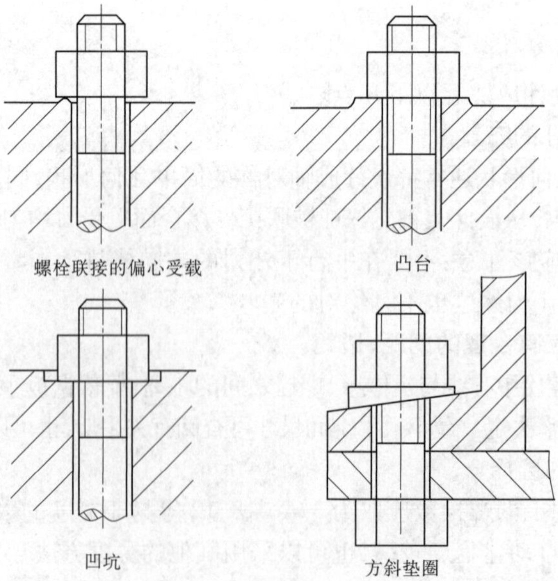

图 9-29　对联接支承面的要求

（七）其他应注意的问题

（1）一般情况下，螺栓与孔之间应留有间隙，由于螺栓是标准件，在螺栓选定之后螺栓的直径就已经确定。所以，必须依照螺栓直径选择其孔直径。

（2）拧入螺纹深度、螺纹伸出长度、螺孔加工深度、光孔深度等尺寸同样也可以查阅相关的标准或手册，不能凭空想象。

（3）螺栓联接的预紧及防松问题的考虑。

小 结

通过本项目的学习应了解螺纹的形成，重点掌握螺纹的重要参数，会查阅相应的国家标准，会进行单个螺栓的强度计算；了解各类键联接和销联接的应用，重点掌握普通平键的尺寸选择和强度校核；了解常用联轴器和离合器的结构和工作原理，掌握联轴器的选用方法；了解弹簧的结构特点和使用场合，正确选用弹簧。

习题与训练题

一、简答题

1. 螺纹的主要参数有哪些？螺距和导程有什么不同？

2. 螺栓、双头螺柱和螺钉在应用上有什么不同？紧定螺钉呢？

3. 轴毂联接当采用一个平键强度不够，而需要采用两个平键时，它们在轴上应如何布置？为什么？

4. 联轴器和离合器在机械设备中的作用是什么？

5. 联轴器和离合器的根本区别是什么？

6. 弹簧的作用有哪些？

二、填空题

1. 圆柱普通螺纹的导程是指同一螺纹线上的________在中径线上________的轴线距离。

2. 圆柱普通螺纹的螺距是指相邻螺牙在中径线上________间的________距离。导程 L 与螺距 p 的关系式为__________。

3. 螺纹联接的防松，其根本问题在于防止螺纹副________。

4. 圆柱普通螺纹的公称直径是指________径。

5. 根据采用的标准制度不同，螺纹分为________制和________制，我国除管螺纹外，一般都采用________制螺纹。

6. 平键的工作面是________，楔键的工作面是________，半圆键的工作面是________。

7. 标准平键静联接的主要失效形式是__________。

8. 当两轴能保证严格对中时，可采用________式联轴器。

9. 两相交轴之间可采用________联轴器联接。

10. 能在工作时随时使两轴接合或分离的是________。

三、选择题

1. 螺栓联接是一种________。

A. 可拆联接　　B. 不可拆零件

2. ________不能作为螺栓联接的优点。

A. 构造简单　　B. 装拆方便

C. 联接可靠　　D. 在变载荷下具有很高的疲劳强度

E. 多数零件已标准化,生产率高,成本低廉

3. 螺纹的牙形有三角形、矩形、梯形、锯齿形、圆形五种。其中,用于联接和用于传动的各有________。

A. 一种和四种　　B. 两种和三种

C. 三种和两种　　D. 三种和三种

E. 四种和一种

4. 如图 9-30 所示为具有三角形普通螺纹的圆柱形杆(尺寸经圆整)。在零件图上应该用________来表示此螺纹。

A. M2.5　　B. M40

C. M42　　D. M45

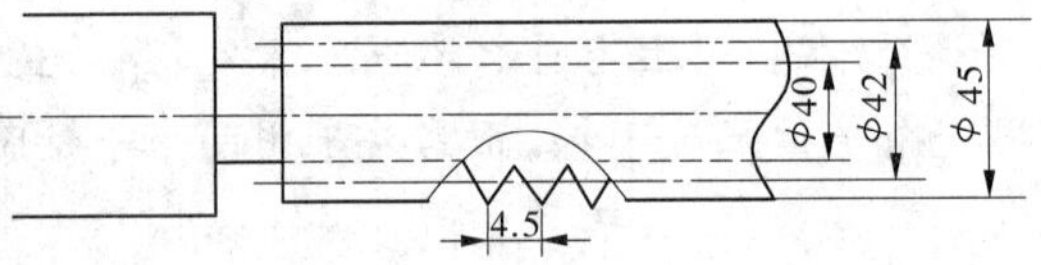

图 9-30　选择题 4 图

5. 螺纹标记 M24 -2 表示________。

A. 普通螺纹,公称直径为 24 mm,螺距为 2 mm

B. 细牙螺纹,公称直径为 24 mm,螺距为 2 mm

C. 普通螺纹,公称直径为 24 mm,螺距为 2 mm,3 级精度

D. 普通螺纹,公称直径为 24 mm,2 级精度

6. 螺纹副在摩擦系数一定时,螺纹的牙形角越大,则________。

A. 当量摩擦系数越小,自锁性能越好

B. 当量摩擦系数越小,自锁性能越差

C. 当量摩擦系数越大,自锁性能越好

D. 当量摩擦系数越大,自锁性能越差

7. 在用于传动的几种螺纹中,矩形螺纹的优点是________。

A. 不会自锁　　B. 制造方便

C. 传动效率高　　D. 强度较高

8. 设计键联接的几项主要内容是:a,按轮毂长度选择键的长度;b,按使用要求选择键的适当类型;c,按轴的直径选择键的剖面尺寸;d,对键进行必要的强度校核。在具体设计

时,一般顺序是________。

A. b→a→c→d　B. b→c→a→d

C. a→c→b→d　D. c→d→b→a

9. 键的长度主要是根据________来选择的。

A. 传递扭矩的大小　B. 传递功率的大小

C. 轮毂的长度　D. 轴的直径

10. 凸缘联轴器是一种________联轴器。

A. 刚性　B. 无弹性元件挠性

C. 金属弹性元件挠性　D. 非金属弹性元件挠性

11. 在载荷不平稳且有较大冲击和振动的情况下,一般宜选用________联轴器。

A. 刚性　B. 无弹性元件挠性

C. 有弹性元件挠性　D. 安全

12. 两轴对中性不好,会使轴________。

A. 使用寿命增加　B. 产生附加载荷

C. 受载均匀　D. 没有影响

13. 旋紧螺栓时用的定力矩扳手,其弹簧的作用是________。

A. 缓冲吸振　B. 控制运动

C. 储存能量　D. 测量载荷

14. 弹簧制成后,再进行强压处理是为了提高________。

A. 高温性能　B. 承载能力

C. 弹簧刚度　D. 稳定性

15. 自行车后座弹簧的作用是________。

A. 缓冲吸振　B. 储存能量

C. 测量　D. 控制运动

16. 枪栓弹簧的作用是________。

A. 缓冲吸振　B. 储存能量

C. 测量　D. 控制运动

四、判断题

1. 圆柱普通螺纹的公称直径是指螺纹最大直径。（　）
2. 管螺纹是用于管件联接的一种螺纹。（　）
3. 三角形螺纹主要用于传动。（　）
4. 梯形螺纹主要用于联接。（　）
5. 金属切削机床上丝杠的螺纹通常采用三角螺纹。（　）
6. 双头螺柱联接适用于被联接件厚度不大的联接。（　）
7. 普通平键联接能够使轴上零件轴向固定和周向固定。（　）
8. 键联接主要用来联接轴和轴上的传动零件,实现轴向固定并传递转矩。（　）
9. 半圆键联接,由于轴上的键槽较深,故对轴的强度削弱较大。（　）
10. 联轴器和离合器主要用来联接两轴。用离合器时要经拆卸才能把两轴分开,用联

轴器时则无需拆卸就能使两轴分离或接合。 (　　)

11. 刚性联轴器在安装时要求两轴严格对中，而挠性联轴器在安装时则不必考虑对中问题。 (　　)

12. 联轴器联接的两轴直径必须相等，否则无法工作。 (　　)

13. 多片式摩擦离合器的摩擦片数越多，接合越不牢靠，因而传递的扭矩越小。 (　　)

14. 汽车车厢下安装板簧的目的是储存能量。 (　　)

五、计算题

1. 如图 9-31 所示，用两个 M10 的螺钉固定一牵曳钩，若螺钉材料为 Q235 钢，装配时控制预紧力，结合面摩擦系数 $f=0.15$，求其允许的牵曳力。

2. 如图 9-32 所示凸缘联轴器，设计允许传递的最大转矩为 $T=1\ 500\ \text{N}\cdot\text{m}$，材料为 HT250。联轴器用 4 个材料为 45 钢 M16 铰制孔螺栓联成一体，试选取合适的螺栓长度，并校核其剪切强度和挤压强度。

3. 如图 9-32 所示，凸缘联轴器若采用 M16 螺栓联成一体，以摩擦力来传递转矩，螺栓材料为 45 钢，接合面摩擦系数 $f=0.15$，安装时不控制预紧力，试确定螺栓数(螺栓数常取偶数)。

4. 选择并校核齿轮与轴的键联接。该齿轮传递的功率为 $P=7.2$ kW，轴的转速为 110 r/min，轴径 $d=65$ mm，齿轮轮毂长 $L=100$ mm，轮毂材料为铸铁，轴的材料为 45 钢，该齿轮轴工作时有轻微冲击。分别画出轴和轮毂的断面图，并在图上标注出键槽的宽度和深度及极限偏差。

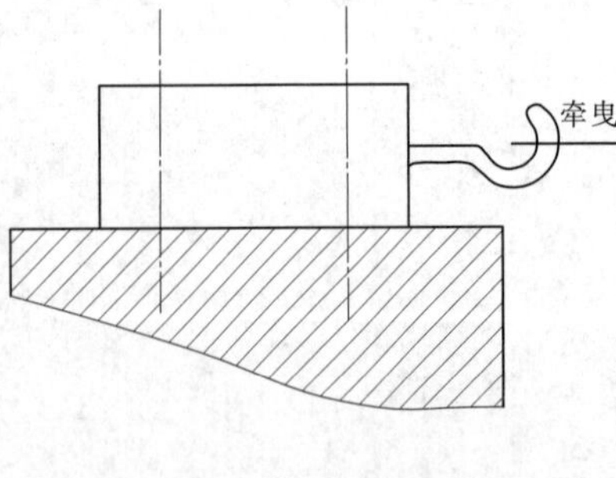

图 9-31　计算题 1 图

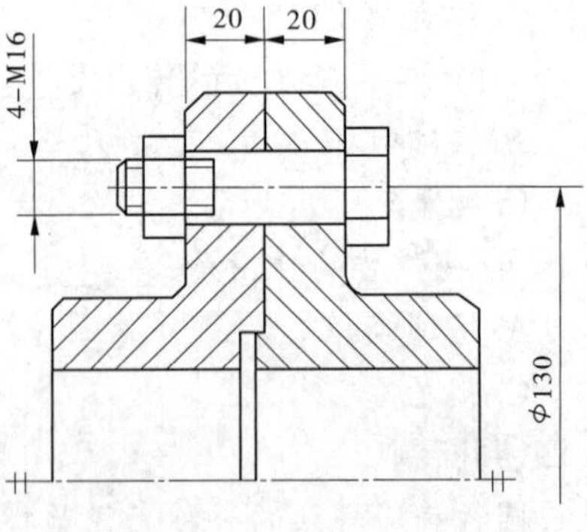

图 9-32　计算题 2、3 图

5. 已知电动机型号为 Y180M－4，额定功率 $P=18.5$ kW，转速 $n=1\ 470$ r/min，电动机轴直径 $d_e=48$ mm，电动机轴头长度 $E_c=110$ mm；减速器输入轴直径 $d=45$ mm，输入轴长度 $E=80$ mm。载荷变化并有中等冲击，空载启动。试选择电机和减速器之间的联轴器及其型号。

6. 试选择一皮带运输机中减速器的输入轴和输出轴处的联轴器。与减速器输入轴相联的电动机型号为 Y160L－6；减速器的输入轴直径 $d_1=42$ mm，轴头长 $E_1=80$ mm；输出轴的直径 $d_2=70$ mm，轴头长 $E_2=105$ mm；与输出轴相联的工作机轴径 $d_3=70$ mm，轴头

长 $E_3=105$ mm；减速器的实际输出功率 $P_2=9$ kW，减速器的传动比 $i=13.5$，减速器效率 $\eta=0.9$，带载启动，载荷平稳。

7. 试指出图 9-33 中的错误结构，并画出正确的结构图。

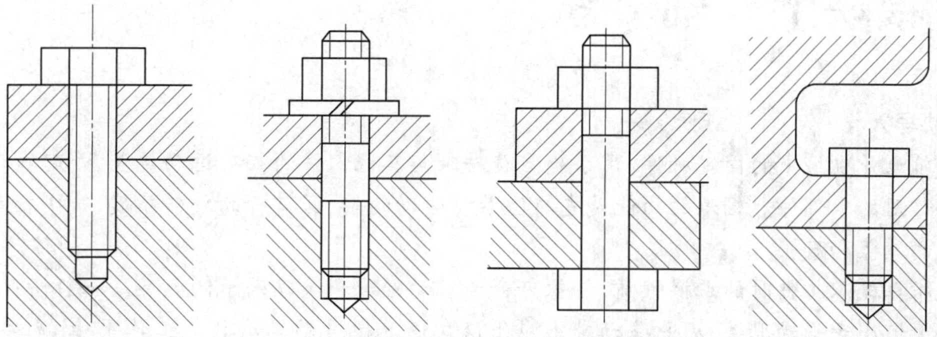

(a)螺钉联接　(b)双头螺柱联接　(c)铰制孔用螺栓联接　(d)螺钉联接

图 9-33　计算题 7 图

模块十 轴 承

【模块导入】

轴承是机械中的固定机件,用于确定旋转轴与其他零件的相对运动位置,是起支承或导向作用的零部件。轴承的功能是支持做旋转运动的轴,保持轴的旋转精度,减小轴与支承间的摩擦和磨损。

根据轴承工作时的摩擦性质,轴承可分为滑动轴承和滚动轴承两大类。一般情况下,滚动摩擦小于滑动摩擦,因此滚动轴承应用很广泛。但滑动轴承具有工作平稳、无噪声、耐冲击、回转精度高和承载能力大等优点,所以在汽轮机、精密机床和重型机械中被广泛地应用。图 10-1 所示为滚动轴承。

本模块主要学习滑动轴承、滚动轴承的类型及工作能力分析,滚动轴承的组合设计等内容。

图 10-1 滚动轴承

一、滑动轴承简介

(一)滑动轴承的主要类型和结构

滑动轴承按摩擦状态可分为液体摩擦滑动轴承和非液体摩擦滑动轴承。按受载荷方向不同,滑动轴承又可分为径向滑动轴承和止推滑动轴承。

1. 径向滑动轴承

图 10-2 所示为整体式滑动轴承,主要用于承受径向载荷。整体式滑动轴承结构简单,制造方便,但轴套磨损后轴承间隙无法调整;装拆时轴或轴承需轴向移动,故只适用于低速、轻载和间歇工作的场合,如小型齿轮油泵、减速箱等。

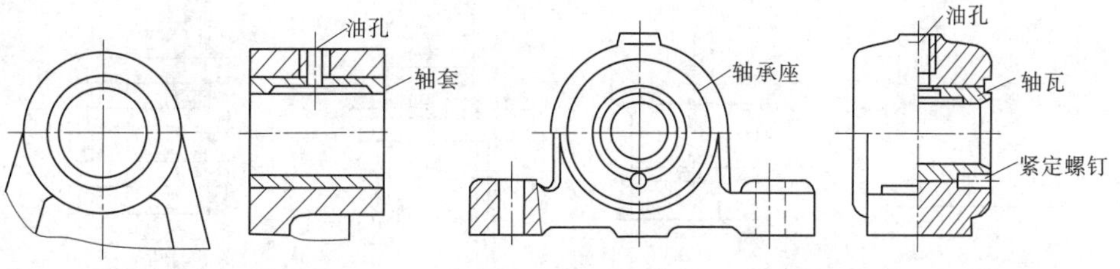

(a)　　(b)

图 10-2　整体式滑动轴承

图 10-3 所示为剖分式滑动轴承,主要由上轴瓦 1、螺栓 2、轴承盖 3、轴承座 4、下轴瓦 5 等组成。剖分面可以制成水平式(见图 10-3(a))和斜开式(见图 10-3(b))两种。剖分式滑动轴承装拆方便,轴瓦磨损后可方便更换及调整间隙,因而应用广泛。

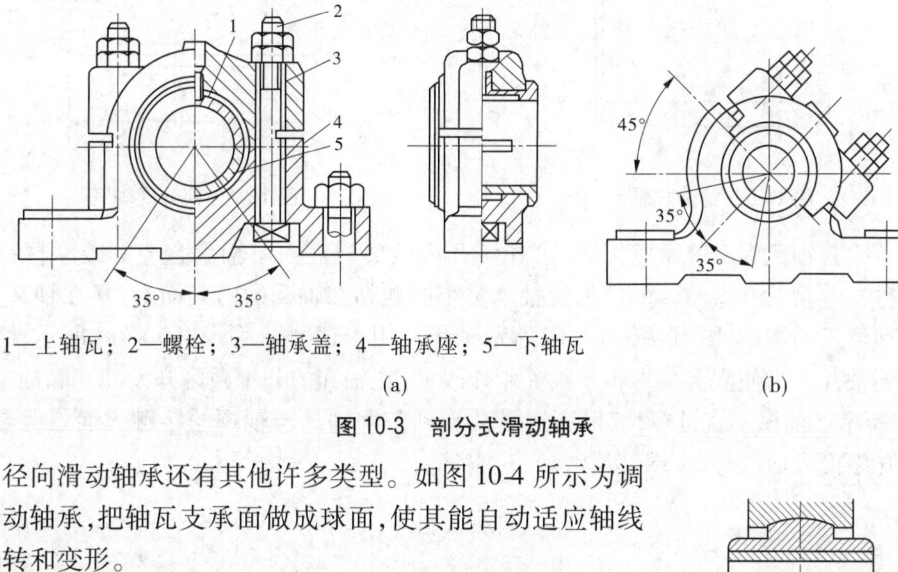

1—上轴瓦；2—螺栓；3—轴承盖；4—轴承座；5—下轴瓦

(a)　　(b)

图 10-3　剖分式滑动轴承

径向滑动轴承还有其他许多类型。如图 10-4 所示为调心滑动轴承,把轴瓦支承面做成球面,使其能自动适应轴线的偏转和变形。

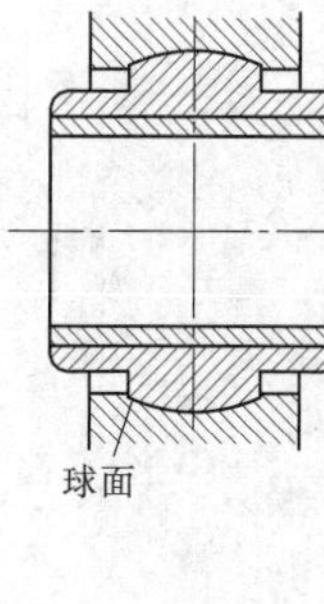

图 10-4　调心滑动轴承

2. 止推滑动轴承

止推滑动轴承主要用来承受轴向载荷。图 10-5(a)为实心止推轴颈,当轴旋转时,由于端面上不同半径处的线速度不相等,因而使端面中心部的磨损很小,而边缘的磨损却很大,结果造成轴颈端面中心处应力集中。实际结构中多数采用空心轴颈(见图 10-5(b)),可使其端面上压力的分布得到明显改善,并有利于储存润滑油;图 10-5(c)为单环形推力轴颈;图 10-5(d)为多环形推力轴颈,由于支承面积大,故可承受较大的载荷。

(二)轴瓦和轴承衬

1. 轴瓦的结构

轴瓦是滑动轴承中直接与轴颈接触的重要零件,常用的轴瓦有整体式和剖分式两种。整体式轴瓦又称轴套,如图 10-6 所示,用于整体式滑动轴承。剖分式轴瓦,如图 10-7 所

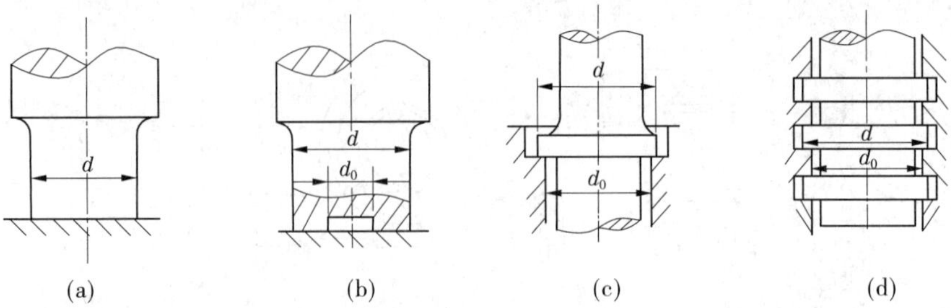

图 10-5　止推滑动轴承

示,用于剖分式滑动轴承。

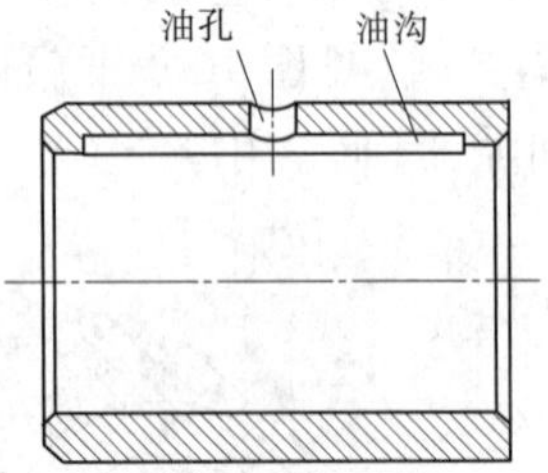

图 10-6　整体式轴瓦

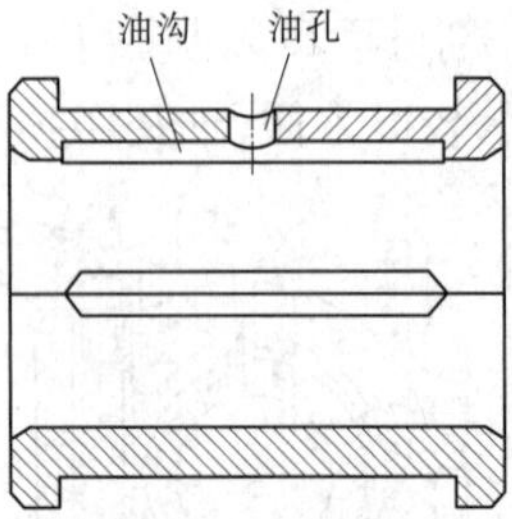

图 10-7　剖分式轴瓦

为了改善轴瓦表面的摩擦性能,可在轴瓦内表面浇注一层轴承合金等减摩材料(称为轴承衬),厚度为 0.5 ~6 mm。为使轴承衬牢固地粘在轴瓦的内表面上,常在轴瓦上预制出各种形式的沟槽,图 10-8(a)、(b)所示轴承衬用于钢制轴瓦,图 10-8(c)所示轴承衬用于青铜轴瓦。为使润滑油均布于轴瓦工作表面,在轴瓦的非承载区开设油孔和油槽,如图 10-9 所示。油槽不宜过短,以保证润滑油流到整个轴瓦与轴颈的接触表面。但是,不得与轴瓦端面开通,以减少端部泄油。

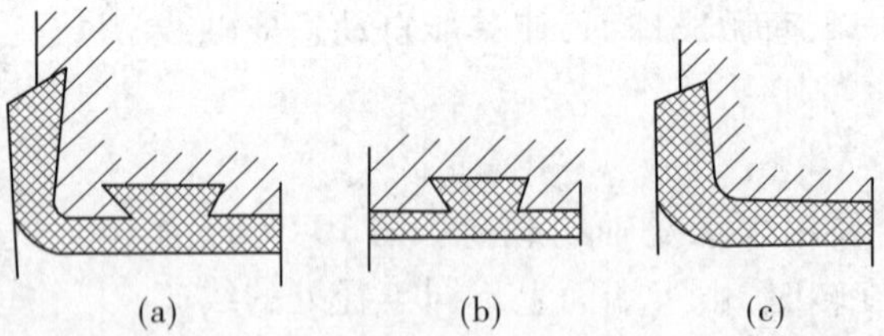

图 10-8　轴承衬

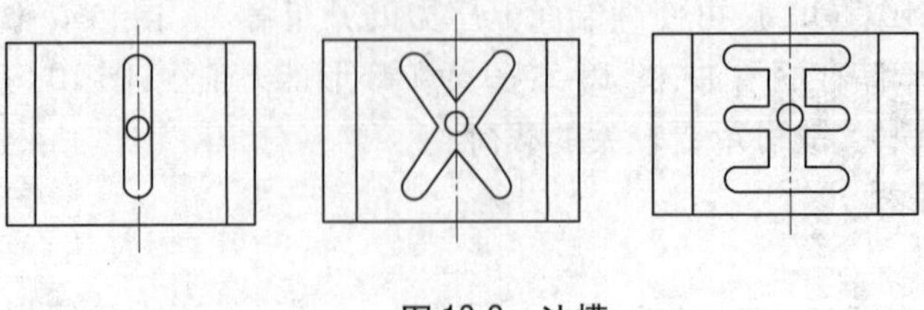

图 10-9　油槽

2. 材料

轴瓦和轴承衬材料直接影响轴承的性能，应根据使用要求、经济性要求合理选择。由于滑动轴承的主要失效形式是磨损、胶合，当强度不足时也可能出现疲劳破坏。因此，轴瓦和轴承衬材料应具备下述性能：

(1)耐磨，耐腐蚀，抗胶合能力强。

(2)摩擦系数小。

(3)导热性好。

(4)足够的强度和一定的塑性。

(5)良好的跑合性。

常用轴瓦和轴承衬材料的牌号和性能如表 10-1 所示。此外，还可采用粉末合金（如铁—石墨、青铜—石墨）、非金属材料（如塑料、橡胶和木材等）作轴承材料。

表 10-1　常用轴瓦和轴承衬材料的牌号和性能

<table>
<tr><th colspan="2" rowspan="2">轴瓦材料</th><th colspan="3">最大许用值</th><th rowspan="2">最高工作温度（℃）</th><th rowspan="2">性能比较</th><th rowspan="2">备注</th></tr>
<tr><th>[p]（MPa）</th><th>[v]（m/s）</th><th>[pv]（MPa·m/s）</th></tr>
<tr><td rowspan="4">铸造锡锑轴承合金</td><td rowspan="2">ZSnSb11Cu6</td><td colspan="3">平稳载荷</td><td rowspan="4">150</td><td rowspan="4">摩擦系数小，抗胶合性良好，耐腐蚀，易磨合，变载荷下易疲劳</td><td rowspan="4">用于高速、重载下工作的重要轴承，如石油钻机</td></tr>
<tr><td>25</td><td>80</td><td>20</td></tr>
<tr><td rowspan="2">ZSnSb8Cu4</td><td colspan="3">冲击载荷</td></tr>
<tr><td>20</td><td>60</td><td>15</td></tr>
<tr><td rowspan="2">铸造铅锑轴承合金</td><td>ZPbSb16Sn16Cu2</td><td>15</td><td>12</td><td>10</td><td rowspan="2">150</td><td rowspan="2">各方面性能与锡锑轴承合金相近，但材料较脆，可作为锡锑轴承合金的代用品</td><td rowspan="2">用于中速、中载轴承，不宜受较大的冲击载荷，如机床、内燃机等</td></tr>
<tr><td>ZPbSb15Sn4Cu3Cd2</td><td>5</td><td>6</td><td>5</td></tr>
<tr><td rowspan="2">铸造锡青铜</td><td>ZCuSn10P1</td><td>15</td><td>10</td><td>15</td><td rowspan="2">280</td><td rowspan="2">熔点高，硬度高，承载能力、耐磨性、导热性均高于轴承合金，但可塑性差，不易磨合</td><td>用于中速重载及受变载荷作用的轴承，如破碎机</td></tr>
<tr><td>ZCuSn5Pb5Zn5</td><td>8</td><td>3</td><td>15</td><td>用于中速、中载的轴承</td></tr>
<tr><td>铸造铝青铜</td><td>ZCuAl10Fe3</td><td>15</td><td>4</td><td>12</td><td>280</td><td>硬度较高，抗胶合能力较差</td><td>用于润滑充分的低速、重载轴承，如重型机床</td></tr>
</table>

(三)滑动轴承的润滑

轴承润滑的主要目的是减少摩擦和磨损,以提高轴承的工作能力和使用寿命,同时起冷却、防尘、防锈和吸振作用。设计滑动轴承时,必须恰当地选择润滑剂和润滑装置。

1. 润滑油及其选择

润滑油的内摩擦系数小,流动性好,是滑动轴承中应用最广的一种润滑剂。工业上用润滑油有合成油和矿物油两类,其中矿物油资源丰富,价格便宜,适用范围广。

润滑油的牌号是以 40 ℃时油的运动黏度中心值来划分的。例如,某一牌号 L－HL32 液压油是指温度在 40 ℃时运动黏度为 28.8～35.2 mm^2/s(中心值为 32 mm^2/s)的液压油。牌号越大的润滑油,其黏度值也越大,油越稠。

工业上常用润滑油的性质和用途见表 10-2 所示。

表 10-2　工业上常用润滑油的性能和用途

名称	牌号	主要质量指标					主要性能和用途
		运动黏度 (mm^2/s) (40 ℃)	凝点 (℃) ≤	倾点 (℃) ≤	闪点 (℃) ≥	黏度指数	
L－AN 全损耗系统用油 (GB 443—1989)	15	13.5～16.5	－15		150		适用于对润滑油无特殊要求的轴承、齿轮和其他低负荷机械等部件的润滑,不适用于循环系统
	22	19.8～24.2	－15		170		
	32	28.8～35.2	－15		170		
	46	41.4～50.6	－10		180		
	68	61.2～74.8	－10		190		
L－HL 液压油 (GB 11118.1—2011)	32	28.8～35.2		－6	175	80	抗氧化、防锈、抗浮化等性能优于普通机油。适用于一般机床主轴箱、齿轮箱和液压系统及类似的机械设备的润滑
	46	41.4～50.6		－6	185	80	
	68	61.2～74.8		－6	195	80	
	100	90.0～100		－6	205	80	
L－CKB 工业闭式齿轮油 (GB 5903—2011)	100	90～110		－8	180	90	具有抗氧化、防锈性能。适用于正常油温下运转的轻载荷工业闭式齿轮润滑
	150	135～165		－8	200	90	
	220	198～242		－8	200	90	
	320	288～352		－8	200	90	

2. 润滑脂及其选择

润滑脂又称干油,俗称黄油,是由润滑油、稠化剂等制成的膏状润滑材料。润滑脂流动性小,不易流失,因此轴承的密封简单,但润滑脂需经常补充。但其内摩擦系数较大,效率较低,不宜用于高速轴承。常用润滑脂的性能及用途见表 10-3。

3. 固体润滑剂

常用的固体润滑剂有石墨和二硫化钼等,它们能耐高温和高压,附着力强,化学稳定性好,适用于高温和重载的场合。

4. 油润滑方式和润滑装置

除正确地选择润滑剂外,还应选择适当的方法和装置,才能获得良好的润滑效果。

表 10-3 常用润滑脂的性能及用途

名称	代号	滴点（℃≥）	针入度（10^{-1}mm）	性能和主要用途
钙基润滑脂（GB/T 491—2008）	1 2 3	80 85 90	310~340 265~295 220~250	耐水性好，但耐热性差，用于各种工农业、交通运输设备的中速中低载荷轴承润滑，特别是有水、潮湿处
钠基润滑脂（GB 492—1989）	2 3	160 160	265~295 220~250	耐热性很好但不耐水，用于工作温度在 -10~110 ℃的一般中等载荷机械设备轴承的润滑
通用锂基润滑脂（GB/T 7324—2008）	1 2 3	170 175 180	310~340 265~295 220~250	多效通用润滑脂。适用于各种机械设备的滚动轴承、滑动轴承及其他摩擦部位的润滑。使用温度为 -20~120 ℃
7407 号齿轮润滑脂（SY 4036—1984）		160	75~90	用于各种低速，中、高载荷齿轮、链和联轴器的润滑。使用温度小于 120 ℃
滚珠轴承润滑脂（SH 0386—1992）	2	120	250~290	具有良好的润滑性能，用于汽车、电动机、机车及其他机械中滚动轴承的润滑

下面分别介绍油、脂的润滑方法和装置。

1）手工加油润滑

用油壶或油枪注入设备的油孔、油嘴或油杯中，使油流至需要润滑的部位。供油方法简单，属于间歇式，适用于轻载、低速和不重要的场合。

2）滴油润滑

滴油润滑用油杯供油，利用油的自重滴流至摩擦表面，属于连续润滑方式。

图 10-10(a)所示为针阀式油杯。当手柄 1 扳倒时，针阀 5 因弹簧 3 推压而堵住底部的油孔；当手柄直立时，针阀被提起使油孔打开，润滑油经油孔自动滴进轴承中。供油量用螺母 2 调节针阀的开启高度来控制，用于要求供油可靠的轴承。

图 10-10(b)所示为油绳式油杯。油绳用棉线或毛线做成，一端浸在油中，利用毛细管作用吸油滴入轴承，油绳滴油自动连续，但供油量少，不易调节，适用于低速轻载轴承。

3）油环润滑

如图 10-11 所示，在轴颈上套一油环，油环下部浸在油中，当轴颈旋转时，靠摩擦力带动油环旋转，把油带到轴颈上润滑，适用于转速为 50~3 000 r/min、水平轴放置的轴。

4）飞溅润滑

利用齿轮、曲轴等转动件，将润滑油由油池溅到轴承中进行润滑。该方法简单可靠，连续均匀，但有搅油损失，易使油发热和氧化变质，适用于转速不高的齿轮传动、蜗杆传动等。

5）压力循环润滑

利用油泵将润滑油经油管输送到各轴承中润滑，它的润滑效果好，油可循环使用，但

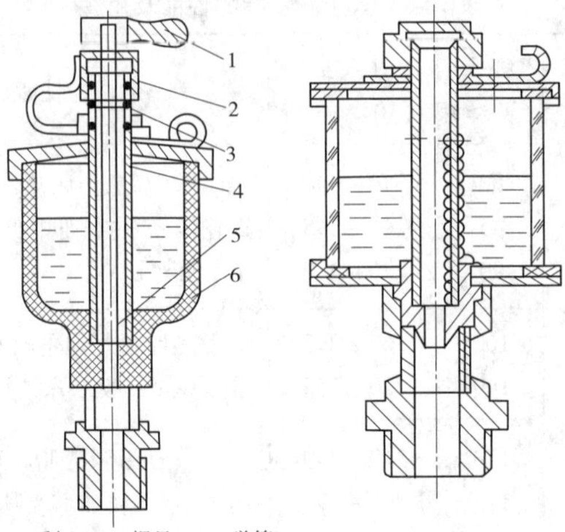

1—手柄；2—螺母；3—弹簧；
4—管；5—针阀；6—玻璃杯
(a)　　(b)

图 10-10　油杯

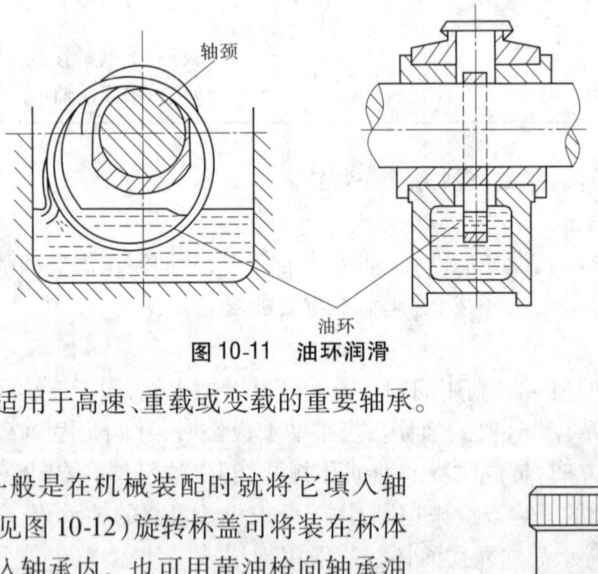

图 10-11　油环润滑

装置复杂,成本高,适用于高速、重载或变载的重要轴承。

5. 脂润滑

用脂润滑时,一般是在机械装配时就将它填入轴承内,或用黄油杯(见图 10-12)旋转杯盖可将装在杯体中的润滑脂定期挤入轴承内。也可用黄油枪向轴承油孔内注射润滑脂。

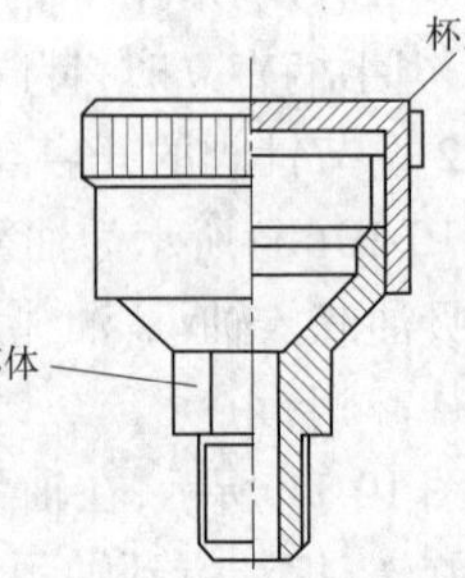

图 10-12　黄油杯

滑动轴承的润滑方式可根据系数 K 来选择。$K=\sqrt{pv^2}$,其中 p 为轴承压强(MPa),v 为轴颈圆周速度(m/s)。当 $K\leqslant 2$ 时用脂润滑,$K>2$ 时用油润滑,$2<K<16$时用针阀油杯润滑,$16<K<32$ 时采用油环润滑、飞溅润滑或压力润滑,$K\geqslant 32$ 时采用压力循环润滑。

思考题:请读者查阅有关资料,明晰上述内容中提到的"凝点、倾点、闪点、滴点"等概念。

二、滚动轴承的结构和类型

(一)滚动轴承的结构

滚动轴承一般由内圈1、外圈2、滚动体3和保持架4组成,如图10-13所示。内、外圈分别与轴颈、轴承座孔装配在一起。当内、外圈相对转动时,滚动体即在内、外圈的滚道间滚动。保持架使滚动体分布均匀,减少滚动体的摩擦和磨损。滚动轴承内有滚动体,运行时轴承内存在滚动摩擦,与滑动摩擦相比,滚动轴承的摩擦系数与磨损较小,载荷、转速及工作温度的适用范围广,且为标准件,有专门厂家大批量生产,质量可靠,供应充足,润滑、维修方便,但径向尺寸较大,有振动和噪声。

由于滚动轴承的机械效率较高,对轴承的维护要求较低,因此在中、低转速以及精度要求较高的场合得到了广泛应用。

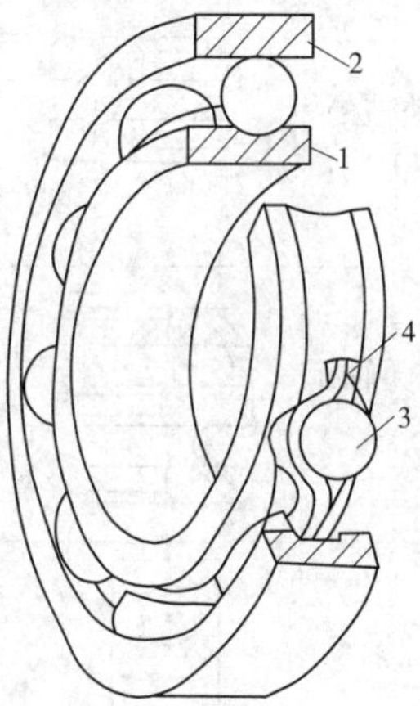

1—内圈;2—外圈;3—滚动体;4—保持架

图10-13　滚动轴承的结构

(二)滚动轴承的类型及代号

1. 滚动轴承的类型

滚动轴承按受载方向分为向心轴承和推力轴承两大类。向心轴承主要承受径向载荷,推力轴承主要承受轴向载荷。按滚动体形状,滚动轴承又可分为球轴承与滚子轴承两大类。轴承的基本类型及特性见表10-4。

表10-4　滚动轴承的基本类型及特性

类型及代号	结构简图	承载方向	主要性能及应用
调心球轴承(1)	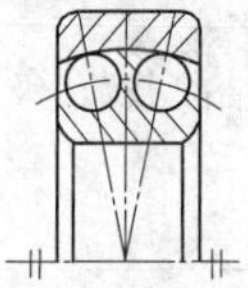		其外圈的内表面是球面,内、外圈轴线间允许角偏移为2°~3°,极限转速低于深沟球轴承。可承受径向载荷及较小的双向轴向载荷。用于轴变形较大及不能精确对中的支承处
调心滚子轴承(2)	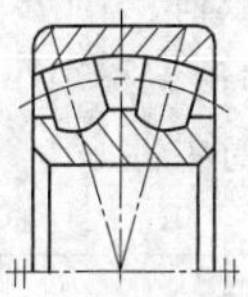		轴承外圈滚道是球面,主要承受径向载荷及一定的双向轴向载荷,但不能承受纯轴向载荷,允许角偏移为0.5°~2°。常用在长轴或受载荷作用后轴有较大变形及多支点的轴上
圆锥滚子轴承(3)	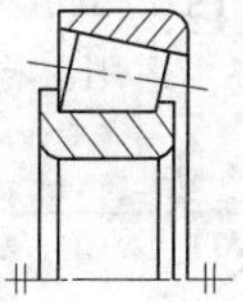		可同时承受较大的径向及轴向载荷,承载能力大于“7”类轴承。外圈可分离,装拆方便,成对使用

续表 10-4

类型及代号	结构简图	承载方向	主要性能及应用
推力球轴承 (4)	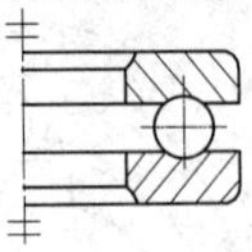		只能承受轴向载荷,而且载荷作用线必须与轴线相重合,不允许有角偏差,极限转速低
双向推力轴承 (5)	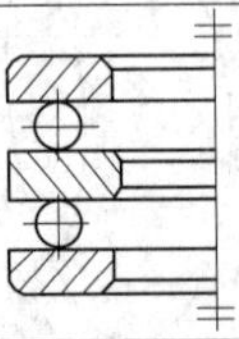		能承受双向轴向载荷。其余与推力轴承相同
深沟球轴承 (6)	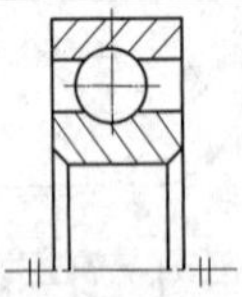		可承受径向载荷及一定的双向轴向载荷。内外圈轴线间允许角偏移为 8′~16′
角接触球轴承 (7)	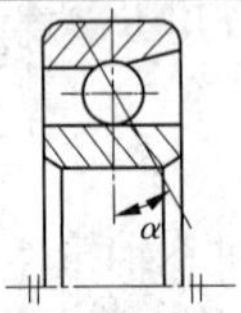 7000C型(α=15°) 7000AC型(α=25°) 7000B型(α=40°)		可同时承受径向载荷及轴向载荷。承受轴向载荷的能力由接触角 α 的大小决定,α 大,承受轴向载荷的能力高。由于存在接触角 α,承受纯径向载荷时,会产生内部轴向力,使内、外圈有分离的趋势,因此这类轴承要成对使用。极限转速较高
推力滚子轴承 (8)	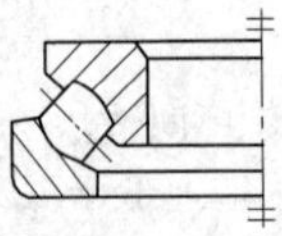		能承受较大的单向轴向载荷,极限转速低
圆柱滚子轴承 (N)	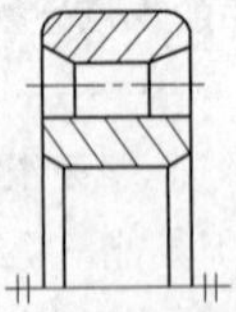		能承受较大的径向载荷,不能承受轴向载荷,极限转速较高,但允许的角偏移很小,2′~4′。设计时,要求轴的刚度大,对中性好
滚针轴承 (NA)	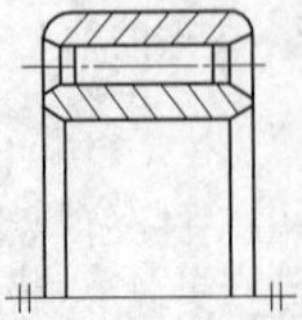		不能承受轴向载荷,不允许有角度偏斜,极限转速较低。结构紧凑,在内径相同的条件下,与其他轴承比较,其外径最小。适用于径向尺寸受限制的部件中

滚动轴承的内、外圈与滚动体之间存在一定的间隙,如图 10-14 所示,因此内、外圈可以有相对位移,最大位移量称为轴承游隙。当轴承的一个座圈固定时,另一座圈沿径向的最大移动量称为径向游隙 Δr,沿轴向的最大移动量称为轴向游隙 Δa。游隙的大小对轴

承的寿命、温升和噪声都有很大的影响。

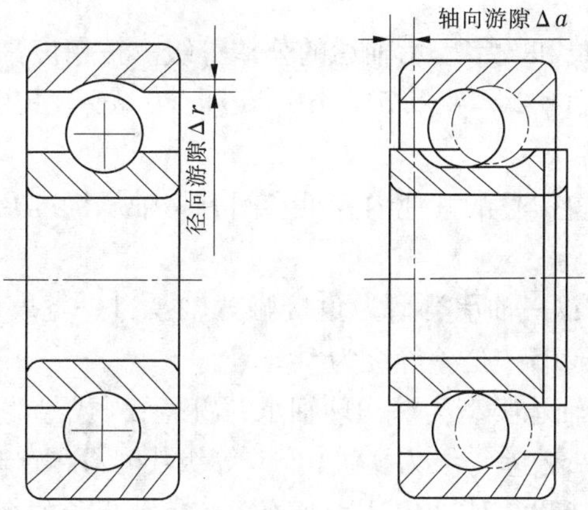

图 10-14　滚动轴承的游隙

2. 滚动轴承的代号

滚动轴承代号是表示其结构、尺寸、公差等级和技术性能等特征的产品符号，由字母和数字组成。按国家标准《滚动轴承代号方法》(GB/T 272—93)的规定，轴承代号由前置代号、基本代号和后置代号构成，其排列见表 10-5。

表 10-5　轴承代号的构成

前置代号	基本代号			后置代号
字母	字母和数字			字母和数字
成套轴承的分部件	××× 类型代号	×× 宽度系列代号　直径系列代号	×× 内径代号	内部结构 密封、防尘与外部形状变化 保持架结构、材料改变及轴承材料改变 公差等级和游隙 其他

基本代号表示轴承的基本类型、结构和尺寸，是轴承代号的基础。其中，类型代号用数字或字母表示，其余用数字表示，最多有 7 位数字或字母。

内径代号表示轴承的内径尺寸。当轴承的内径小于 20 mm 时，内径 10 mm 代号 00，内径 12 mm 代号 01，内径 15 mm 代号 02，内径 17 mm 代号 03；当轴承内径在 20 ~ 480 mm 范围内时，内径代号乘以 5 即为轴承公称内径；当内径为 22 mm、28 mm、32 mm 及内径大于 500 mm 的轴承直接用内径表示，并用“/”隔开，例 62/32 表示内径 32 mm 的深沟球轴承。

直径系列代号表示内径相同的同类轴承有几种不同的外径。

宽度系列代号表示内、外径相同的同类轴承宽度的变化。

类型代号表示轴承的基本类型，其对应的轴承类型参见表 10-4，其中 0 类可省去不写。

在后置代号中用字母和数字表示轴承的公差等级。按精度高低分为 2 级、4 级、5 级、6x 级、6 级和 0 级，分别用/P2、/P4、/P5、/P6x、P6 和/P0 表示，其中 P2 级精度最高，P0 级为普通级，在代号中省略。

有关前置代号和后置代号的其他内容可参阅有关轴承标准及专业资料。

代号举例：

71908/P5 代号意义：7—轴承类型为角接触球轴承，1—宽度系列代号，9—直径系列代号，08—内径为 40 mm，P5—公差等级为 5 级。

6204 代号意义：6—轴承类型为深沟球轴承，宽度系列代号为 0（省略），2—直径系列代号，04—内径为 20 mm，公差等级为 0 级（公差等级代号/P0 省略）。

【例题 10-1】 说明 6208、71210B、LN312/P5 等轴承代号的含义。

解：6208 为深沟球轴承，尺寸系列（0）2（宽度系列 0，直径系列 2），内径 40 mm，精度 P0 级。

71210B 为角接触球轴承，尺寸系列 12（宽度系列 1，直径系列 2），内径 50 mm，接触角 $\alpha = 40°$，精度 P0 级。

LN312/P5 为单列圆柱滚子轴承，可分离外圈，尺寸系列（0）3（宽度系列 0，直径系列 3），内径 60 mm，精度 P5 级。

三、滚动轴承类型的选择

（一）滚动轴承选择的原则

1. 轴承工作载荷的大小、方向及性质

当载荷较小而平稳、转速较高时，可选用球轴承；反之，宜选用滚子轴承。

当轴承同时承受径向及轴向载荷时，若以径向载荷为主则可选用深沟球轴承；当轴向载荷比径向载荷大很多时，可选用推力轴承与向心轴承的组合结构；当径向载荷和轴向载荷均较大时可选用向心角接触轴承。

2. 对轴承的特殊要求

跨距较大或难以保证两轴承孔同轴度的轴及多支点轴，宜选用调心轴承。为便于安装、拆卸和调整轴承游隙，宜选用内、外圈可分离的圆锥滚子轴承。

3. 经济性

一般球轴承比滚子轴承价廉；有特殊结构的轴承比普通结构的轴承贵。同型号的轴承，精度越高，价格也越高，一般机械传动宜选用普通级（P0）精度。

（二）滚动轴承类型选择示例

【例题 10-2】 吊车滑轮轴及吊钩（见图 10-15（a）），起重量 $Q = 5 \times 10^4$ N。请选择轴承类型。

解：起重机卷筒轴滑轮轴轴承承受较大的径向载荷，转速低，考虑结构选用一对深沟球轴承（6 类）。吊钩轴承承受较大的单向轴向载荷，摆动，选用一套推力球轴承（5 类）。

【例题 10-3】 起重机卷筒轴（见图 10-15（b）），起重量 $Q = 3 \times 10^5$ N，转速 $n = 30$

r/min,动力由直齿圆柱齿轮输入。请选择轴承类型。

解:起重机卷筒轴承受较大的径向载荷,转速低,支点跨距大;轴承座分别安装,对中性较差,轴承内、外圈间可能产生较大的角偏斜,选用一对调心滚子轴承(2 类)。

【例题 10-4】　高速内圆磨磨头(见图 10-15(c)),转速 $n = 18\ 000$ r/min。请选择轴承类型。

解:高速内圆磨磨头同时承受较小的径向和轴向载荷,转速高,要求回转精度高,选用一对公差等级为 P5 的角接触球轴承。

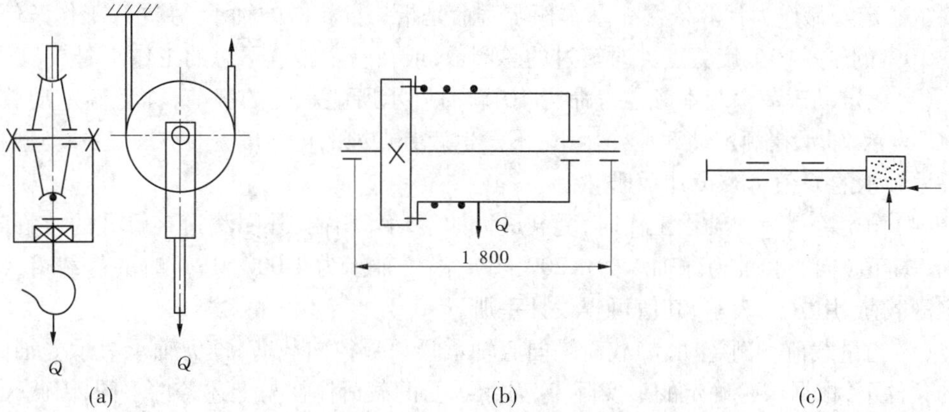

图 10-15　轴承类型选择示例

四、滚动轴承的工作能力分析

(一)滚动轴承的主要失效形式

1. 疲劳点蚀

疲劳点蚀使轴承产生振动和噪声,旋转精度下降,影响机器的正常工作,是一般滚动轴承的主要失效形式。

2. 塑性变形

当轴承转速很低($n \leqslant 10$ r/min)或间歇摆动时,一般不会发生疲劳点蚀,此时轴承往往因受过大的静载荷或冲击载荷而产生塑性变形,使轴承失效。磨损、润滑不良、杂质和灰尘的侵入都会引起磨损,使轴承丧失旋转精度而失效。

(二)滚动轴承的设计准则

滚动轴承的设计准则如下:

(1)一般转速(10 r/min$\leqslant n < n_{\mathrm{lim}}$)时,若轴承只承受径向载荷 F_{r} 作用,由于各元件的弹性变形,轴承上半圈的滚动体将不受力,而下半圈各滚动体受力的大小则与其所处的位置有关。故轴承运转时,轴承套圈滚道和滚动体受变应力作用,滚动轴承的主要失效形式是疲劳点蚀。为防止疲劳点蚀现象的发生,滚动轴承应按额定动载荷进行寿命计算。

(2)转速较低($n < 10$ r/min)的滚动轴承,可能因过大的静载荷或冲击载荷,使套圈滚道与滚动体接触处产生过大的塑性变形。因此,低速重载的滚动轴承应进行静强度计算。

(3)高速($n_{\mathrm{lim}} \leqslant n$)转动的轴承,可能因润滑不良等原因引起磨损甚至胶合。因此,除进行寿命计算外，还要校核极限转速。

（三）轴承的寿命计算

1. 寿命计算中的基本概念

（1）寿命。滚动轴承的寿命是指轴承中任何一个滚动体或内、外圈滚道上出现疲劳点蚀前轴承转过的总圈数，或在一定转速下总的工作小时数。

（2）基本额定寿命。一批类型、尺寸相同的轴承，材料、加工精度、热处理与装配质量不可能完全相同。即使在同样条件下工作，各个轴承的寿命也是不同的。在国标中规定以基本额定寿命作为计算依据。基本额定寿命是指一批相同的轴承，在同样工作条件下，其中 10% 的轴承产生疲劳点蚀时转过的总圈数，或在一定转速下总的工作小时数。

（3）额定动载荷。基本额定寿命为 10^6 转时轴承所能承受的载荷，称为额定动载荷，以“C”表示，轴承在额定动载荷作用下，不发生疲劳点蚀的可靠度是 90%。各种类型和不同尺寸轴承的 C 值可查设计手册。

（4）额定静载荷。轴承工作时，受载最大的滚动体与内、外圈滚道接触处的接触应力达到一定值（向心和推力球轴承为 4 200 MPa，滚子轴承为 4 000 MPa）时的静载荷，称为额定静载荷，用“C_0”表示，其值可查设计手册。

（5）当量载荷。额定动、静载荷是向心轴承只承受径向载荷、推力轴承只承受轴向载荷的条件下，根据试验确定的。实际上，轴承承受的载荷往往与上述条件不同，因此，必须将实际载荷等效为一假想载荷，这个假想载荷称为当量动、静载荷，以“P”表示。

2. 寿命计算

滚动轴承的基本额定寿命计算公式如下：

$$L_h = \frac{10^6}{60n}\left(\frac{f_T C}{f_P P}\right)^{\varepsilon} \tag{10-1}$$

式中　L_h——滚动轴承的基本额定寿命。

在实际应用中，额定寿命常用给定转速下运转的小时数 L'_h（滚动轴承预期寿命）表示。考虑到机器振动和冲击的影响，引入载荷因数 f_P（见表 10-6）；考虑到工作温度的影响，引入了温度因数 f_T（见表 10-7）。

实用的寿命计算公式为

$$C_c = \frac{f_P P}{f_T}\sqrt[\varepsilon]{\frac{60nL'_h}{10^6}} \leqslant C \tag{10-2}$$

式中　C_c——计算额定动载荷，kN；

C——额定动载荷，kN，可查设计手册；

ε——寿命指数，球轴承 $\varepsilon=3$，滚子轴承 $\varepsilon=10/3$。

思考题：同等条件下，滚子与球类轴承的寿命哪个更长？

若当量动载荷 P 与转速 n 均已知，预期寿命 L'_h（推荐值见表 10-8）已选定，则可根据式（10-2）选择轴承型号。

表 10-6 载荷因数 f_P

载荷性质	f_P	举例
无冲击或有轻微冲击	1.0~1.2	电动机、汽轮机、通风机、水泵
中等冲击和振动	1.2~1.8	车辆、机床、内燃机、起重机、冶金设备、减速器
强大冲击和振动	1.8~3.0	破碎机、轧钢机、石油钻机、振动筛

表 10-7 温度因数 f_T

轴承工作温度(℃)	100	125	150	175	200	225	250	300
温度系数 f_T	1	0.95	0.90	0.85	0.80	0.75	0.70	0.60

表 10-8 滚动轴承预期寿命推荐值

机器种类		预期寿命(h)
不常使用的仪器和设备		500
航空发动机		500~2 000
间断使用的机器	中断使用不致引起严重后果的手动机械、农业机械等	4 000~8 000
	中断使用会引起严重后果,如升降机、运输机、吊车等	8 000~12 000
每天工作 8 h 的机器	利用率不高的齿轮传动、电机等	12 000~20 000
	利用率较高的通信设备、机床等	20 000~30 000
连续工作 24 h 的机器	一般可靠性的空气压缩机、电机、水泵等	50 000~60 000
	高可靠性的电站设备、给排水装置等	>100 000

3. 当量动载荷的计算

当量动载荷是一假想载荷,在该载荷作用下,轴承的寿命与实际载荷作用下的寿命相同。当量动载荷 P 的计算式为

$$P = XF_r + YF_a \tag{10-3}$$

式中 X——径向载荷系数(见表 10-9);

Y——轴向载荷系数;

F_r——轴承承受的径向载荷,kN;

F_a——轴承承受的轴向载荷,kN。

对于只承受径向载荷的轴承,当量动载荷为轴承的径向载荷 F_r,即

$$P = F_r \tag{10-4}$$

对于只承受轴向载荷的轴承,当量动载荷为轴承的轴向载荷 F_a,即

$$P = F_a \tag{10-5}$$

表 10-9　单列向心轴承的径向载荷系数 X 和轴向载荷系数 Y

轴承类型		F_a/C_0	e	$F_a/F_r>e$		$F_a/F_r\leqslant e$	
				X	Y	X	Y
		0.014	0.19		2.30		
		0.028	0.22		1.99		
		0.056	0.26		1.71		
		0.084	0.28		1.55		
深沟球轴承（6类）		0.11	0.30	0.56	1.45	1	0
		0.17	0.34		1.31		
		0.28	0.38		1.15		
		0.42	0.42		1.04		
		0.56	0.44		1.00		
		0.015	0.38		1.47		
		0.029	0.40		1.40		
		0.058	0.43		1.30		
		0.087	0.46		1.23		
角接触球轴承（7类）	7000C 型（$\alpha=15°$）	0.12	0.47	0.44	1.19	1	0
		0.17	0.50		1.12		
		0.29	0.55		1.02		
		0.44	0.56		1.00		
		0.58	0.56		1.00		
	7000AC 型（$\alpha=25°$）	—	0.68	0.41	0.87	1	0
	7000B 型（$\alpha=40°$）	—	1.14	0.35	0.57	1	0
圆锥滚子轴承（3类）		—	见附表 C－3	0.40	见附表 C－3	1	0

【例题 10-5】　设某水泵转速 $n=2\ 900$ r/min，轴颈直径 $d=35$ mm，轴的两端受径向载荷 $F_{r1}=F_{r2}=1\ 810$ N，轴向载荷 $F_A=740$ N，预期寿命 $L'_h=5\ 000$ h，试选择轴承型号。

解：水泵轴主要承受径向载荷（$F_r>F_a$），转速相当高，所以选深沟球轴承（6 类）。因水泵承受的是中等载荷，则选 0 类宽度系列和 3 类直径系列（注：不是唯一的选择）。根据轴颈直径 $d=35$ mm，所以选用 6307 轴承。水泵属一般通用机械，对轴承的精度和游隙无特殊要求。

【例题 10-6】　按上例，轴的两端用一对 6307 型号的轴承支承，$d=35$ mm，设轴承 1 为游动端，轴承 2 为固定端，$F_{r1}=F_{r2}=1\ 810$ N，$F_A=740$ N，水泵工作时有轻微冲击，轴承正常工作温度低于 100 ℃，试校核轴承寿命。

解：轴承 1 为游动端，不承受轴向载荷，轴向载荷由轴承 2 承受，即 $F_{a2}=F_A$。

(1)按 6307 轴承由附表 C-1 查得 $C_0=19.2$ kN,则 $F_a/C_0=740/19\ 200=0.038\ 5$,以此值查表 10-9,利用插值法得界限值 $e=0.231$。

(2)因 $F_{a2}/F_{r2}=740/1\ 810=0.409>e$,根据 $F_a/C_0=0.038\ 5$,插值查得 $Y=1.87$, $X=0.56$。

(3)计算径向当量动载荷。

$$P_1=F_{r1}=1\ 810\ \text{N}$$

$$P_2=XF_{r2}+YF_{a2}=0.56\times1\ 810+1.87\times740=2\ 397(\text{N})$$

按已知条件查表 10-6、表 10-7 得 $f_P=1.1$,$f_T=1$,球轴承 $\varepsilon=3$,由式(10-2)得

$$C_c=\frac{f_P P}{f_T}\sqrt[\varepsilon]{\frac{60nL'_h}{10^6}}=\frac{1.1\times2\ 397}{1}\times\sqrt[3]{\frac{60\times2\ 900\times5\ 000}{10^6}}=25.17(\text{kN})$$

由附表 C-1 查得 6307 轴承 $C=33.2\ \text{kN}>C_c$,轴承合格。

思考题:例题 10-5 中的轴承除了 6307 型号,还有其他型号的轴承可以选择吗?

4. 向心角接触轴承轴向载荷的计算

1)向心角接触轴承的内部轴向力

由于向心角接触轴承有接触角,故轴承在受到径向载荷作用时,承载区内滚动体的法向力分解,产生一个轴向分力 F_s(见图 10-16)。F_s是在径向载荷 F_r 作用下产生的轴向力,通常称为内部轴向力,其大小按表 10-10 计算。内部轴向力的方向沿轴向,由轴承外圈的宽边指向窄边。

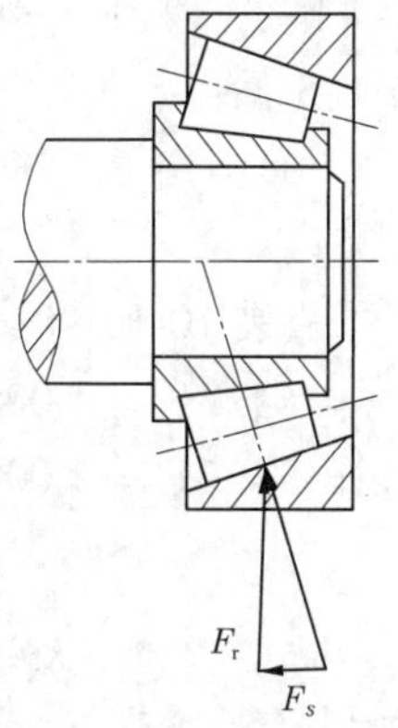

图 10-16　内部轴向力

表 10-10　向心角接触轴承的内部轴向力

圆锥滚子轴承	角接触球轴承		
3000 型	7000C 型	7000AC 型	7000B 型
$F_s=F_r/(2Y)$	$F_s=0.4F_r$	$F_s=0.7F_r$	$F_s=1.14F_r$

2)向心角接触轴承的实际轴向载荷

向心角接触轴承在使用时实际所受的轴向载荷 F_a,除与外加轴向载荷 F_A(见图 10-17)有关外,还应考虑内部轴向力 F_s的影响。计算两支点实际轴向载荷的步骤如下:

(1)计算出两支点内部轴向力 F_{s1}、F_{s2}的大小,并绘出其方向。

(2)将外加轴向载荷 F_A及与之同向的内部轴向力之和与另一内部轴向力进行比较,以判定轴承的"压紧"端与"放松"端。

(3)"放松"端轴承的轴向载荷等于它本身的内部轴向力。

(4)"压紧"端轴承的轴向载荷等于除了它本身的内部轴向力的代数和。

【例题 10-7】　某工程机械传动中轴承组合形式如图 10-18 所示。已知:轴向力 $F_k=2\ 000$ N,径向力 $F_{r1}=4\ 000$ N,$F_{r2}=5\ 000$ N,转速 $n=1\ 500$ r/min。中等冲击,工作温度低于 100 ℃,要求轴承使用寿命 $L_h=5\ 000$ h。请问 30310 轴承是否适用?

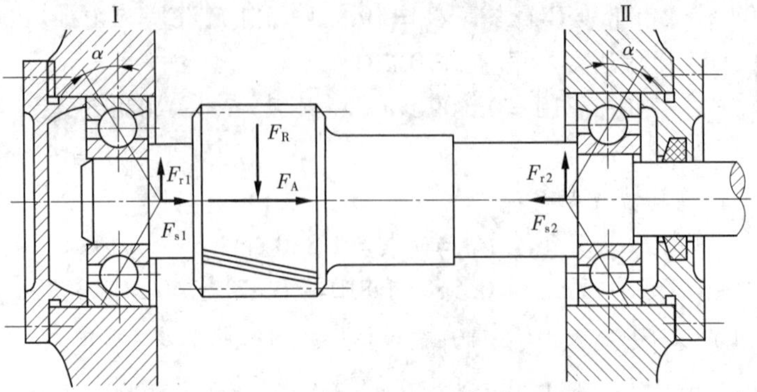

图 10-17　角接触轴承的轴向力

解：(1) 计算轴承所受轴向载荷 F_a。查附表 C-3 得：

30310 轴承　$C = 130\ 000$ N, $Y = 1.7$, $e = 0.35$。

查表 10-10 得：

$F_{s1} = F_{r1}/2Y = 4\ 000\ /(2 \times 1.7) = 1\ 176.5$(N)

$F_{s2} = F_{r2}/2Y = 5\ 000\ /(2 \times 1.7) = 1\ 470.6$(N)

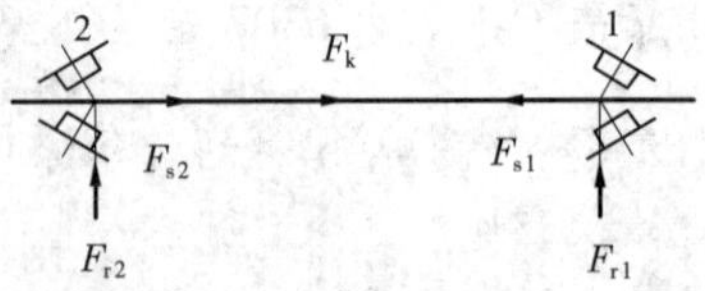

图 10-18　例 10-7 图

$$F_{s2} + F_k = 1\ 470.6 + 2\ 000 = 3\ 470.6(\text{N}) > F_{s1}$$

可知轴承 1 被"压紧",轴承 2 被"放松",故：

$$F_{a1} = F_{s2} + F_k = 1\ 470.6 + 2\ 000 = 3\ 470.6(\text{N});$$

$$F_{a2} = F_{s2} = 1\ 470.6\ \text{N}$$

(2) 计算当量动载荷 P。

轴承 1：$F_{a1}/F_{r1} = 3\ 470.6\ /\ 4\ 000 = 0.867\ 7 > e$。查表 10-9 得 $X = 0.4$，故：

$$P_1 = XF_{r1} + YF_{a1} = 0.4 \times 4\ 000 + 1.7 \times 3\ 470.6 = 7\ 500(\text{N})$$

轴承 2：$F_{a2}/F_{r2} = 1\ 470.6\ /\ 5\ 000 = 0.294 < e$。查表 10-9 得 $X = 1$, $Y = 0$，故：

$$P_2 = XF_{r2} + YF_{a2} = 1 \times 5\ 000 + 0 \times 1\ 470.6 = 5\ 000(\text{N})$$

(3) 验算基本额定动载荷 C。

由载荷中等冲击，查表 10-6 得 $f_P = 1.6$，查表 10-7 得 $f_T = 1$。

按式(10-2)得所需的基本额定动载荷 $C_c = \dfrac{f_P P}{f_T}\sqrt[\varepsilon]{\dfrac{60nL'_h}{10^6}}$，因 $P_1 > P_2$，所以按 P_1 计算：

$$C_c = \frac{1.6 \times 7500}{1} \times \sqrt[\frac{10}{3}]{\frac{60 \times 1\ 500 \times 5\ 000}{10^6}} = 75\ 014(\text{N}) < C = 130\ 000\ \text{N}$$

所以采用一对 30310 圆锥滚子轴承寿命是足够的。

五、滚动轴承的组合设计

为了保证轴承的正常工作，除合理选择轴承的类型和尺寸外，还必须进行轴承的组合设计，妥善解决滚动轴承的固定，轴系的固定，轴承组合结构的调整，轴承的配合、装拆、润滑和密封等问题。

(一)滚动轴承内、外圈的轴向固定

为了防止轴承在承受轴向载荷时相对于轴或座孔产生轴向移动,轴承内圈与轴、外圈与座孔必须进行轴向固定。滚动轴承常用的内、外圈轴向固定方式见表10-11。

表10-11　滚动轴承常用内、外圈轴向固定方式

轴承内圈的轴向固定方式		结构图形	轴承外圈的轴向固定方式	
名称	特点与应用		名称	特点与应用
轴肩	结构简单,外廓尺寸小,可承受大的轴向负荷	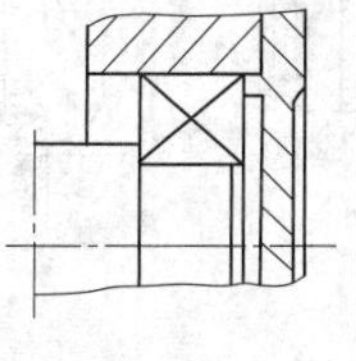	端盖	可为通孔,以通过轴的伸出端,适于高速及轴向负荷较大的场合
弹性挡圈	由轴肩和弹性挡圈实现轴向固定,弹性挡圈可承受不大的轴向负荷,结构尺寸小	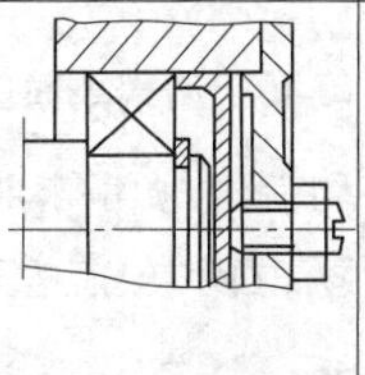	螺钉压盖	类似于端盖式,但便于在箱体外调节轴承的轴向游隙,螺母为防松措施
轴端挡板	由轴肩和轴端挡板实现轴向固定,销和弹簧垫圈为防松措施,适于轴端不宜切制螺纹或空间受限制的场合	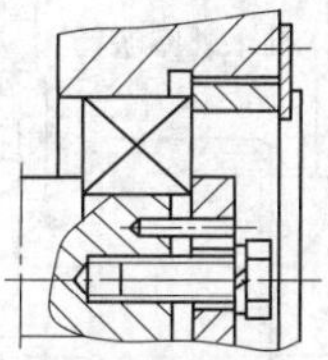	螺纹环	便于调节轴承的轴向游隙,应有防松措施,适于高转速、较大轴向负荷的场合
锁紧螺母	由轴肩和锁紧螺母实现轴向固定,有止动垫圈防松,安全可靠,适于高速重载	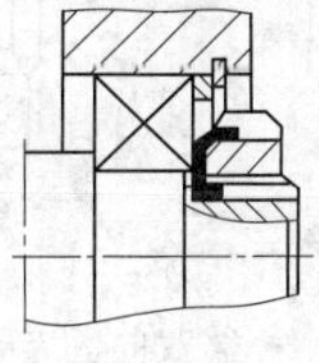	弹性挡圈	结构简单,拆装方便,轴向尺寸小,适于转速不高、轴向负荷不大的场合,弹性挡圈与轴承间的调整环可调整轴承的轴向游隙

(二)轴系的固定

轴系固定的目的是防止轴工作时发生轴向窜动,保证轴上零件有确定的工作位置。常用的固定方式有以下两种。

1. 两端单向固定

如图10-19所示,在轴的两个支承点上,采用两个深沟球轴承,分别利用轴肩、轴承端盖固定轴承内、外圈。两个支承各限制轴系的一个方向的轴向移动,对整个轴系而言,两个方向都进行了定位。为补偿轴的热伸长,在一个轴承外圈和轴承盖之间留有轴向补偿间隙 Δ ,通常取 $\Delta = 0.2 \sim 0.3$ mm。间隙量可用调整轴承盖与机座端面之间的垫片厚度来控制。对于向心角接触轴承,补偿间隙可留在轴承内部。这种形式结构简单,安装调整方便,适用于支承跨距较小($l < 300$ mm)和温差不大的场合。

2. 一端双向固定、一端游动

如图10-20所示,一个支点处的轴承内、外圈双向固定,另一个支点处的轴承可以轴

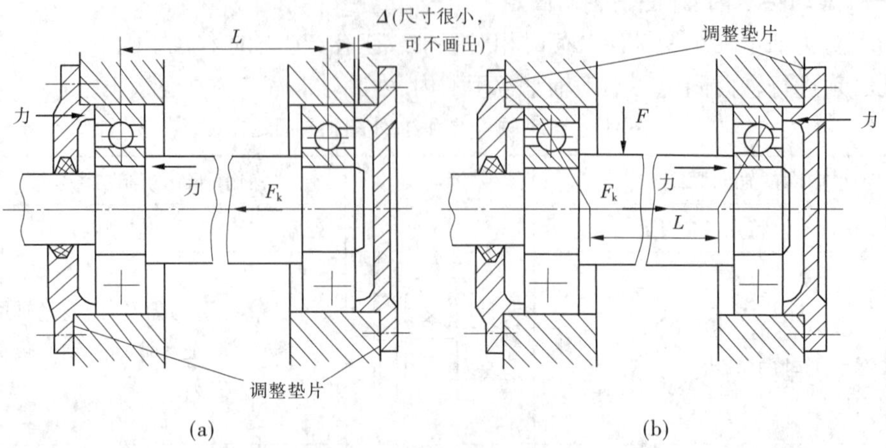

图 10-19　两端单向固定

向游动，以适应轴的热伸长。图中游动端为深沟球轴承，在轴承外圈与端盖间留适当间隙 C(2 ~3 mm)。这种固定方式适用于跨距较大、温差较大的轴。

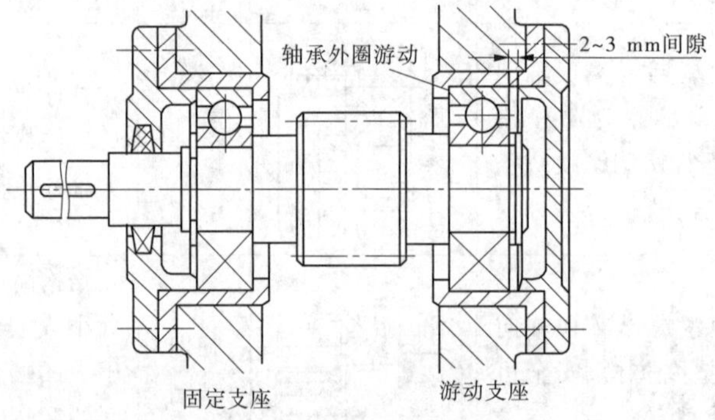

图 10-20　一端双向固定、一端游动

(三)滚动轴承组合结构的调整

滚动轴承组合结构的调整包括轴承间隙的调整和轴系轴向位置的调整。

1. 轴承间隙的调整

轴承间隙的大小将影响轴承的旋转精度、轴承寿命和传动零件工作的平稳性。轴承间隙调整的方法有：

(1)如图 10-21(a)所示，靠加减轴承端盖与箱体间垫片的厚度进行调整。

(2)如图 10-21(b)所示，利用调整环进行调整，调整环的厚度在装配时确定。

(3)如图 10-21(c)所示，利用调整螺钉推动压盖移动滚动轴承外圈进行调整，调整后用螺母锁紧。

2. 轴承的预紧

轴承预紧的目的是提高轴承的精度和刚度，以满足机器的要求。在安装轴承时要加一定的轴向预紧力，消除轴承内部的原始游隙，并使套圈与滚动体产生预变形，在承受外载后仍不出现游隙，这种方法称为轴承的预紧。预紧的方法有：①在一对轴承内圈之间加

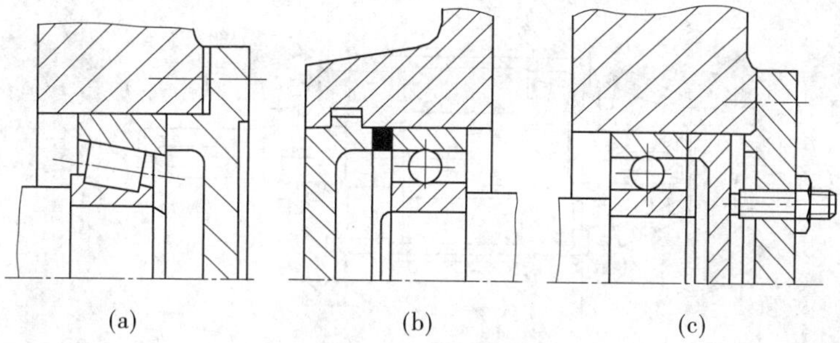

图 10-21　轴承间隙的调整

金属垫片（见图 10-22（a））；②磨窄外圈（见图 10-22（b））；③用弹簧压紧（见图 10-22（c））等。

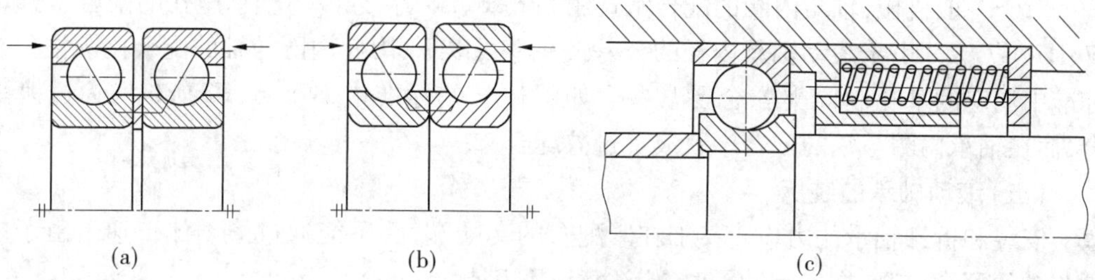

图 10-22　轴承的预紧

3. 轴系轴向位置的调整

轴系轴向位置调整的目的是使轴上零件有准确的工作位置。如蜗杆传动，要求蜗轮的中间平面必须通过蜗杆轴线（见图 10-23（a））；直齿锥齿轮传动，要求两锥齿轮的锥顶必须重合（见图 10-23（b））。图 10-24 为锥齿轮轴的轴承组合结构，轴承装在套杯内，通过加减第 1 组垫片的厚度来调整轴承套杯的轴向位置，即可调整锥齿轮的轴向位置；通过加、减第 2 组垫片的厚度，则可以实现轴承间隙的调整。

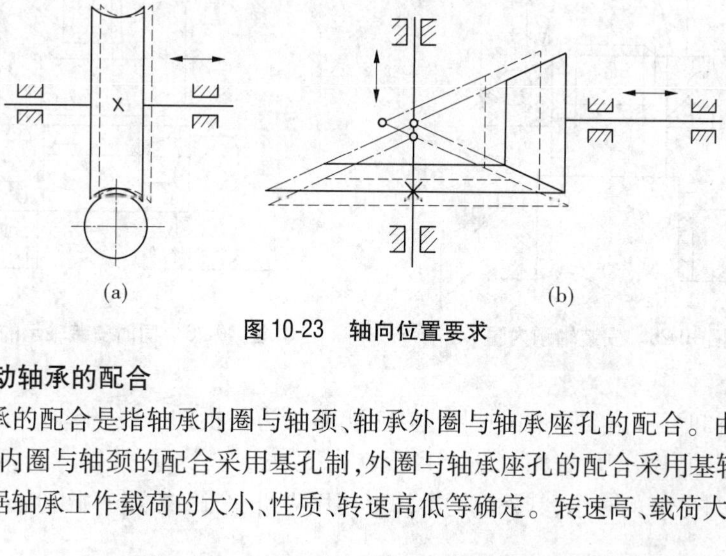

图 10-23　轴向位置要求

（四）滚动轴承的配合

滚动轴承的配合是指轴承内圈与轴颈、轴承外圈与轴承座孔的配合。由于滚动轴承是标准件，故内圈与轴颈的配合采用基孔制，外圈与轴承座孔的配合采用基轴制。配合的松紧程度根据轴承工作载荷的大小、性质、转速高低等确定。转速高、载荷大、冲击振动比

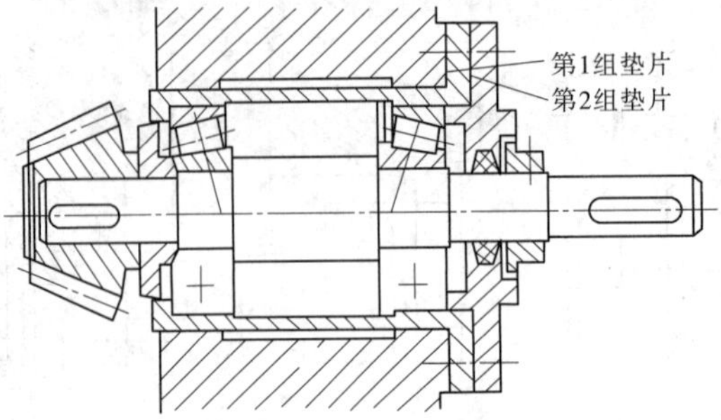

图 10-24　锥齿轮轴系位置调整

较严重时应选用较紧的配合，旋转精度要求高的轴承配合也要紧一些；游动支承和需经常拆卸的轴承，则应配合松一些。

对于一般机械，轴与内圈的配合常选用 m6、k6、js6 等，外圈与轴承座孔的配合常选用 J7、H7、G7 等。由于滚动轴承内径的公差带在零线以下，因此内圈与轴的配合比圆柱公差标准中规定的基孔制同类配合要紧些。如圆柱公差标准中 H7/k6、H7/m6 均为过渡配合，而在轴承内圈与轴的配合中就成了过盈配合。

（五）滚动轴承的装拆

安装和拆卸轴承的力应直接加在紧配合的套圈端面，不能通过滚动体传递。由于内圈与轴的配合较紧，在安装轴承时，应注意以下几点：

(1)对中、小型轴承，安装轴承内圈时可在内圈端面加垫后，用手锤轻轻打入（见图 10-25）。

(2)对尺寸较大的轴承，可在压力机上压入或把轴承放在油里加热至 80～100 ℃，然后取出套装在轴颈上。

(3)若同时安装轴承的内、外圈，则须用特制的安装工具（见图 10-26）。

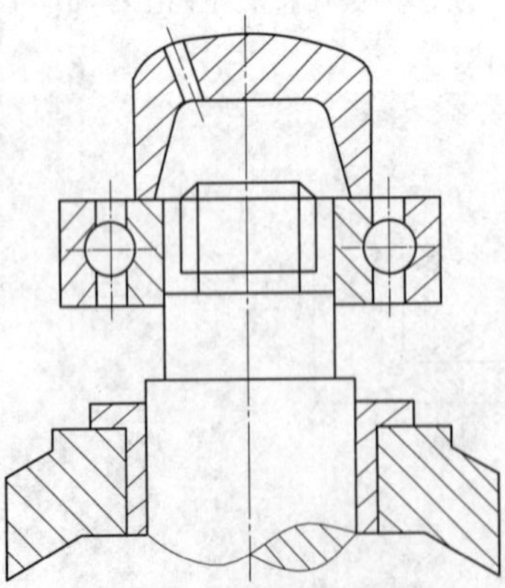

图 10-25　安装轴承内圈

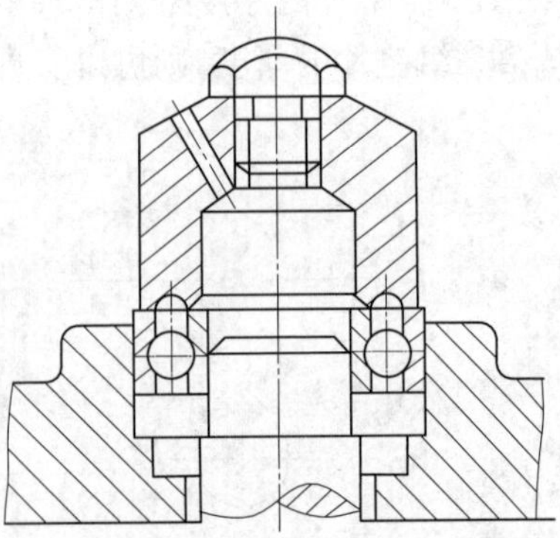

图 10-26　同时安装轴承的内、外圈

轴承的拆卸可根据实际情况按图 10-27 实施。为使拆卸工具的钩头钩住内圈，应限制轴肩高度。轴肩高度可查相关设计手册。

内、外圈可分离的轴承，其外圈的拆卸可用压力机、套筒或螺钉顶出，也可以用专用设备拉出。为了便于拆卸,座孔的结构一般采用图 10-28 所示的形式。

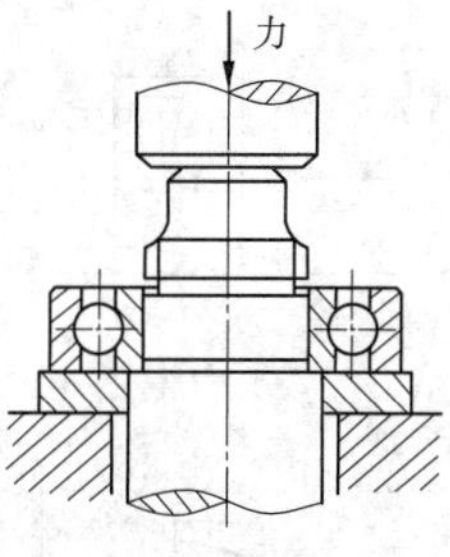

图 10-27 轴承的拆卸

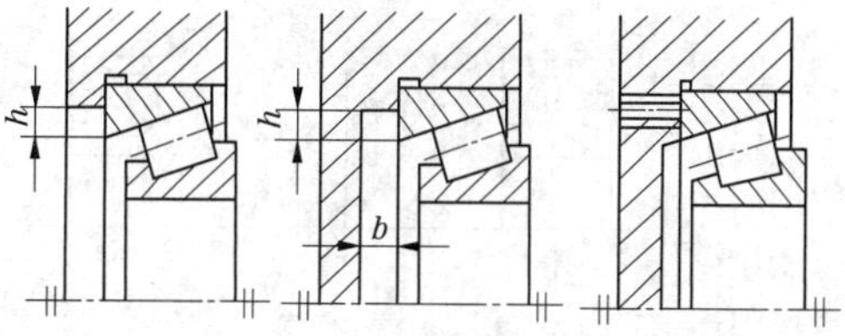

图 10-28 便于外圈拆卸的座孔结构

(六)支承部位的刚度和同轴度

为保证支承部分的刚度,轴承座孔壁应有足够的厚度,并设置加强肋以增强刚度(见图 10-29)。为保证支承部分的同轴度,同一轴上两端的轴承座孔必须保持同心。为此,两端轴承座孔的尺寸应尽量相同,以便加工时一次镗出,减少同轴度误差。若轴上装有不同外径尺寸的轴承,可采用套杯结构(见图 10-30)。

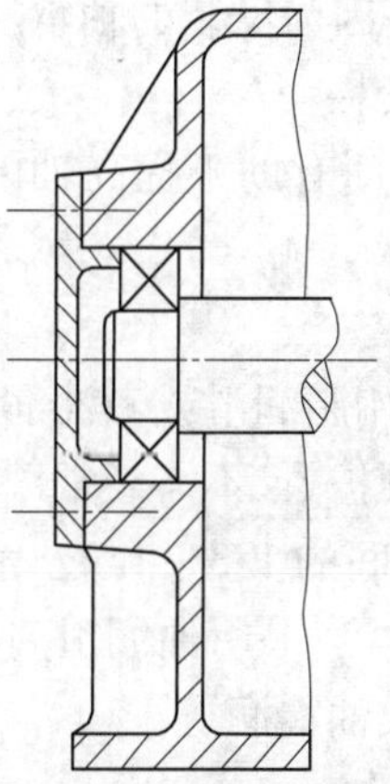

图 10-29 支承部位刚度

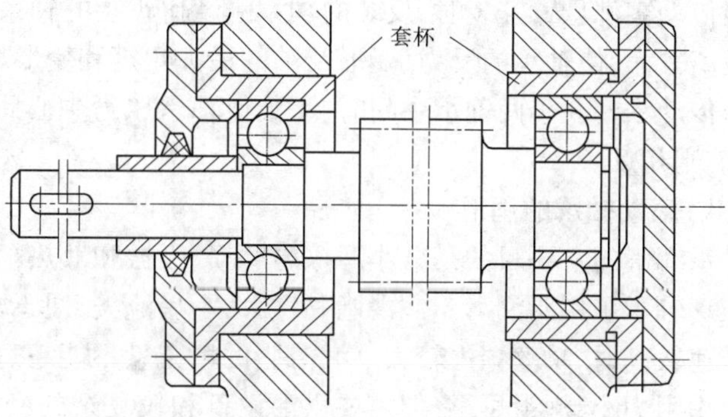

图 10-30 轴承座孔的同轴度

(七)角接触球轴承和圆锥滚子轴承的排列方式

角接触球轴承和圆锥滚子轴承一般成对使用,根据调整、安装以及使用场合的不同,有如下两种排列方式。

1. 正装(外圈窄端面相对)

当两角接触球轴承或圆锥滚子轴承的压力中心距离 $\overline{O_1O_2}$ 小于两个轴承中点跨距时,称为正装(见图 10-31(a)、(c))。正装的轴系结构简单,装拆、调整方便,但是轴的受热伸长会减小轴承的轴向游隙,甚至会卡死。

2. 反装(外圈宽端面相对)

当两角接触球轴承或圆锥滚子轴承的压力中心距离 $\overline{O_1O_2}$ 大于两个轴承中点的跨距时,称为反装(见图 10-31(b)、(d))。显然,轴的热膨胀会增大轴承的轴向游隙。另外,反装的结构较复杂，装拆、调整不便。

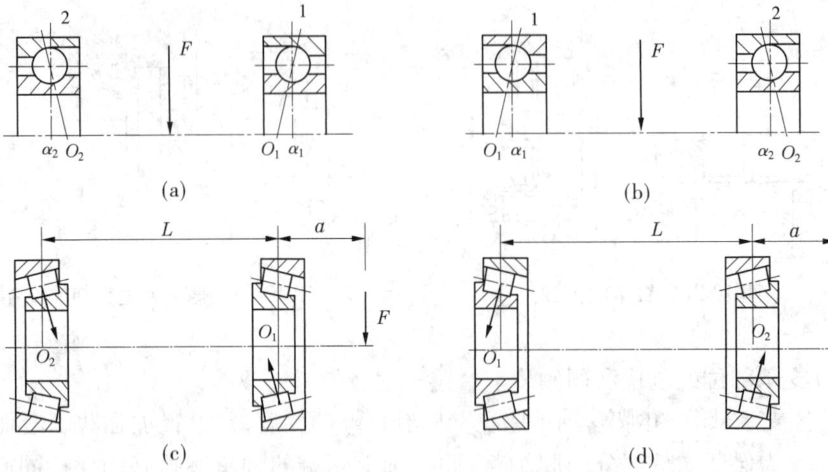

图 10-31　正反装的轴系

3. 正、反装的刚度分析

当传动零件悬臂安装时，反装的轴系刚度比正装的轴系高，这是因为反装的轴承压力中心距离较大，使轴承的反力、变形及轴的最大弯矩和变形均小于正装。

当传动零件介于两轴承中间时，正装使轴承压力中心距离减小而有助于提高轴的刚度，反装则相反。

（八）滚动轴承的润滑

轴承润滑的主要目的是减小摩擦与磨损、吸振和散热。一般采用脂润滑或者油润滑。多数滚动轴承采用脂润滑。润滑脂黏性大，不易流失，便于密封和维护，且不需经常添加，但当转速较高时，功率损失较大。润滑脂的填充量不能超过轴承空间的 1/3 ~ 1/2。油润滑的摩擦阻力小，润滑可靠，但需要供油设备和较复杂的密封装置。当采用油润滑时，油面高度不能超出轴承中最低滚动体的中心。高速轴承宜采用喷油或油雾润滑。

（九）滚动轴承的密封

密封的目的是防止外部的灰尘、水分及其他杂物进入轴承，并阻止轴承内润滑剂的流失。密封分接触式密封和非接触式密封。

1. 接触式密封

接触式密封是在轴承盖内放毡圈、皮碗，使其直接与轴接触，起到密封作用。由于工作时，轴与毛毡等相互摩擦，故这种密封适用于低速，且要求接触处轴的表面硬度大于 40 HRC，粗糙度 Ra < 0.8 μm。

1）毛圈密封（图 10-32（a））

矩形毡圈压在梯形槽中与轴接触，适用于脂润滑、环境清洁、轴颈圆周速度 v < 4 ~ 5 m/s、工作温度 < 90 ℃的场合。

2）密封圈密封（见图 10-32（b））

密封圈由皮革或橡胶制成，有或无骨架，利用环形螺旋弹簧将密封圈的唇部压在轴上，图中唇部向外，可防止尘土入内；如唇部向内，可防止油泄漏。密封圈密封适用于油润

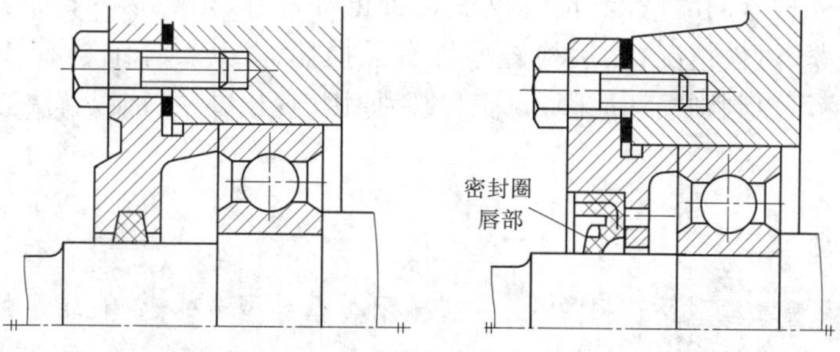

(a)　(b)

图 10-32　接触式密封

滑或脂润滑、轴颈圆周速度 $v<7$ m/s、工作温度在 $-40\sim100$ ℃的场合，密封圈为标准件。

2. 非接触式密封

非接触式密封是利用狭小和曲折的间隙的密封，不直接与轴接触，故可用在高速场合。

(1)间隙密封(见图 10-33(a))。在轴与轴承盖间，留有细小的环形间隙，半径间隙为 0.1～0.3 mm，中间填以润滑脂。它用于工作环境清洁、干燥的场合。

(2)迷宫密封(见图 10-33(b))。在轴与轴承盖间有曲折的间隙，纵向间隙要求为 1.5～2 mm，以防轴受热膨胀。迷宫密封适用于脂润滑或油润滑，工作环境要求不高，密封可靠的场合。

也可将毡圈和迷宫密封组合使用，其密封效果更好。

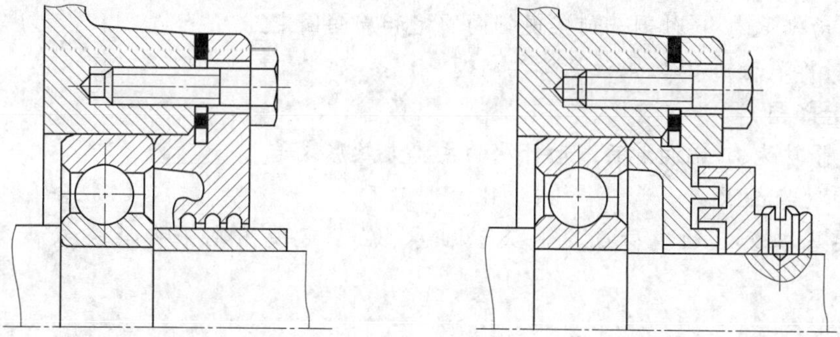

(a)　(b)

图 10-33　非接触式密封

六、拓展提高

轴承的维护工作，除保证良好的润滑、完善的密封外，还要注意观察和检查轴承的工作情况，防患于未然。

设备运行时，若出现以下异常状态，应停机检查：工作条件未变，轴承突然温度升高，且超过允许范围；工作条件未变，轴承运转不灵活，有沉重感；转速严重滞后；设备工作精度显著下降，达不到标准；滚动轴承产生噪声或振动等。

检查时，首先检查润滑情况，检查供油是否正常，油路是否畅通；再检查装配是否正确，有无游隙过紧、过松情况；然后检查零件有无损坏，尤其要仔细察看轴与轴承表面状态，从油迹、伤痕可以判别损坏原因。针对故障原因，提出办法，加以解决。

小　结

了解轴承的基本类型及选择原则，掌握轴承类型和型号的选择，轴承的布置、固定、安装和拆卸，轴向间隙的调整及轴承的润滑和密封等，利用对滚动轴承的工作能力的分析，为机械设计和装配提供必要的理论支持。

习题与训练题

一、简答题

1 根据结构特点，滑动轴承分为哪几类？各有什么特点？

2. 常用的轴瓦材料有哪几种？轴承合金为什么只能做轴衬？

3. 滚动轴承分为哪几类？各有什么特点？适用于什么场合？

4. 选择滚动轴承时，应考虑哪些因素？

5. 滚动轴承的主要失效形式有哪些？

6. 什么是滚动轴承的额定寿命、额定动载荷和当量动载荷？

7. 轴系的固定方式有几种？各有什么特点？适用于什么场合？

8. 滚动轴承的内、外圈如何实现轴向固定和周向固定？

9. 装、拆滚动轴承时，应注意哪些问题？

二、选择题

1. 中等转速、正常润滑的滚动轴承的主要失效形式是________。

A. 疲劳点蚀　　B. 塑性变形　　C. 胶合

2. 按基本额定动载荷选定的滚动轴承，在预定使用期限内其失效概率最大为________。

A. 1%　　B. 5%

C. 10%　　D. 50%

3. 外圈固定、内圈随轴转动的滚动轴承，其内圈上任一点的接触应力为________。

A. 对称循环交变应力　　B. 静应力

C. 不稳定的脉动循环交变应力

D. 稳定的脉动循环交变应力

4. 角接触球轴承承受轴向载荷的能力，随公称接触角 α 的增大而________。

A. 增大　　B. 减少　　C. 不变

5. 滚动轴承的接触式密封是________。

A. 毡圈密封　　B. 油沟式密封

C. 迷宫密封　　D. 甩油密封

6. 滚动轴承中，为防止轴承发生疲劳点蚀，应进行________。

A. 疲劳寿命计算　　B. 静强度计算　　C. 极限转速验算

7. 下列四种轴承中，________必须成对使用。

A. 深沟球轴承　　B. 圆锥滚子轴承

C. 推力球轴承　　D. 圆柱滚子轴承

三、判断题

1. 润滑油的黏度随温度的升高而降低。(　　)

2. 当轴承转速高、比压小时，应选择黏度较高的油。(　　)

3. 在同样的外廓尺寸条件下，球轴承比滚子轴承有更大的承载能力。(　　)

4. 球轴承和滚子轴承相比，在转速较高时应优先选择球轴承。(　　)

5. 在滚动轴承的代号中，一般右起第一、二两位数字用来表示轴承的直径。(　　)

四、计算题

1. 轴上一6208轴承，所承受的径向载荷 $F_r=3\ 000$ N，轴向载荷 $F_a=1\ 270$ N。试求其当量动载荷 P。

2. 一齿轮轴上装有一对型号为30208的轴承(反装)，已知：$F_a=5\ 000$ N(方向向左)，$F_{r1}=8\ 000$ N，$F_{r2}=6\ 000$ N。试计算两轴承上的当量动载荷。

3. 一带传动装置的轴上拟选用单列向心球轴承。已知：轴颈直径 $d=40$ mm，转速 $n=800$ r/min，轴承的径向载荷 $F_r=3\ 500$ N，载荷平稳。若轴承预期寿命 $L'_h=10\ 000$ h，试选择轴承型号。

4. 某水泵的轴颈 $d=30$ mm，转速 $n=1\ 450$ r/min，径向载荷为 $F_r=1\ 320$ N，轴向载荷 $F_a=600$ N。要求寿命 $L'_h=5\ 000$ h，载荷平稳，试选择轴承型号。

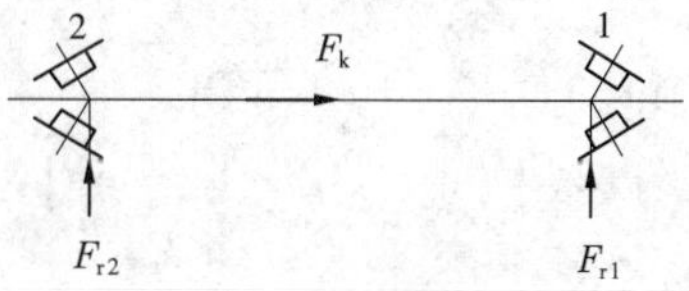

图10-34　计算题5图

5. 某矿山机械轴承组合形式如图10-34所示。已知轴向力 $F_k=2\ 000$ N，径向力 $F_{r1}=3\ 000$ N，$F_{r2}=4\ 000$ N，转速 $n=1\ 450$ r/min，中等冲击，工作温度不超过100 ℃，要求轴承使用寿命 $L_h=5\ 000$ h，请问采用31310轴承是否适用？

6. 一常温下工作的蜗杆，轴颈 $d=40$ mm，转速 $n=220$ r/min，径向载荷 $F_{r1}=2\ 000$ N，$F_{r2}=2\ 550$ N，蜗杆的轴向力 $F_k=800$ N，方向向右，轴承对称布置，要求两班制工作5年，有轻微冲击。拟从角接触球轴承、圆锥滚子轴承中选择，试确定轴承型号，并判定哪种方案最佳。

模块十一　轴

【模块导入】

轴（见图 11-1（a））是机械设备中的重要零件之一，它的主要功能是直接支承回转零件，如齿轮、车轮和带轮等，以实现回转运动并传递动力。轴要由轴承支承以承受作用在轴上的载荷，而且轴上有很多的零件需要彼此联接，它们的性能互相影响，所以将轴及轴上零部件统称为轴系零部件。如图 11-1（b）所示减速器的输出轴由轴 1、轴承 2、齿轮 3、联轴器 4、键 5 等组成，其中轴为核心零件。

本模块主要学习轴的类型与材料、轴的结构设计、轴的工作能力分析等相关内容。

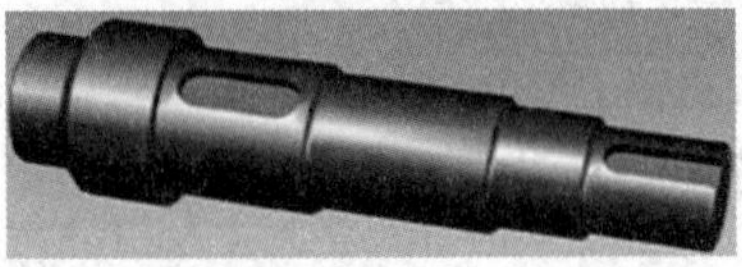

（a）

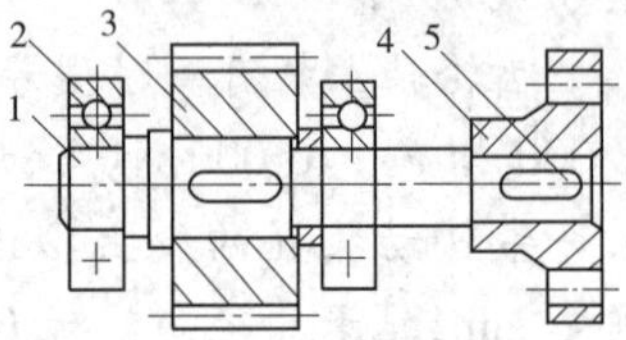

1—轴；2—轴承；3—齿轮；4—联轴器；5—键

（b）

图 11-1　减速器的输出轴

一、轴的类型与材料

（一）轴的类型

1. 根据轴线的形状分类

按轴的轴线形状不同可将轴分为直轴（见图 11-1）、曲轴（见图 11-2）和挠性钢丝轴（见图 11-3）。

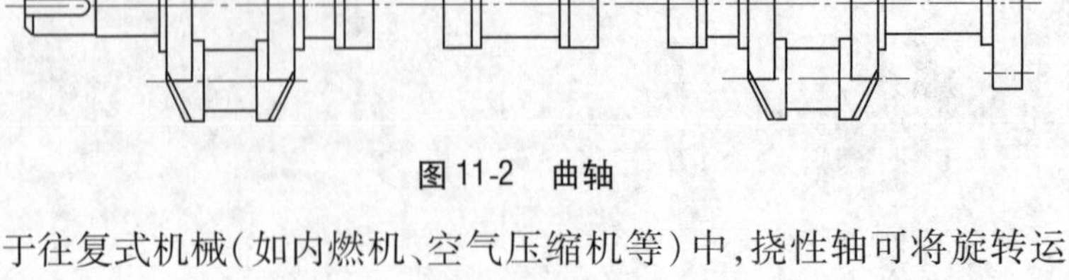

图 11-2　曲轴

曲轴常用于往复式机械（如内燃机、空气压缩机等）中，挠性轴可将旋转运动灵活地传到所需要的位置，常用于医疗设备中。本模块中只讨论直轴，直轴按其外形的不同又分为光轴和阶梯轴两种。

(1)光轴:外径相同的轴,形状简单,加工容易,应力集中源少,但轴上的零件不易装配和定位。

(2)阶梯轴:各轴段外径不同的直轴,便于轴上零件定位,实现等强度。

直轴按其内部结构不同又分为实心轴和空心轴(质量轻,中空部分可用作供料或润滑等通道,但制造成本高)等。

2. 根据轴的承载性质分类

按轴的承载情况不同可以将轴(直轴)分为转轴、心轴和传动轴三类,其举例、受载等情况见表 11-1。

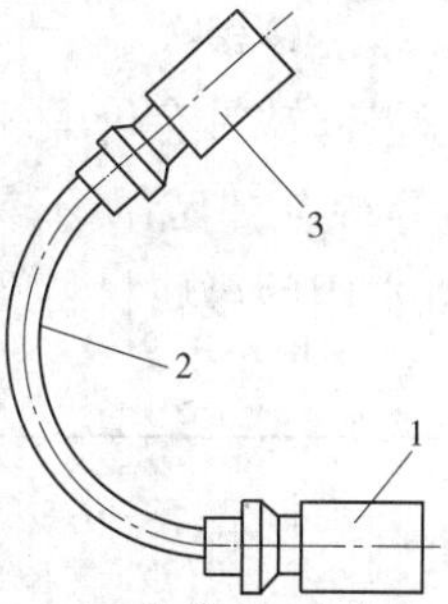

1、3—连接头;2—软轴

图 11-3　挠性钢丝轴

表 11-1　轴的分类(按所承受载荷)

分类	转轴	心轴		传动轴
		回转心轴	静止心轴	
举例	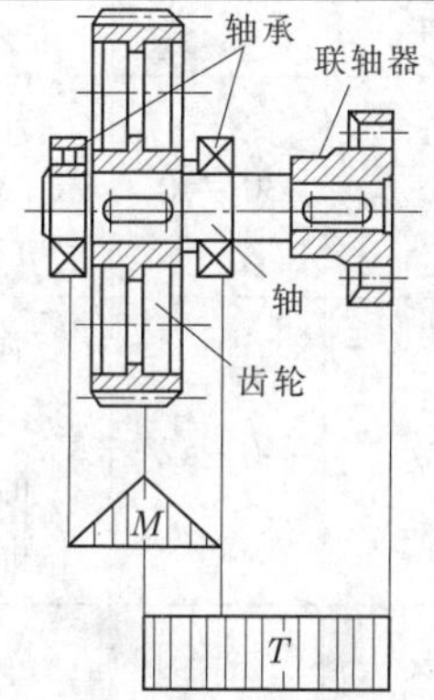 同时承受弯矩 M 和转矩 T	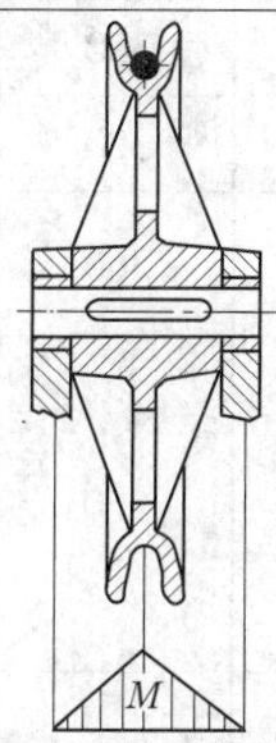 只承受弯矩 M	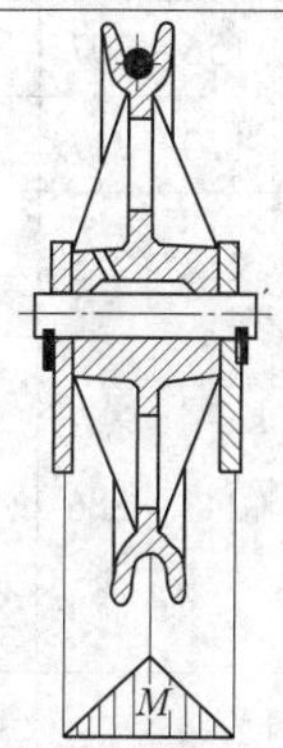 只承受弯矩 M	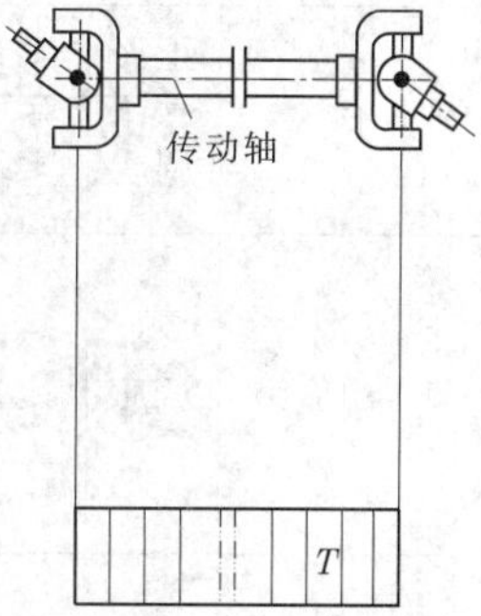 只承受转矩 T
应力	弯曲应力为对称循环应力,扭转应力一般为变应力	弯曲应力为对称循环应力	弯曲应力在静载荷下为静应力	扭转应力通常按交变应力考虑

(二)轴的材料

轴的失效多为疲劳破坏,所以轴的材料应满足强度、刚度、耐磨性等方面的要求,常用的材料有以下几种:

1. 碳素钢

对较重要或传递载荷较大的轴,常用 35、40、45 和 50 等优质碳素钢,其中 45 钢应用最广泛。这类材料的强度、塑性和韧性等都比较好,进行调质或正火处理可提高其机械性能。对不重要或传递载荷较小的轴,可用 Q235、Q275 等普通碳素钢。

2. 合金钢

合金钢具有较好的机械性能和淬火性能,但对应力集中比较敏感,价格较高,多用于有特殊要求的轴,如要求重量轻或传递转矩大而尺寸又受到限制的轴。常用的低碳合金钢有 20Cr、20CrMnTi 等,一般采用渗碳淬火处理,表面耐磨性和芯部韧性都较好。合金钢与碳素钢的弹性模量相差不多,故不宜用合金钢来提高轴的刚度。

3. 球墨铸铁

球墨铸铁具有价廉、吸振、耐磨等优点，对应力集中不敏感，容易制成复杂形状的轴（如曲轴）等特点，但品质不易控制，可靠性差。

轴常用的金属材料及力学性能见表 11-2。

表 11-2　轴常用的金属材料及力学性能

材料牌号	热处理	毛坯直径（mm）	硬度（HBS）	抗拉强度 σ_b（MPa）	屈服强度 σ_s（MPa）	许用弯曲应力$[\sigma_{-1}]$（MPa）	许用剪应力$[\tau]$（MPa）	应用说明
Q275 ~ Q235				600 ~ 440	275 ~ 235	40 ~ 55	20 ~ 40	用于不重要的轴
35	正火	≤100	149 ~ 187	520	270	45	20 ~ 30	用于一般轴
	调质	≤100	156 ~ 207	560	300			
45	正火	≤100	170 ~ 217	600	300	55	30 ~ 40	用于强度高、韧性中等较重要的轴
	调质	≤200	217 ~ 255	650	360			
40Cr	调质	≤100	241 ~ 286	750	550	60	40 ~ 52	强度要求高、有强烈磨损而无很大冲击的重要轴
35SiMn	调质	≤100	229 ~ 286	800	520	70	40 ~ 52	可代替 40Cr，用于中、小型轴
42SiMn	调质	≤100	229 ~ 286	800	520	70	40 ~ 52	与 35SiMn 相同，但专供表面淬火之用
40MnB	调质	≤200	241 ~ 286	750	500	70	40 ~ 52	可代替 40Cr，用于小型轴
35CrMo	调质	≤100	207 ~ 269	750	550	70	40 ~ 52	用于重载的轴
QT600 - 2			229 ~ 302	600	420			用于发动机的曲轴和凸轮等

思考题：轴的毛坯一般用轧制的圆钢或锻件。重要的轴以及大尺寸或阶梯尺寸变化较大的轴，应采用锻件毛坯，这是为什么？

二、轴的结构设计

(一)轴的结构及各部分名称

轴的结构设计就是根据工作条件,确定轴的合理外形、各段轴径和长度以及全部结构尺寸。为了便于装拆,一般的转轴均为中间大、两端小的阶梯轴(如图 11-1 所示齿轮减速器的输出轴)。轴与轴承配合处的轴段称为轴颈,安装轮毂的轴段称为轴头,轴头与轴颈间的轴段称为轴身。阶梯轴上截面尺寸变化的部位称为轴肩和轴环。轴肩和轴环常用于轴上零件的轴向定位。图 11-1 中齿轮由右方装入,依靠轴环限定轴向位置,右端的联轴器和左端的轴承靠轴肩定位。为了固定轴上的零件,轴上还设有其他相应的结构,如右端制有安装轴端挡圈用的螺纹孔;轴上开有键槽,通过键联接实现齿轮的周向固定。为便于加工和装配,轴上还常设有倒角、中心孔和退刀槽等工艺结构。

(二)轴的结构设计中应重点解决的问题

轴的结构设计应满足以下几点:

(1)轴上零件定位准确,固定可靠。

(2)轴上零件便于装拆和调整。

(3)具有良好的制造工艺性。

(4)尽量减少应力集中。

轴的结构形式取决于轴上零件的装配方案。应拟定几种不同的装配方案,以便进行比较与选择,力求轴的结构简单、轴上的零件最少。

1. 轴上零件的轴向定位及固定

轴上零件的轴向定位及固定常用轴肩、轴环、锁紧挡圈、套筒、圆螺母和止动垫圈、弹性挡圈、轴端挡圈等。其特点和应用见表 11-3。

表 11-3　轴上零件的轴向定位和固定方法

固定方式	结构图形	应用说明
轴肩或轴环结构	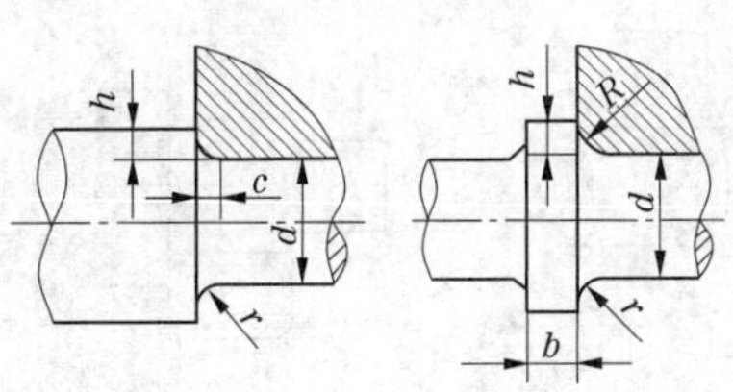	固定可靠,承受轴向力大,轴肩、轴环高度 h 应大于轴的圆角半径 R 和倒角高度 c,一般取 $h_{min} \geqslant (0.07 \sim 0.1)d$,但安装滚动轴承的轴肩、轴环高度 h 必须小于轴承内圈高度 h_1(由轴承标准查取)以便轴承的拆卸。轴环宽度 $b \approx 1.4h$
套筒结构	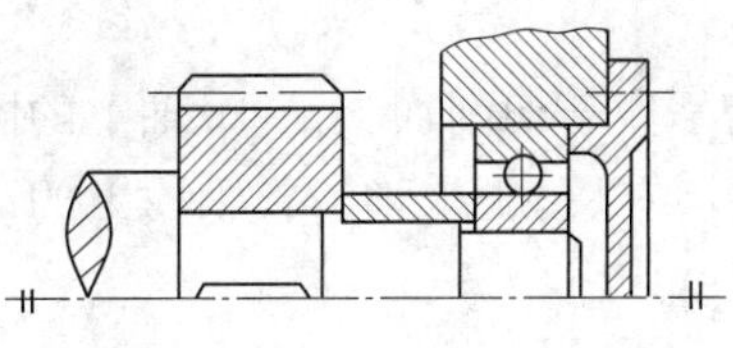	同上,多用于两个相距不远的零件之间

续表 11-3

固定方式	结构图形	应用说明
圆螺母与垫圈结构	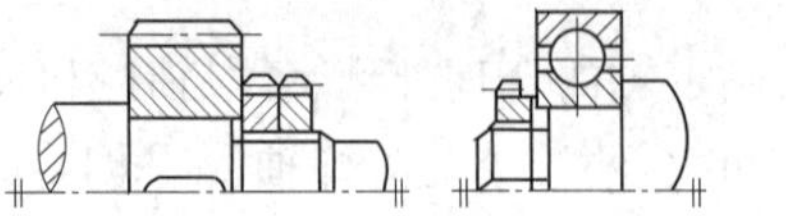 双圆螺母　圆螺母与止动垫圈	常用于轴承之间距离较大且轴上允许车制螺纹的场合
弹性挡圈结构	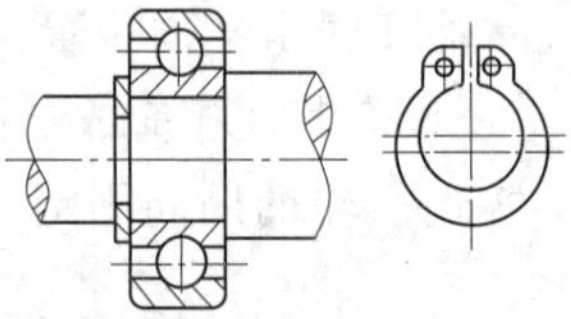	用于承受轴向力小或不承受轴向力的场合，常用作滚动轴承的轴向固定
轴端挡圈结构	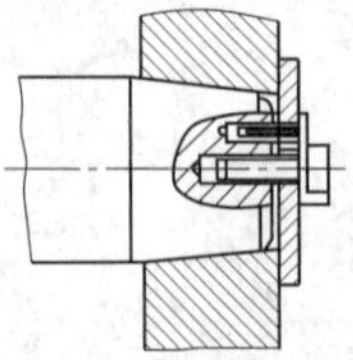	用于轴端要求固定可靠或承受较大轴向力的场合
紧定螺钉结构	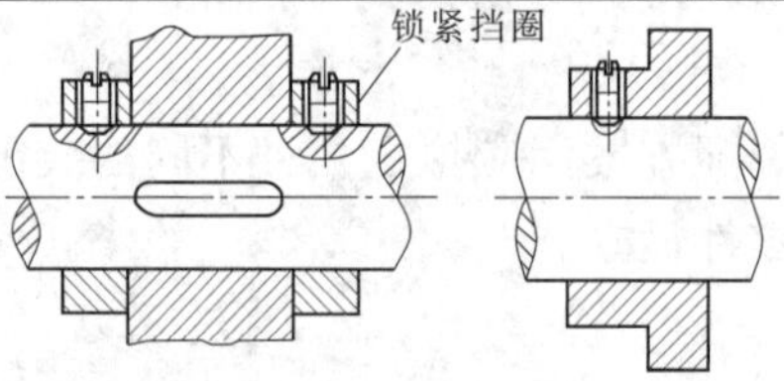	用于承受轴向力小或不承受轴向力的场合

2. 轴上零件的周向固定

轴上零件的周向固定方法常用键联接、销联接以及过盈配合、成型联接等，力不大时，也可采用紧定螺钉进行周向固定，如图 11-4 所示。

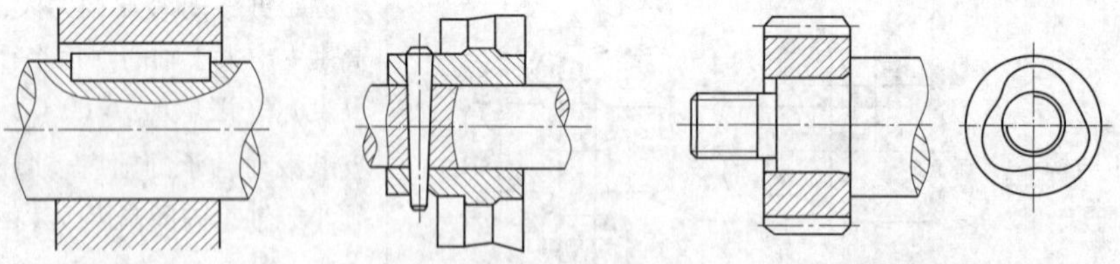

(a)键联接　(b)销联接　(c)成型联接

图 11-4　轴上零件的周向固定

3. 轴的结构工艺性

轴的结构应便于加工和装配。如为了便于切削加工，一根轴上的圆角应尽可能取相同半径；退刀槽或砂轮越程槽尽可能取相同宽度；一根轴的各轴段上的键槽应开在同一母线上。为了便于装配，轴端应加工出倒角。

4. 标准尺寸要求

轴上的零件多数都是标准零件，如滚动轴承、联轴器、圆螺母等，因此与标准零件配合处的轴段尺寸必须符合标准零件的标准尺寸系列。

5. 提高轴强度和刚度的措施

(1)改进轴的结构,降低应力集中。应力集中多产生在轴截面尺寸发生急剧变化的地方,要降低应力集中,就要尽量减缓截面尺寸的变化。直径变化处应平滑过渡,制成半径尽可能大的圆角;轴上尽可能不开槽、孔及制螺纹,以免削弱轴的强度;为了减小过盈配合处的应力集中,可采用卸荷槽(见图11-5)。

(2)提高轴的表面质量。因疲劳裂纹常发生在轴表面质量差的地方,故提高轴的表面质量有利于提高轴的强度。除控制轴的表面粗糙度外,还可采用表面强化处理,如渗碳、碾压、喷丸等方法。

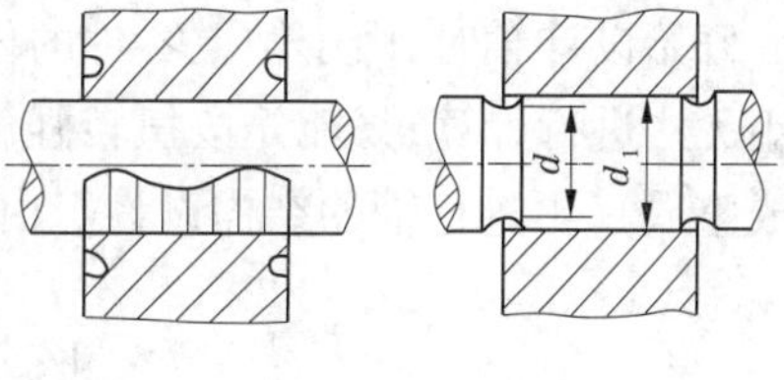

图11-5　卸荷槽

(3)改变轴上零件的位置,减小载荷。如图11-6所示,轴上转矩需由两轮输出,输入轮宜置于两输出轮中间。此时轴的最大扭矩较小(见图11-6(b))。

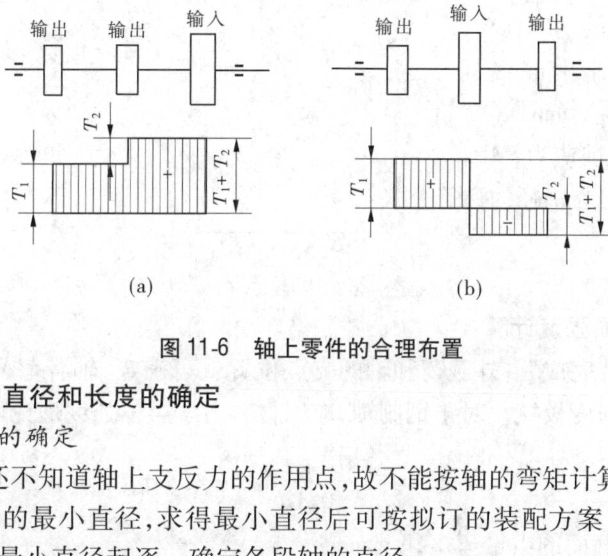

图11-6　轴上零件的合理布置

(三)各轴段的直径和长度的确定

1. 各轴段直径的确定

初步设计时,还不知道轴上支反力的作用点,故不能按轴的弯矩计算轴径。通常按扭转强度来初步估算轴的最小直径,求得最小直径后可按拟订的装配方案,兼顾轴上零件的安装、定位等要求,从最小直径起逐一确定各段轴的直径。

注意:①与标准零件相配合轴径应取标准值;②同一轴径轴段上不能安装3个以上零件。

2. 各轴段长度的确定

轴的各段长度可根据各零件与轴配合部分的轴向尺寸确定。考虑零件间的适当间距,特别是转动零件与静止零件之间必须有一定的间隙。为保证轴向定位可靠,轴头长一般比与之配合的轮毂长缩短2～3 mm

思考题:对一般减速器,可采用经验公式来估算轴的直径。高速输入轴的直径d按与其相连的电动机轴的直径D估算,$d=(0.8\sim1.2)D$,各级低速轴的直径d可按同级齿轮传动中心距a估算,$d=(0.3\sim0.4)a$。除用上述经验公式法可进行轴直径的初步估算外,还有哪些简易估算方法?

三、轴的工作能力分析

轴在工作时应有足够的疲劳强度，所以设计时必须验算轴的强度。常用的强度计算方法：按转矩或用类比法来初步估算轴的最小直径，验算传动轴的强度；按弯扭合成强度条件验算转轴的强度。

（一）按扭转强度计算

开始设计轴时，由于轴上零件的位置和两轴承间的距离通常尚未确定，故对轴所承受的弯矩无法进行计算，只能先按扭转强度估算轴的最小直径（根据标准尺寸与其相配的孔圆整成整数），再进行轴的结构设计。由材料力学可知，圆轴受扭转时的强度条件为

$$\tau = \frac{T}{W_n} = \frac{9.55 \times 10^6 \times P}{0.2d^3 n} \leqslant [\tau] \tag{11-1}$$

式中 τ——轴的扭转剪应力，MPa；

T——转矩，N · mm；

W_n——抗扭截面模量，mm^3；

P——轴传递的功率，kW；

n——轴的转速，r/min；

d——轴的直径，mm；

$[\tau]$——许用剪应力，MPa。

将式（11-1）改写为轴径的计算公式：

$$d \geqslant \sqrt[3]{\frac{9.55 \times 10^6 P}{0.2[\tau]n}} \tag{11-2}$$

（二）按弯扭合成强度计算

在轴的结构设计完成后，外载荷和轴的支点位置就可确定，轴各截面的弯矩即可算出，此时可用弯扭合成强度校核。对于钢制轴，应用材料力学第三强度理论可得：

$$\sigma = \frac{M_e}{W} = \frac{\sqrt{M^2 + (\alpha T)^2}}{0.1d^3} \leqslant [\sigma_{-1}] \tag{11-3}$$

式中 M_e——危险截面的当量弯矩，N · mm；

α——根据轴所传递的扭矩性质而定的校正系数，若为不变扭矩，则 $\alpha = 0.3$；扭矩为脉动循环，则 $\alpha \approx 0.6$；对称循环的扭矩，取 $\alpha = 1$；

T——扭矩，N · mm；

M——合成弯矩，N · mm，$M = \sqrt{M_H{}^2 + M_V{}^2}$，$M_H$ 和 M_V 分别为水平面和垂直面的弯矩；

$[\sigma_{-1}]$——对称循环状态下的许用弯曲应力。

计算轴的直径 d 时，可将式（11-3）写为

$$d \geqslant \sqrt[3]{\frac{M_e}{0.1[\sigma_{-1}]}} \tag{11-4}$$

若计算的截面上有键槽，轴径要适当增大。当有一个键槽时轴径增大 3% ~ 5%，若同一截面上有两个键槽，轴径增大 7% ~ 10%，然后圆整至标准直径，见表 11-4。

表 11-4　标准直径

12*	13	14	15	16	17	18	19	20	21	22	24	25*	26	28	30	32*	34	36	38
40*	42	45	48	50*	53	56	60	63*	67	71	75	80*	85	90	95	100*	105	110	
120	125*	130	140	150	160*	170	180	190	200*	210	220	240	250						

注:1. 带“ * ”号者为 Ra10 系列,优先选用。摘自 GB/T 2822—2005。

2. 本标准不适用于另有其他标准的机械零件(如轴承、螺纹、联轴器等)。

(三)轴的刚度计算简介

受载后轴会产生弹性变形,若轴的刚度不足,则将产生过大的变形,从而影响轴上零件的正常工作,如齿轮偏载、轴承磨损等,使机床精度降低。所以,对重要的和精度要求高的轴,通常要进行刚度校核计算,详细计算可查阅相关资料。

1. 轴的弯曲刚度校核计算

轴的弯曲刚度校核计算就是用材料力学中的公式和方法算出轴的挠度 y 或偏转角 θ,并应满足下式:

$$y \leqslant [y] \text{ 或 } \theta \leqslant [\theta] \tag{11-5}$$

式中　$[y]$——许用挠度;

$[\theta]$——许用偏转角。

2. 轴的扭转刚度校核计算

用材料力学的公式和方法算出轴每米长的扭转角 φ,并满足:

$$\varphi \leqslant [\varphi] \tag{11-6}$$

式中　$[\varphi]$——为轴每米长的许用扭转角。

思考题:如何理解“强度计算与结构设计是轴的设计的两个主要部分,它们相互依赖,相互制约”?

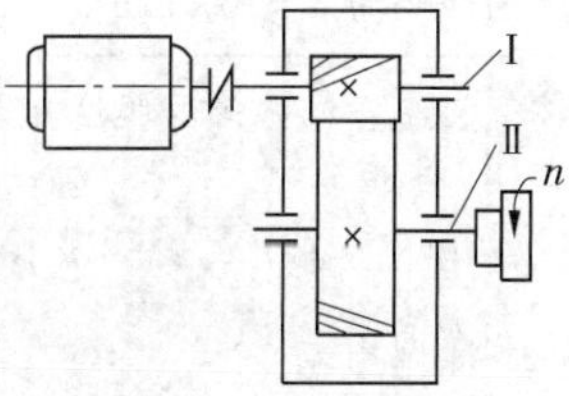

图 11-7　例 11-1 图

【例题 11-1】　设计如图 11-7 所示减速器的从动轴。已知:传递功率 $P=13$ kW,从动轮转速 $n_2=220$ r/min,齿轮分度圆直径 $d_2=269.1$ mm,螺旋角 $\beta=9°59'12''$,齿轮宽度 $b=90$ mm,设采用 6211 深沟球轴承,单向传动。

解:将设计计算过程和结果列于表 11-5。

表 11-5　计算过程和结果

计算与说明	结果
1. 选择轴的材料,确定许用应力 因减速器为一般机械,无特殊要求,故选用 45 钢,正火处理。查表 11-2,取 $\sigma_b=600$ MPa,$[\tau]=35$ MPa,$[\sigma_{-1}]=55$ MPa	$\sigma_b=600$ MPa $[\sigma_{-1}]=55$ MPa
2. 按扭转强度初估轴的最小直径 将有关数据代入式(11-2)得 $d \geqslant \sqrt[3]{\dfrac{9.55\times10^6 P}{0.2[\tau]n}}=\sqrt[3]{\dfrac{9.55\times10^6\times13}{0.2\times35\times220}}=43.2\ (\text{mm})$ 轴端装联轴器开有键槽,故应将轴径增大 5%,即 $d=43.2\times1.05=45.36$ (mm)。考虑补偿轴的位移,选用弹性柱销联轴器。由 n 和转矩 $T_c=KT=1.5\times9\,550\times10^3\times13/220=846477.3$ (N·mm),查国家标准《弹性柱销联轴器》(GB/T 5014—2003)选用 HL4 弹性柱销联轴器,标准孔径 $d=48$ mm(查表 9-9 得载荷系数 $K=1.5$)	联轴器规格: HL448×84 $d=48$ mm $K=1.5$

续表 11-5

计算与说明	结果
3. 轴的结构设计 在进行轴的结构设计时，绘制轴的结构草图(见图 11-8)和确定各部分尺寸应交替进行。 (1)确定轴上零件的位置和固定方式。斜齿轮传动有轴向力，故采用角接触球轴承。半联轴器左端用轴肩定位，依靠 A 型普通平键联接和过渡配合(H7/k6)实现周向固定。齿轮布置在两轴承中间，左侧用轴环定位，右侧用套筒与轴承隔开并作轴向定位；齿轮和轴选用 A 型平键和过盈配合(H7/r6)作周向固定；两端轴承选用过渡配合(H7/k6)作周向固定；左轴承靠轴肩和轴承盖、右轴承靠套筒和轴承盖作轴向定位 (2)径向尺寸确定。从轴段 $d_1=48$ mm 开始，逐段选取相邻轴段的直径，如图 11-8 所示，d_2 起定位作用，定位轴肩高度 $h_{\min}$ 可在 $(0.07\sim0.1)d_1$ 范围内选取，故 $d_2=d_1+2h\geqslant48\times(1+2\times0.07)=53.76$(mm)，取 $d_2=54$ mm，右轴颈直径按滚动轴承的标准取 $d_3=55$ mm；装齿轮的轴头直径取 $d_4=60$ mm；轴环高度 $h_{\min}\geqslant(0.07\sim0.1)d_4$，取 $h=4$ mm，故直径 $d_5=68$ mm，宽度 $b\approx1.4h=5.6$ mm，取 $b=7$ mm；左轴颈直径 d_7 与右轴颈直径 d_3 相同，即 $d_7=d_3=55$ mm；根据题意轴承型号为 6211，由附表 C-1 查得 $r_{\mathrm{amax}}=1.5$ mm，考虑到轴承的装拆，左轴颈与轴环间的轴段直径 $d_6=64$ mm (3)轴向尺寸的确定。与传动零件(如齿轮、带轮、联轴器等)相配合的轴段长度，一般略小于传动零件的轮毂宽度。根据齿轮宽度为 90 mm，取轴头长为 88 mm，以保证套筒与轮毂端面贴紧；6211 轴承宽度由手册查得为 21 mm，故左轴颈长亦取为 21 mm，为使齿轮端面、轴承端面与箱体内壁均保持一定距离，(图中分别取为 18 mm 和 5 mm)，取套筒宽为 23 mm；轴穿过轴承盖部分的长度，根据箱体结构取 52 mm；轴外伸端长度根据联轴器尺寸取 70 mm。可得出两轴承的跨距为 $L=157$ mm	$d_1=48$ mm $d_2=54$ mm(轴的) $d_3=55$ mm 轴承 6211 $d_4=60$ mm $d_5=68$ mm $d_6=64$ mm $d_7=55$ mm
4. 按弯扭组合校核轴的强度 (1)计算齿轮受力。 转矩 $T=9.55\times10^6\times\dfrac{P}{n_2}=5.64\times10^5$(N·mm) 齿轮圆周力 $F_t=\dfrac{2T}{d_2}=\dfrac{2\times5.64\times10^5}{269.1}=4\ 192$ (N) 齿轮径向力 $F_r=F_t\dfrac{\tan\alpha_n}{\cos\beta}=4\ 192\dfrac{\tan20°}{\cos9°59'12''}=1\ 557$(N) 齿轮轴向力 $F_a=F_t\tan\beta=4\ 192\tan9°59'12''=739$(N) (2)绘制轴的受力简图，如图 11-9(a)所示。 (3)计算支承反力(见图 11-9(b)、(c))。 水平平面支承反力为 $R_{HA}=R_{HB}=\dfrac{F_t}{2}=\dfrac{4\ 192}{2}=2\ 096$(N) 垂直平面支承反力为 $R_{VA}=\dfrac{F_r\cdot\dfrac{L}{2}-F_a\cdot d_2}{L}=\dfrac{1\ 557\times\dfrac{157}{2}-739\times\dfrac{269.1}{2}}{157}=145$ (N) $R_{VB}=F_r-R_{VA}=1\ 557-145=1\ 412$(N) (4)绘制弯矩图。	$T=5.64\times10^5$ N·mm $F_t=4\ 192$ N $F_r=1\ 557$ N $F_a=739$ N $R_{HA}=2\ 096$ N $R_{VA}=145$ N $R_{VB}=1\ 412$ N

续表 11-5

计算与说明	结果
水平平面弯矩图(见图 11-9(b))。C 截面处的弯矩为 $$M_{HC}=R_{HA}\times\frac{L}{2}=2\,096\times\frac{0.157}{2}=164.5(N\cdot m)$$	$M_{HC}=164.5\ N\cdot m$
垂直平面弯矩图(见图 11-9(c))。C 截面偏左处的弯矩为 $$M'_{VC}=R_{VA}\times\frac{L}{2}=145\times\frac{0.157}{2}=11(N\cdot m)$$ C 截面偏右处的弯矩为 $$M''_{VC}=R_{VB}\times\frac{L}{2}=1\,412\times\frac{0.157}{2}=110.8\ (N\cdot m)$$	$M'_{VC}=11\ N\cdot m$ $M''_{VC}=110.8\ N\cdot m$
作合成弯矩图(见图 11-9(d))。C 截面偏左的合成弯矩为 $$M'_C=\sqrt{M_{HC}^2+M'^2_{VC}}=\sqrt{164.5^2+11^2}=165(N\cdot m)$$ C 截面偏右的合成弯矩为 $$M''_C=\sqrt{M_{HC}^2+M''^2_{VC}}=\sqrt{164.5^2+110.8^2}=198(N\cdot m)$$	$M'_C=165\ N\cdot m$ $M''_C=198\ N\cdot m$
(5)作扭矩图(见图 11-9(e))。　$T=564\ N\cdot m$	
(6)校核轴的强度。轴在截面 C 处的弯矩和扭矩最大,故为轴的危险截面,校核该截面直径。因是单向传动,扭矩可认为按脉动循环变化,故取 $\alpha=0.6$,危险截面的最大当量弯矩为 $$M_e=\sqrt{M''^2_C+(\alpha T)^2}=\sqrt{198^2+(0.6\times564)^2}=392(N\cdot m)$$ 轴危险截面所需的直径为 $d_C\geqslant\sqrt[3]{\frac{M_e}{0.1[\sigma_b]_{-1}}}=\sqrt[3]{\frac{392\times10^3}{0.1\times55}}=41.5(mm)$	$M_e=392\ N\cdot m$ $d_C=43.6\ mm$
考虑到该截面上开有键槽,故将轴径增大 5%,即 $d_C=41.5\times1.05=43.6(mm)<60\ mm$。 结论:该轴强度足够。如所选轴承和键联接等经计算后确认寿命和强度均能满足,则该轴的结构无须修改	该轴的强度足够

5. 绘制轴的零件工作图

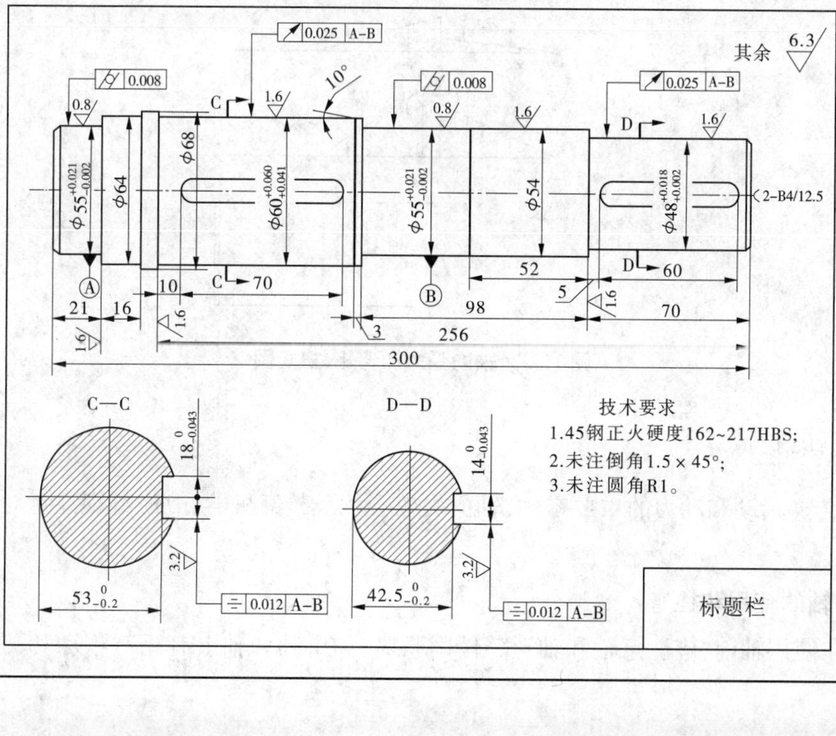

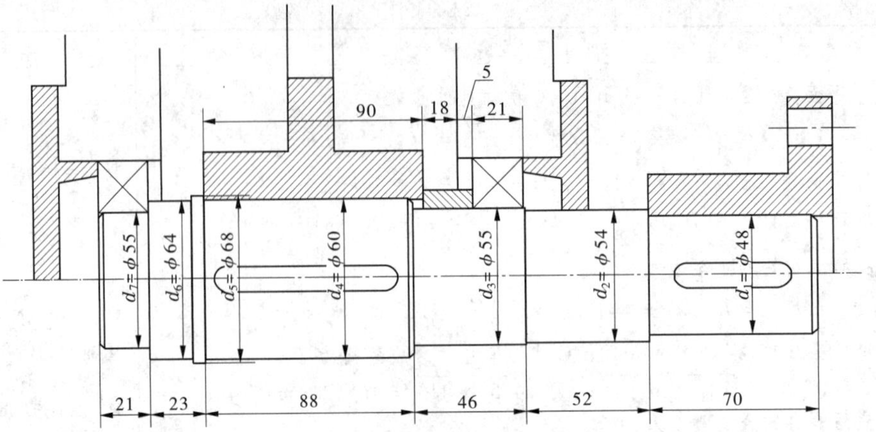

图 11-8　减速器的输出轴

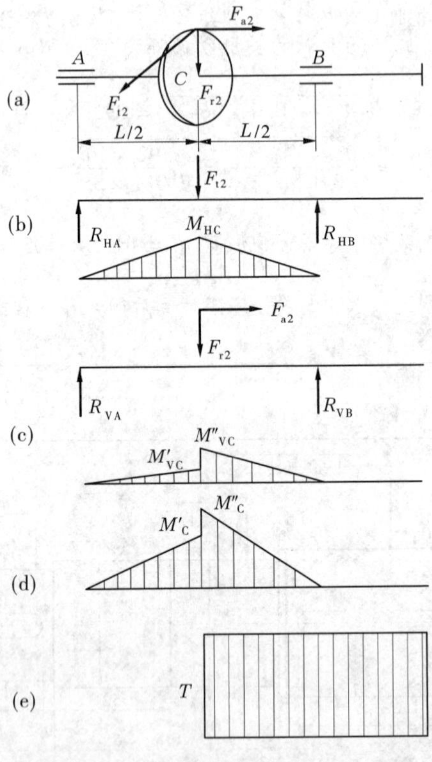

图 11-9　轴的受力和弯矩、扭矩图

四、拓展提高

轴是传递运动和动力的重要零件，轴的失效会危及整部机器，故应特别注意对轴的检查和维护。

(一)轴的使用和检查

(1)在使用轴前，应注意轴和轴上零件固联要可靠；轴和轴上有相对移动和转动的零件的间隙应适当;轴颈润滑应符合要求,润滑不当,是使轴颈非正常磨损的重要原因。

(2)在使用轴的过程中,应避免突加、突减负载或超载,尤其是对新配滑动轴瓦的轴和使用已久的轴更应注意,以防疲劳断裂和弯扭变形。

(3)在机器大修或中修时,通常应检查轴有无裂纹、弯曲、扭曲及轴颈磨损等,如不合要求则应进行修复和更换。裂纹常发生在应力集中处,由此导致轴的疲劳断裂,应予以注意。轴上的裂纹可用放大镜和磁力探伤器等检查。轴颈的最大磨损量为测得的最小直径同公称直径之差,当超过规定值时应进行修磨。对于液体润滑轴承中的轴颈,应检查其圆度和圆柱度,因为不圆的轴颈运转时会使油膜压力波动,不仅加速轴瓦材料的疲劳损坏,也增加了轴瓦和轴颈的直接接触,使磨损加剧。轴上花键的磨损,可通过检查配合的齿侧间隙或用标准花键套在花键轴上检查。

(二)轴的维修

1. 轴弯曲变形的校正

当轴的变形过大时,可冷压校正或局部火焰加热校正。校正时支承部位应正确,尤其应注意不要使阶梯轴拐角处因校正而产生应力集中。

2. 轴颈磨损的修复

通常先用磨削加工消除轴的几何形状误差,然后金属喷镀或刷镀,当磨损严重时可堆焊或镶套修理,镶套时套与轴为过盈配合。

3. 花键、键槽、螺纹的修复

可用气焊或堆焊法修复磨损的齿侧面,然后以磨损的花键为基础,铣出花键。键槽损伤后,可适当加大键槽或将旧键槽焊堵,并配新键。轴上的螺纹损坏时,应进行堆焊,重车螺纹。

小　结

本模块分析了轴的常见类型和应用,探讨了轴的材料选用和轴的结构设计,分析了轴的强度计算问题,提出了轴的使用与维护方面的相关技能。学生在设计工作中综合利用制图、力学、材料、公差等知识,掌握轴的设计技能,从而引起学生对轴的相关知识进行深入的思考,培养学生的创新思维能力。

习题与训练题

一、简答题

1. 按照轴的承载情况,轴可分为哪几类?

2. 为什么转轴常设计成阶梯形结构?

3. 轴上零件最常用的轴向固定方法是什么?

4. 轴系的固定方式有几种? 各适用于什么场合?

5. 轴的结构设计主要应考虑哪些因素?

二、填空题

1. 根据承载情况,自行车前轴为________轴,中轴为________轴。

2. 汽车传动轴所传递的功率不变,当轴的转速降低为原来的二分之一时,轴所受的外力偶矩较之转速降低前将________。

3. 汽车的前轴是________,后轴是________。

4. 轴一般应是阶梯形,一定要使中间轴段________,两边轴段________。

5. 用弹性挡圈或紧定螺钉作轴向固定时,只能承受________的轴向力。

三、判断题

1. 轴的常用材料是中碳钢,有特殊要求时可用合金钢。 (　　)

2. 轴肩的主要作用是实现轴上零件的轴向定位。 (　　)

3. 一根轴上不同轴段上键槽尺寸尽量统一,并排布在同一母线方向上。 (　　)

4. 合金钢对应力集中较敏感,设计合金钢轴时更应注意从结构上避免应力集中。 (　　)

5. 轴各部位的直径应符合标准尺寸系列,支承轴颈的直径还应符合轴承内孔的直径系列。 (　　)

四、计算题

1. 有一台离心风机,由电动机直接驱动,电动机功率 $P=7.5$ kW,轴的转速 $n=1\ 440$ r/min,轴的材料为45钢。试估算轴的基本直径。

2. 指出图11-10中轴的结构错误,并画出改正后的结构图。

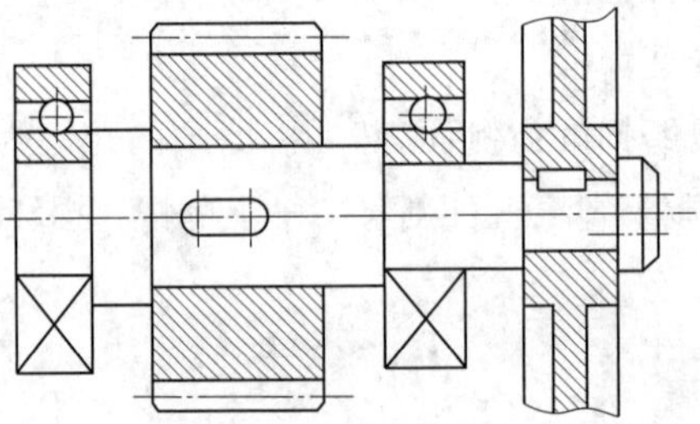

图11-10　计算题2图

3. 齿轮轴上各零件的结构及位置如图11-11所示。试设计该轴的外形并定出各段轴的直径。

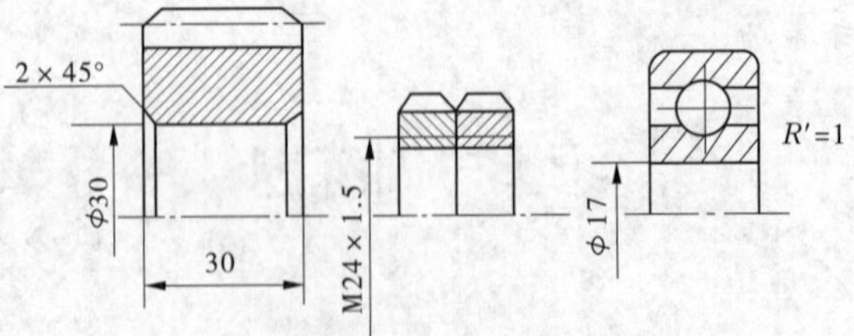

图11-11　计算题3图

4. 试设计图 11-12 所示双级圆柱齿轮减速器的中间轴。已知该轴传递功率 $P=10.46$ kW,转速 $n=278.1$ r/min,齿轮 2(大斜齿轮)的分度圆直径 $d_2=353.01$ mm,齿轮宽度 $b_1=70$ mm,$b_2=60$ mm,$\beta=14.0136°$(左旋),齿轮 3(小直齿轮)分度圆直径 $d_3=108$ mm,宽度 $b_3=94$ mm。该带式运输机由电动机驱动,长期工作。

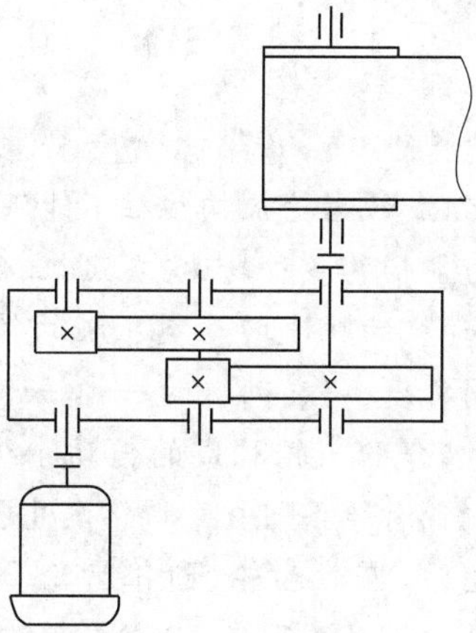

图 11-12　计算题 4 图

模块十二　轮　系

【模块导入】

在实际机械中,由一对齿轮组成的齿轮机构往往不能满足不同的工作要求。例如,在机床上需将电动机的一种转速变为主轴的多种转速;在飞机、船舶上需将发动机的高速变为螺旋桨的低速;在制氧机上需将电动机的转速增至空压机的转速;在汽车后轮的传动中,为了满足汽车转弯时道路弯曲的不同程度,将发动机的一种转速分解为两个后轮的不同转速等。因此,常常需要采用一系列彼此啮合的齿轮构成的传动系统进行传动。这种由一系列齿轮组成的轮系传动系统称为齿轮系,简称轮系(图 12-1)。其中,一对齿轮传动是最简单的轮系。

轮系可以由各种类型的齿轮(如圆柱齿轮、圆锥齿轮、蜗轮蜗杆)组成。根据运转时齿轮的轴线在空间中相对于机架的位置是否固定,可把轮系分为定轴轮系和动轴轮系两种基本类型。本模块主要学习定轴、动轴轮系传动比计算,轮系的应用以及减速器。

图 12-1　轮系实物图

一、定轴轮系传动比的计算

当轮系运转时,如果各个齿轮的轴线相对于机架的位置都是固定的,则称为定轴轮系。如图 12-2 所示,其所有齿轮的轴线相对于机架的位置都是固定的。

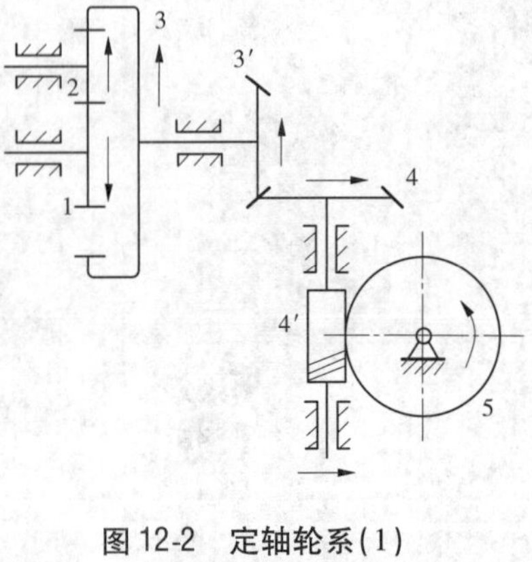

图 12-2　定轴轮系(1)

(一)齿轮系的传动比

在轮系中,主动齿轮和从动齿轮角速度(或转速)之比称为轮系的传动比。用字母“i”表示传动比,并在其右下角用下标表明其对应的齿轮。例

如,i_{16}表示齿轮1和齿轮6的角速度之比。确定轮系的传动比包含以下两个方面:

(1)计算传动比的大小。

(2)确定输出轴(轮)的传动方向。

有了上述两方面内容才能全面表达主动齿轮和从动齿轮角速度(或转速)之间的关系。

(二)定轴轮系传动比的计算公式

根据轮系传动比的定义,一对齿轮的传动比为

$$i_{12}=\frac{\omega_1}{\omega_2}=\frac{n_1}{n_2}=\pm\frac{z_2}{z_1}$$

式中:"±"为从动轮的转动方向符号,当主、从动轮转向相同(内啮合)时取"+"号,当主、从动轮转向相反(外啮合)时取"-"号。

如图12-3所示的定轴轮系。设各轮的齿数分别为z_1、z_2、…,各轮的转速分别为n_1、n_2、…,则该轮系的传动比i_{15}可由各对啮合齿轮的传动比求出。

该轮系中各对啮合齿轮的传动比分别为

$$i_{12}=\frac{n_1}{n_2}=-\frac{z_2}{z_1}\qquad i_{2'3}=\frac{n_{2'}}{n_3}=+\frac{z_3}{z_{2'}}$$

$$i_{3'4}=\frac{n_{3'}}{n_4}=-\frac{z_4}{z_{3'}}\qquad i_{45}=\frac{n_4}{n_5}=-\frac{z_5}{z_4}$$

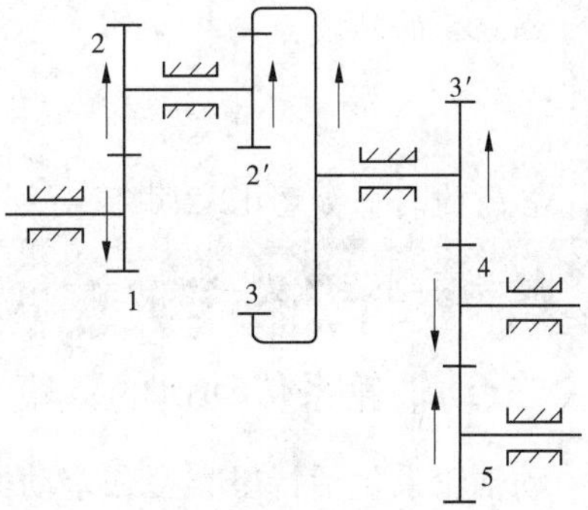

图12-3 定轴轮系(2)

将以上各等式两边连乘,并考虑到$n_2=n_{2'}$,$n_3=n_{3'}$,可得:

$$i_{12}i_{2'3}i_{3'4}i_{45}=\frac{n_1n_{2'}n_{3'}n_4}{n_2n_3n_4n_5}=(-1)^3\frac{z_2z_3z_4z_5}{z_1z_{2'}z_{3'}z_4}$$

即

$$i_{15}=\frac{n_1}{n_5}=i_{12}i_{2'3}i_{3'4}i_{45}=(-1)^3\frac{z_2z_3z_5}{z_1z_{2'}z_{3'}}\tag{12-1}$$

上式表明,定轴轮系传动比的大小等于组成该轮系的各对啮合齿轮传动比的连乘积,也等于各对啮合齿轮中所有从动轮齿数的乘积与所有主动轮齿数乘积之比。

以上结论可推广到一般情况。设轮A为计算时的起始主动轮,轮K为计算时的最末从动轮,则定轴轮系始末两轮传动比计算的一般公式为:

$$i_{AK}=\frac{n_A}{n_K}=(-1)^m\frac{\text{齿轮 A 到 K 间所有从动轮齿数乘积}}{\text{齿轮 A 到 K 间所有主动轮齿数乘积}}\tag{12-2}$$

对于平面定轴轮系,主、从动齿轮的相对转向关系可以用传动比的正负号表示。i_{AK}为负号时,说明主、从动轮的转动方向相反;i_{AK}为正号时,说明主、从动轮的转动方向相同。正负号根据外啮合齿轮的对数m确定:奇数为负,偶数为正。也可用画箭头的方法来表示主、从动轮转向关系。

对于空间定轴轮系,若主、从动轮的轴线平行,先用画箭头的方法逐对标出转向,若主、从动轮的转向相同,等式右边取正号,否则取负号。正负号的含义同上。若主、从动轮的轴线不平行,只能用画箭头的方法判断两轮的转向,传动比取正号,但这个正号并不表示转向关系。

另外,在该轮系中,齿轮4同时和两个齿轮啮合,它既是前一级的从动轮,又是后一级

的主动轮。其齿数 z_4 在上述计算式中的分子和分母上各出现一次，最后被消去。即齿轮 4 的齿数不影响传动比的大小。这种不影响传动比的大小，只起改变转向作用的齿轮称为惰轮或过桥齿轮。

【例题 12-1】 如图 12-2 所示的定轴轮系，设 $z_1 = z_2 = z_{3'} = 20$，$z_3 = 80$，$z_4 = 40$，$z_{4'} = 2$（右旋），$z_5 = 40$，$n_1 = 1\,000$ r/min，求蜗轮 5 的转数 n_5 及各轮的转向。

解：该轮系为定轴轮系，因为轮 4、轮 4′、轮 5 的轴线和其他齿轮的轴线不平行或重合，所以只能用式(12-2)计算其传动比的大小。

$$i_{15} = \frac{n_1}{n_5} = \frac{z_2 z_3 z_4 z_5}{z_1 z_2 z_{3'} z_{4'}} = \frac{20 \times 80 \times 40 \times 40}{20 \times 20 \times 20 \times 2} = 160$$

蜗轮 5 的转数为

$$n_5 = \frac{n_1}{i_{15}} = \frac{1\,000}{160} = 6.25(\text{r/min})$$

各轮的转向如图 12-2 中箭头所示。

思考题：上述例题中齿轮 2 的作用是什么？

二、动轴轮系传动比的计算

动轴轮系包括行星类型和差动类型，本模块仅讨论行星轮系。图 12-4(a)所示为一典型的行星轮系，齿轮 1 和 3 为太阳轮，齿轮 2 为行星轮，构件 H 为系杆。由于行星轮 2 既绕轴线 O_1O_1 转动，又随系杆 H 绕 OO 转动，不是绕定轴的简单转动，所以不能直接用求定轴轮系传动比的公式来求行星轮系的传动比。

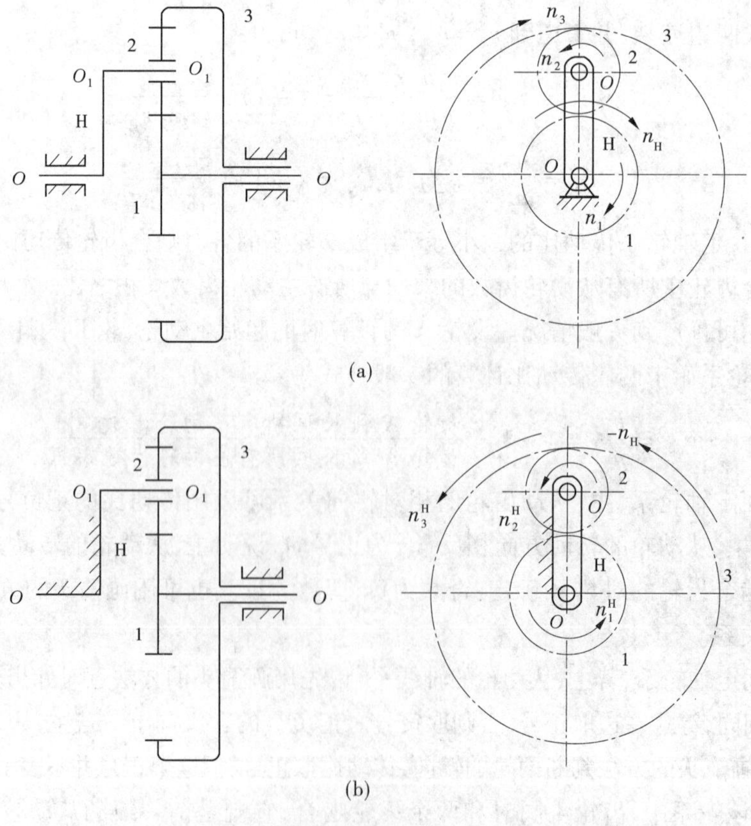

图 12-4 行星轮系

思考题：图 12-4(a)所示行星轮系的自由度是多少？需要几个主动件才有确定的运动？

为了求出行星轮系的传动比，可以采用“转化机构法”。即假想给整个行星轮系加上一个与系杆的转速大小相等而方向相反的公共转速“$-n_H$”，由相对运动原理可知，轮系中各构件之间的相对运动关系并不因之改变，但此时系杆变为相对静止不动，齿轮 2 的轴线 O_1O_1 也随之相对固定，行星轮系转化为假想的“定轴轮系”。即将图 12-4(a)所示的动轴轮系转化为图 12-4(b)所示的定轴轮系。这个经转化后得到的假想定轴轮系，称为该行星轮系的转化轮系。之后，利用求解定轴轮系传动比的方法，借助于转化轮系，就可以将行星轮系的传动比求出来。现将各构件在转化前后的转速列表，见表 12-1。

表 12-1　转化轮系中各构件的转速

构件	原来的转速	转化后的转速
齿轮 1	n_1	$n_1^H = n_1 - n_H$
齿轮 2	n_2	$n_2^H = n_2 - n_H$
齿轮 3	n_3	$n_3^H = n_3 - n_H$
系杆 H	n_H	$n_H^H = n_H - n_H = 0$

转化轮系中各构件的转速 n_1^H、n_2^H、n_3^H、n_H^H 右上方加的角标 H，表示这些转速是各构件相对系杆 H 的转速。

按求定轴轮系传动比的方法可得图 12-4(b)所示转化轮系的传动比为

$$i_{13}^H = \frac{n_1^H}{n_3^H} = \frac{n_1 - n_H}{n_3 - n_H} = -\frac{z_3}{z_1} \tag{12-3}$$

在上式中，若已知各轮的齿数及其中两个转速，则可求得另一个转速。

将上式推广到一般情况，设轮 A 为计算时的起始主动轮，转速为 n_A，轮 K 为计算时的最末从动轮，转速为 n_K，系杆 H 的转速为 n_H，则有

$$i_{AK}^H = \frac{n_A^H}{n_K^H} = \frac{n_A - n_H}{n_K - n_H} = (-1)^m \frac{\text{齿轮 A 到 K 间所有从动轮齿数乘积}}{\text{齿轮 A 到 K 间所有主动轮齿数乘积}} \tag{12-4}$$

应用上式时必须注意：

(1)只适应于轮 A、轮 K 和系杆 H 的轴线相互平行或重合的情况。

(2)等式右边的正负号，按转化轮系中轮 A、轮 K 的转向关系，用定轴轮系传动比的转向判断方法确定。当轮 A、轮 K 转向相同时，等式右边取正号，相反时取负号。需要强调说明的是：这里的正、负号并不代表轮 A、轮 K 的真正转向关系，只表示系杆相对静止不动时轮 A、轮 K 的转向关系。

(3)转速 n_A、n_K 和 n_H 是代数量，代入公式时必须带正、负号。假定某一转向为正号，则与其同向的取正号，与其反向的取负号。待求构件的实际转向由计算结果的正负号确定。

【例题 12-2】　如图 12-5 所示的轮系中，如已知各轮齿数 $z_1 = 50$，$z_2 = 30$，$z_{2'} = 20$，$z_3 = 100$；且已知轮 1 与轮 3 的转数分别为 $n_1 = 100$ r/min，$n_3 = 200$ r/min。试求：

(1)当 n_1、n_3 同向转动时，行星架 H 的转速及转向如何？

(2)当 n_1、n_3 反向转动时，行星架 H 的转速及转向又是怎样的？

解:这是一个行星轮系,其自由度为2,现给出了两个原动件的转速 n_1、n_3,故可以求得 n_H。根据转化轮系基本公式可得:

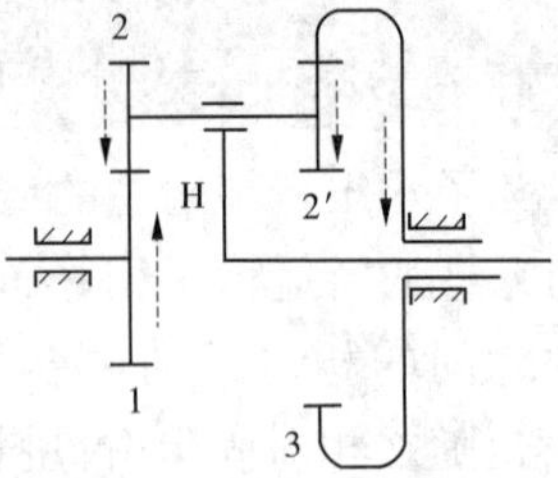

图 12-5　例题 12-2 图

$$i_{13}^{H} = \frac{n_1^H}{n_3^H} = \frac{n_1 - n_H}{n_3 - n_H} = (-1)^m \frac{z_2 z_3}{z_1 z_2'} = -\frac{30 \times 100}{50 \times 20} = -3$$

齿数比前的符号确定方法同前,即按定轴轮系传动比计算公式来确定符号。在此,$m = 1$,故取负号。

(1)当 n_1、n_3 同向转动时,它们的符号相同,取为正,代入上式得:

$$\frac{n_1 - n_H}{n_3 - n_H} = \frac{100 - n_H}{200 - n_H} = -3$$

求得 $n_H = 175$ r/min。由于 n_H 符号为正,说明 n_H 的转向与 n_1、n_3 相同。

(2)当 n_1、n_3 反向时,它们的符号相反,取 n_1 为正、则 n_3 为负,代入上式得:

$$\frac{n_1 - n_H}{n_3 - n_H} = \frac{+100 - n_H}{-200 - n_H} = -3$$

求得 $n_H = -125$ r/min。由于 n_H 符号为负,说明 n_H 的转向与 n_1 相反,而与 n_3 相同。

【例题 12-3】　如图 12-6 所示为圆锥齿轮组成的轮系,已知各轮的齿数分别为 $z_1 = 45$,$z_2 = 30$,$z_3 = z_4 = 20$,$n_1 = 60$ r/min,$n_H = 100$ r/min,若 n_1 与 n_H 转向相同,求 n_4、i_{14}。

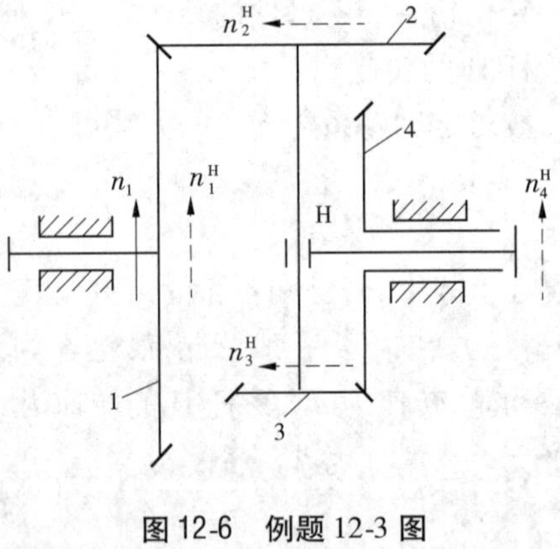

图 12-6　例题 12-3 图

解:由式(12-4)得

$$i_{14}^{H} = \frac{n_1 - n_H}{n_4 - n_H} = \pm \frac{z_2 z_4}{z_1 z_3} = \pm \frac{30 \times 20}{45 \times 20}$$

用画箭头的方法可知转化轮系中,n_1^H 与 n_4^H 的转向相同,i_{14}^H 应为正值,即

$$i_{14}^{H} = \frac{n_1 - n_H}{n_4 - n_H} = \frac{30 \times 20}{45 \times 20} = \frac{30}{45}$$

将 $n_1 = 60$ r/min,$n_H = 100$ r/min 代入上式得

$$\frac{60 - 100}{n_4 - 100} = \frac{30}{45}$$

解得,$n_4 = 40$ r/min,由此得

$$i_{14} = \frac{n_1}{n_4} = \frac{60}{40} = 1.5$$

正号表明1、4两齿轮的实际转向相同。

三、复合轮系传动比的计算

复合轮系一般是由定轴轮系与行星轮系复合而构成的。对于复合轮系,既不能转化为单一的定轴轮系,也不能转化为单一的行星轮系,所以不能用一个公式来求解其传动

比。求解复合轮系传动比时必须首先将各个基本的行星轮系和定轴轮系部分划分开来,然后分别列出各部分的传动比的计算公式,最后联立求解。

划分轮系的关键是找出行星轮系。根据行星轮轴线不固定的特点先找出行星轮,再找出支撑行星轮的系杆(注意:它不一定是简单的杆状,有可能是齿轮)及与行星轮相啮合的太阳轮,这些行星轮、系杆及太阳轮就构成一个基本的行星轮系。同理,再找出其他的行星轮系,剩下的就是定轴轮系部分。

【例题 12-4】 如图 12-7 所示的轮系中,$z_1=20$,$z_2=40$,$z_{2'}=20$,$z_3=30$,$z_4=80$,试求传动比 i_{1H}。

解:(1)划分轮系。由图可见,在轮系中,齿轮 3 的几何轴线是绕齿轮 2 的轴线转动的,故是行星轮;支承它的构件 H 是行星架;与行星轮 3 相啮合的齿轮 2′和 4 是太阳轮,且太阳轮 4 固定不动。因此,齿轮 2′、3、4 和行星架 H 组成行星轮系,齿轮 1、2 则组成定轴轮系。图示轮系是由一个定轴轮系和一个行星轮系组成的复合轮系。

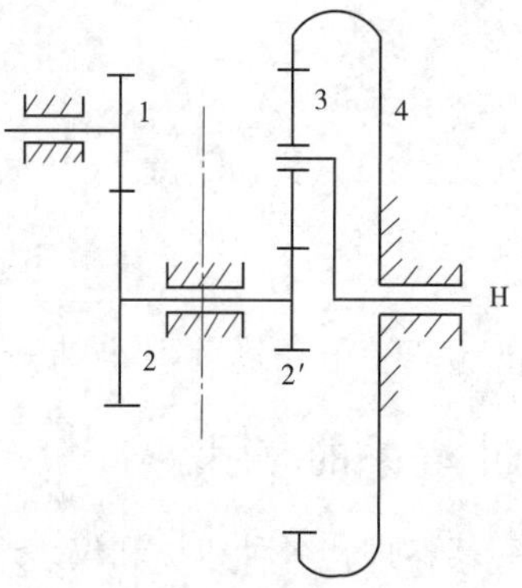

图 12-7 例题 12-4 图

(2)计算基本轮系的传动比。

定轴轮系部分的传动比为

$$i_{12}=\frac{n_1}{n_2}=-\frac{z_2}{z_1}=-\frac{40}{20}=-2 \qquad \text{(a)}$$

行星轮系部分的传动比为

$$i_{2'4}^{H}=\frac{n_{2'}-n_H}{n_4-n_H}=-\frac{z_3z_4}{z_{2'}z_3}=-\frac{z_4}{z_{2'}}=-\frac{80}{20}=-4$$

因为太阳轮 4 固定,所以 $n_4=0$,代入上式得到

$$n_H=\frac{1}{5}n_{2'} \qquad \text{(b)}$$

(3)计算复合轮系的传动比。

由图所知,$n_2=n_{2'}$,把式(a)、式(b)两式代入下式得到

$$i_{1H}=\frac{n_1}{n_H}=\frac{-2n_2}{\frac{1}{5}n_{2'}}=-10$$

【例题 12-5】 如图 12-8 所示的电动卷扬机中,已知各轮的齿数 $z_1=24$,$z_2=48$,$z_{2'}=30$,$z_3=90$,$z_{3'}=20$,$z_4=30$,$z_5=80$,$n_1=1\ 450$ r/min,求卷筒的转速 n_H。

解:(1)划分轮系。该轮系中,由于双联齿轮 2—2′的轴线不固定,所以这两个齿轮是双联的行星轮,支承它运动的卷筒 H 就是系杆,与行星轮 2—2′相啮合的齿轮 1、3 为太阳轮,因此齿轮 1、2—2′、3 和行星架 H 一起组成了行星轮

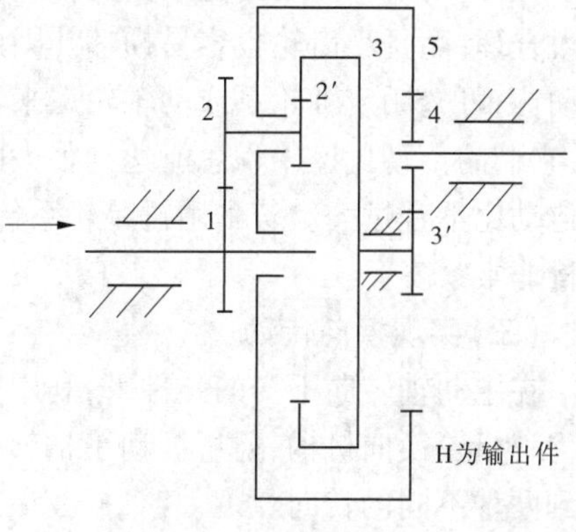

图 12-8 例题 12-5 图

系。其余齿轮3′、4、5各绕自身固定几何轴线转动，组成了定轴轮系。二者合在一起便构成一个复合轮系。3—3′为双联齿轮，$n_3=n_{3'}$，行星架H与齿轮5为同一构件，$n_5=n_H$。

(2)计算基本轮系的传动比。

行星轮系部分的传动比为

$$\frac{n_1-n_H}{n_3-n_H}=-\frac{z_2z_3}{z_1z_{2'}}=-\frac{48\times 90}{24\times 30}=-6 \tag{a}$$

定轴轮系部分的传动比为

$$i_{3'5}=\frac{n_{3'}}{n_5}=-\frac{z_4z_5}{z_{3'}z_4}=-\frac{z_5}{z_{3'}}=-\frac{80}{20}=-4 \tag{b}$$

又有：

$$n_3=n_{3'} \tag{c}$$

$$n_5=n_H \tag{d}$$

联立式(a)、式(b)、式(c)、式(d)四式并代入已知数值，可解得

$$n_H=\frac{1\ 450}{31}=46.77(\text{r/min})$$

n_H为正值表明卷筒H与齿轮1的转动方向相同。

四、轮系的应用

轮系在现代各种机械和仪表中的应用非常广泛，其主要功用可大致归纳为以下几个方面。

(一)实现相距较远的两轴之间的传动

当两轴间距离较远时，如果仅用一对齿轮传动，如图12-9中虚线所示，则两轮的尺寸必然很大，从而使机构总体尺寸也很大，结构不合理；如果采用一系列齿轮传动，如图中实线所示，就可避免上述缺点。如汽车发动机曲轴的转动要通过一系列的减速传动才能传递到车轮上，如果只用一对齿轮传动是无法满足要求的。

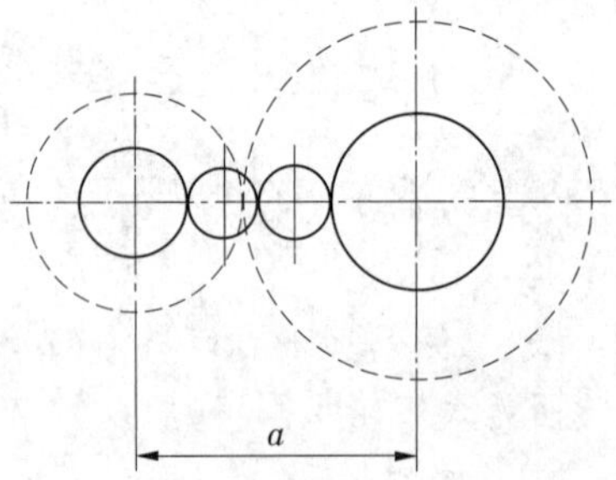

图12-9　远距离两轴之间的传动

(二)获得较大的传动比

采用定轴轮系或行星轮系均可获得较大的传动比，尤其是行星轮系能在构件数量较少的情况下获得较大的传动比。当两轴间需要较大的传动比时，若仅用一对齿轮来实现，两轮的尺寸必然颇为悬殊，势必增加外廓尺寸，致使结构不太合理，而且小齿轮也容易损坏。因此，一对齿轮的传动比一般不大于8。要获得较大的传动比，可选用定轴轮系或动轴轮系来传动。若采用定轴轮系传动，只要增加啮合齿轮的对数，它们的传动比连乘积总能达到很大的数值，但由于齿轮的数量增加会使机构趋于复杂，故传动比不宜过大。若采用行星轮系传动，则可以用很少的几个齿轮获得很大的传动比，且结构非常紧凑。

(三)实现换向传动

在主动轴转向不变的条件下，利用轮系中的惰轮，可以改变从动轴的转向。图12-10所示为三星轮换向机构，通过扳动手柄转动三角形构件，使轮1与轮2或轮3啮合，可使轮4得到两种不同的转向。

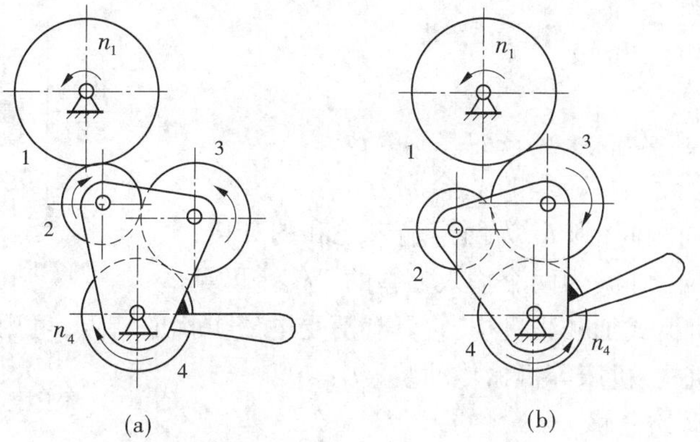

图 12-10 三星轮换向机构

（四）实现变速传动

在主动轴转速不变的条件下，利用轮系可使从动轴获得多种工作转速。如图 12-11 所示的汽车变速箱，Ⅰ轴为输入轴，Ⅲ为输出轴，牙嵌式离合器的一半 A 和齿轮 1 固联在输入轴Ⅰ上，其另一半 B 则和滑移双联齿轮 4—6 用滑键与输出轴Ⅲ相连。齿轮 2、3、5、7 固联在中间轴Ⅱ上，齿轮 8 固联在另一中间轴Ⅳ上。

思考题：请同学们自行分析图 12-11 所示的汽车的变速箱可以获得哪几种转速。

（五）实现特殊的工艺动作和轨迹

在行星轮系中，行星轮做平面运动，其上某些点的运动轨迹很特殊。利用这个特点，可以实现要求的工艺动作及特殊的运动轨迹。图 12-12（a）所示为某食品搅拌设备中搅拌头的行星传动简图，行星架 H 为输入构件，齿圈 1 固定，行星轮 2 带动搅拌桨 3 在容器内运动，搅拌桨上的某些点会产生图 12-12（b）所示的运动轨迹，可以满足将糖浆、面浆等物料搅拌、调和均匀的要求。

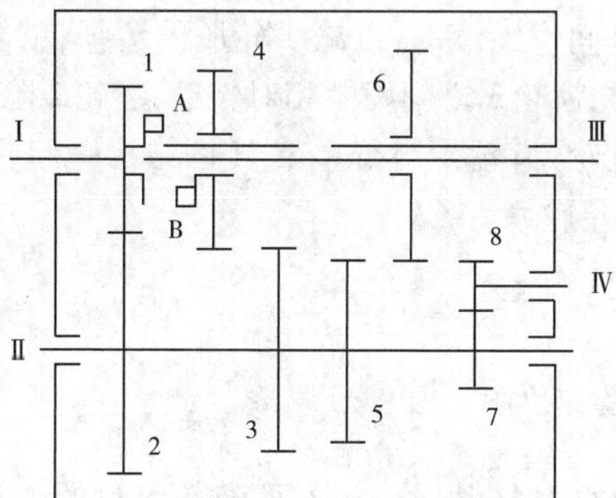

图 12-11 汽车的变速箱

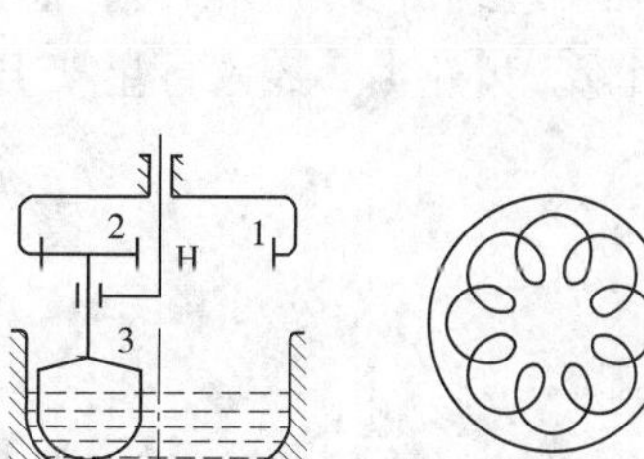

图 12-12 搅拌头的行星传动

（六）实现运动的合成

在图 12-13 所示的由圆锥齿轮组成的滚齿机行星轮系中，分齿运动由齿轮 1 传入，附加运动由行星架 H 传入，合成运动由齿轮 3 传出，若轮 1 及轮 3 的齿数相等，即 $z_1 = z_3$，则

$$\frac{n_1 - n_H}{n_3 - n_H} = -\frac{z_3}{z_1} = -1$$

可得

$$2n_H = n_1 + n_3$$

由上式可知，分别输入 n_1 和 n_3，合成为 n_H。

若 n_1 和 n_3 转向相同，则 n_H 为两个输入之和的 2 倍；若 n_1 和 n_3 转向相反，则 n_H 为两个输入之差的 2 倍。可见这种轮系可用作机械式加减法机构，它具有不受电磁干扰的特点，可用于处理敏感信号，其广泛应用于运算机构、机床等机械传动装置中。

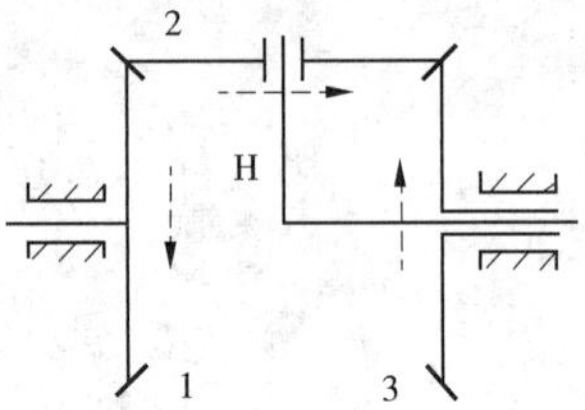

图 12-13　滚齿机行星轮系

（七）用于运动的分解

如图 12-14 所示的汽车后桥上的差速器，就是用于运动分解的实例。它可以将一个输入转动分解为两个输出转动。

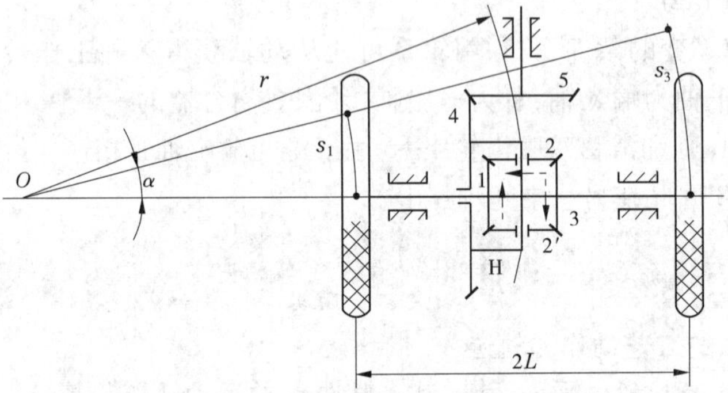

图 12-14　汽车后桥差速器

当汽车直线行驶时，左、右两轮转速相同，行星轮 2 及 2′不发生自转，齿轮 1、2、3 如同一个整体，一起随齿轮 4 转动，此时 $n_1 = n_3 = n_4$。

当汽车转弯时，为了保证两车轮与地面之间作纯滚动，以减少轮胎的磨损，就要求左轮转的慢一些，右轮转的快一些。此时，齿轮 1 与齿轮 3 之间发生相对转动，齿轮 2 除随齿轮 4 作公转外，还绕自身轴线回转。齿轮 2 是行星轮，齿轮 4 与行星架 H 固结在一起，齿轮 1、3 是太阳轮。齿轮 1、2、3 及行星架 H 组成了行星轮系。

$$\frac{n_1 - n_4}{n_3 - n_4} = -\frac{z_3}{z_1} = -1$$

则有

$$n_4 = \frac{n_1 + n_3}{2}$$

又由图 12-14 可见，当汽车绕瞬时回转中心 O 转动时，左、右两车轮滚过的弧长 s_1 及 s_3 应与两车轮到瞬心 C 的距离成正比，即

$$\frac{n_1}{n_3} = \frac{s_1}{s_3} = \frac{\alpha(r - L)}{\alpha(r + L)} = \frac{r - L}{r + L}$$

当从发动机传过来的转速 n_4、轮距 $2L$ 和转弯半径 r 为已知时，即可由以上二式计算出转速 n_1 和 n_3。

由此可见,差速器可将齿轮 4 的输入转速 n_4,根据转弯半径 r 的变化,自动分解为左、右两后轮不同的转速 n_1 和 n_3。

差速器广泛应用于车辆、飞机、农机及船舶等机械设备中。

五、减速器简介

减速器是一种相对精密的机械,在现代机械中被广泛应用。它是原动机和工作机之间独立的闭式传动装置,用来降低转速和增大转矩,以满足工作需要,在某些场合也用来增速,称之为增速器。

选用减速器时应根据工作机的选用条件、技术参数及动力机的性能、经济性,比较不同类型减速器的外廓尺寸、传动效率、承载能力、质量、价格等,选择最适合的减速器。

(一)减速器基本构造

减速器主要由传动零件(齿轮或蜗杆)、轴、轴承、箱体及其附件组成。其基本结构有以下三大部分(见图 12-15)。

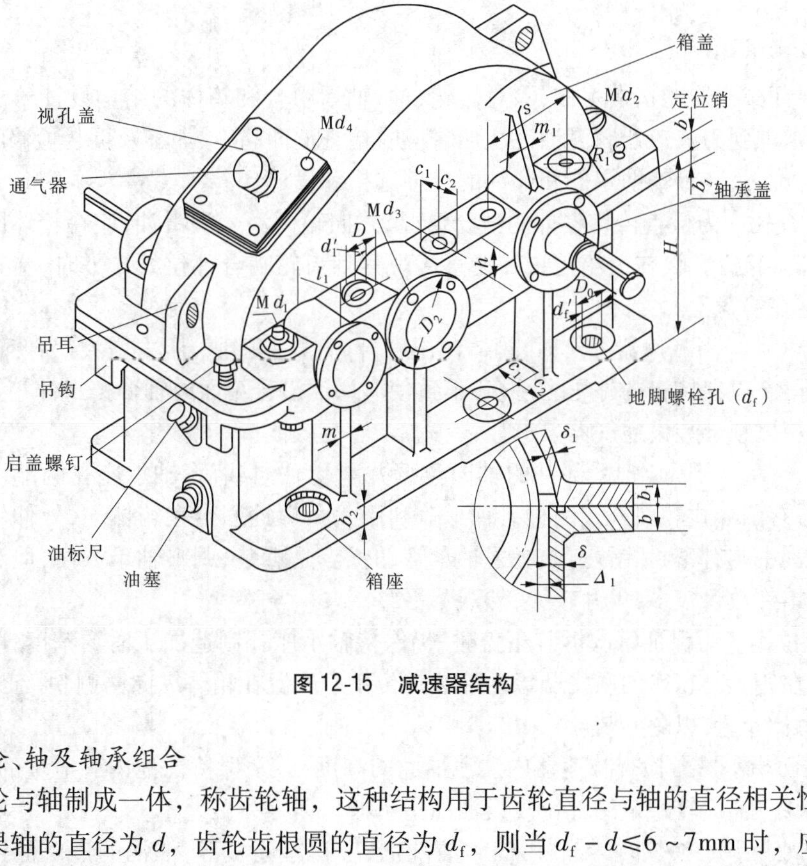

图 12-15　减速器结构

1. 齿轮、轴及轴承组合

小齿轮与轴制成一体,称齿轮轴,这种结构用于齿轮直径与轴的直径相关性不大的情况下,如果轴的直径为 d,齿轮齿根圆的直径为 d_f,则当 $d_f - d \leqslant 6 \sim 7$mm 时,应采用这种结构。而当 $d_f - d >$(6~7)mm 时,采用齿轮与轴分开为两个零件的结构,如低速轴与大齿轮。此时,齿轮与轴的周向固定采用平键联接,轴上零件利用轴肩、轴套和轴承盖作轴向固定。两轴均采用了深沟球轴承。这种组合,用于承受径向载荷和不大的轴向载荷的情况。当轴向载荷较大时,应采用角接触球轴承、圆锥滚子轴承或深沟球轴承与推力轴承的组合结构。轴承是利用齿轮旋转时溅起的稀油,进行润滑。箱座中油池的润滑油,被旋转的齿轮溅起飞溅到箱盖的内壁上，沿内壁流到分箱面坡口后，通过导油槽流入轴承。当浸油齿轮圆周速度$v \leq 2$ m/s时，应采用润滑脂润滑轴承，为避免可能溅起的稀油冲掉润滑脂，可采用挡油环将其分开。为防止润滑油流失和外界灰尘进入箱内，在轴承端盖和外伸轴之间装有密封元件。

2. 箱体

箱体是减速器的重要组成部件。它是传动零件的基座，应具有足够的强度和刚度。

箱体通常用灰铸铁制造，对于重载或有冲击载荷的减速器也可以采用铸钢箱体。单件生产的减速器，为了简化工艺、降低成本，可采用钢板焊接的箱体。

灰铸铁具有很好的铸造性能和减振性能。为了便于轴系部件的安装和拆卸，箱体制成沿轴心线水平剖分式。上箱盖和下箱体用螺栓联接成一体。轴承座的联接螺栓应尽量靠近轴承座孔，而轴承座旁的凸台，应具有足够的承托面，以便放置联接螺栓，并保证旋紧螺栓时需要的扳手空间。为保证箱体具有足够的刚度，在轴承孔附近加支撑肋。为保证减速器安置在基础上的稳定性并尽可能减少箱体底座平面的机械加工面积，箱体底座一般不采用完整的平面。

3. 减速器附件

为了保证减速器的正常工作，除对齿轮、轴、轴承组合和箱体的结构设计给予足够的重视外，还应考虑到为减速器润滑油池注油、排油、检查油面高度、加工及拆装检修时箱盖与箱座的精确定位、吊装等辅助零件和部件的合理选择和设计。

(1)检查孔。为检查传动零件的啮合情况，并向箱内注入润滑油，应在箱体的适当位置设置检查孔。检查孔设在上箱盖顶部能直接观察到齿轮啮合部位处。平时，检查孔的盖板用螺钉固定在箱盖上。

(2)通气器。当减速器工作时，箱体内温度升高，气体膨胀，压力增大，为使箱内热胀空气能自由排出，以保持箱内外压力平衡，不致使润滑油沿分箱面或轴伸密封件等其他缝隙渗漏，通常在箱体顶部装设通气器。

(3)轴承盖。为固定轴系部件的轴向位置并承受轴向载荷，轴承座孔两端用轴承盖封闭。轴承盖有凸缘式和嵌入式两种。轴承盖利用六角螺栓固定在箱体上，外伸轴处的轴承盖是通孔，其中装有密封装置。凸缘式轴承盖的优点是拆装、调整轴承方便，但和嵌入式轴承盖相比，零件数目较多，尺寸较大，外观不平整。

(4)定位销。为保证每次拆装箱盖时，仍保持轴承座孔制造加工时的精度，应在精加工轴承孔前，在箱盖与箱座的联接凸缘上配装定位销。安置在箱体纵向两侧联接凸缘上，对称箱体应呈对称布置，以免错装。

(5)油面指示器。检查减速器内油池油面的高度，经常保持油池内有适量的油，一般在箱体便于观察、油面较稳定的部位装设油面指示器。

(6)放油螺塞。换油时，排放污油和清洗剂，应在箱座底部，油池的最低位置开设放油孔，平时用螺塞将放油孔堵住，放油螺塞和箱体接合面间应加防漏用的垫圈。

(7) 启盖螺钉。为加强密封效果，通常在装配时在箱体剖分面上涂以水玻璃或密封胶，但在拆卸时往往因胶结紧密难以开盖。为此常在箱盖联接凸缘的适当位置，加工出1~2个螺孔，旋入启箱用的圆柱端或平端的启箱螺钉。旋动启箱螺钉便可将上箱盖顶起。小型减速器也可不设启盖螺钉，启盖时用起子撬开箱盖，启盖螺钉的大小可与凸缘联接螺栓相同。

(二)减速器基本分类

减速器按用途可分为通用减速器和专用减速器两大类,其主要类型为齿轮减速器、蜗杆减速器、齿轮-蜗杆减速器、行星齿轮减速器。

(1)圆柱齿轮减速器:单级、二级以上。布置形式:展开式、分流式、同轴式(见图12-16)。

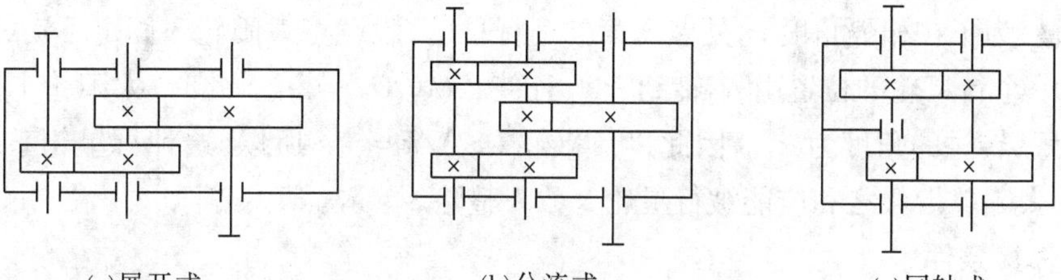

图12-16　减速器布置形式

(2)圆锥齿轮减速器:用于输入轴和输出轴位置成相交的场合。

(3)蜗杆减速器:主要用于传动比 $i>10$ 的场合,传动比较大时结构紧凑。其缺点是效率低。

(4)齿轮-蜗杆减速器:若齿轮传动在高速级,则结构紧凑;若蜗杆传动在高速级,则效率较高。

(5)行星齿轮减速器:传动效率高,传动比范围广,传动功率为12 W~50 000 kW,体积和质量小。

六、拓展提高

为了传递较大的功率以及改善机构的受力情况,行星轮系中一般采用均布的多个行星轮来传动。因此,为了实现这种多行星轮的结构,在设计行星轮系时,各轮齿数的选择和行星轮个数的确定必须满足下述四个条件:

(1)保证实现给定的传动比。

(2)保证两个太阳轮和行星架的轴线重合,即满足同心条件。

(3)保证各行星轮能严格均布装入两个太阳轮之间,即满足安装条件。

(4)保证各行星轮之间,齿顶不互相干涉,即满足邻接条件。

现以图12-17所示的行星轮系为例,说明如下。

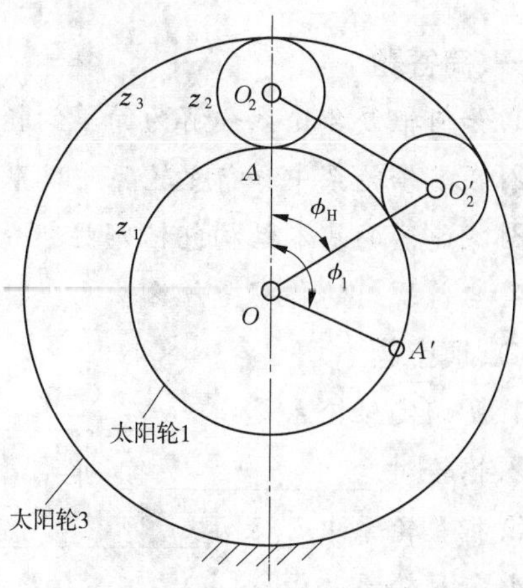

图12-17　具有多个行星轮的行星轮系

(一)保证实现给定传动比

因为　$i_{13}^{H}=\dfrac{n_1-n_H}{n_3-n_H}=-\dfrac{z_3}{z_1}$

所以　$\dfrac{z_3}{z_1}=i_{1H}-1$

(二)满足同心条件

根据太阳轮 1、3 及行星架三轴线重合条件,对标准齿轮或等变位齿轮传动,得 $z_3 = z_2 + z_1$。

(三)安装条件

在图 12-17 中,设需在太阳轮 1 和 3 之间均匀装入 k 个行星轮,即相邻两行星轮之间相隔角度 $\varphi_H = 2\pi/k$。当第一个行星轮 O_2装入后,太阳轮 1 和 3 的相对位置就受到限制,而不能任意调整,为了在相隔角度 φ_1处装入第二个行星轮,假设将太阳轮 3 固定不动,转动太阳轮 1,使第一个行星轮的位置由 O_2转到 O_2',且使 $\angle O_2OO_2' = \varphi_H$。此时,太阳轮 1 上的 A 点转到 A'位置,转过的角度为 φ_1。因此,可得 $(z_1 + z_3)/k = N$。所以,这种行星轮系的安装条件是,两个太阳轮齿数之和应能被行星轮个数 k 整除。

(四)邻接条件

在图 12-17 中,O_2、O_2'是相邻两行星轮的位置,为使两行星轮间的齿顶圆不相交,防止其互相干涉和碰撞,要求中心距 O_2O_2'大于两行星轮齿顶圆半径之和,即 $O_2O_2' > d$(行星轮齿顶圆直径)。

对于标准齿轮传动,其邻接条件为

$$(z_1 + z_2)\sin\frac{\pi}{k} > z_2 + 2h_a^*$$

小　结

熟练掌握定轴轮系、动轴轮系和简单的混合轮系的传动比计算,了解减速器的分类和基本结构,掌握减速器各附件的作用以及设计标准,从而为课程设计中减速器的设计提供必要的理论支持。

习题与训练题

一、简答题

1. 如何把复合轮系分解为简单的轮系?

2. 在定轴轮系中和行星轮系中其从动件的转向分别是如何确定的?

3. 减速器的基本结构包括哪些部分?

4. 启盖螺钉的作用是什么?

二、填空题

1. 所谓定轴轮系是指________________,行星轮系是指__________________。

2. 惰轮对________________并无影响,但却可能改变从动轮的____________。

3. 行星轮系中 i_{13}^H 表示__________________,i_{13} 表示________。

4. 行星轮系是由______________、______________、_______________组成的。

三、选择题

1. 定轴轮系有下列情况:①所有齿轮轴线都平行;②主、从动轮轴线平行;③首、末两轮轴线不平行；④所有齿轮轴线都不平行。其中有______情况的传动比冠以正负号。

A. 1 种　　B. 2 种　　C. 3 种　　D. 4 种

2. 某人总结惰轮在轮系中的作用如下：①改变从动轮转向；②改变从动轮转速；③调节齿轮轴间距离；④提高齿轮强度。其中有______是正确的。

A. 1 条　　B. 2 条　　C. 3 条　　D. 4 条

3. 行星轮系的转化轮系传动比 $i_{AB}^{H}=\dfrac{n_A-n_H}{n_B-n_H}$ 若为负值，则齿轮 A 与齿轮 B 转向____。

A. 一定相同　　B. 一定相反　　C. 不一定

4. 轮系的下列功用中，__________功用必须依靠行星轮系实现。

A. 实现变速传动　　B. 实现大的传动比

C. 实现分路传动　　D. 实现运动的合成与分解

四、计算题

1. 在图 12-18 所示的定轴轮系中，已知各齿轮的齿数分别为 z_1、z_2、$z_{2'}$、z_3、z_4、$z_{4'}$、z_5、$z_{5'}$、z_6，求传动比 i_{16}。

2. 在图 12-19 所示的轮系中，已知各齿轮的齿数分别为 $z_1=18$，$z_2=20$，$z_{2'}=25$，$z_3=36$，$z_{3'}=2$（右旋），$z_4=40$，且已知 $n_1=100$ r/min（A 向看为逆时针），求轮 4 的转速及其转向。

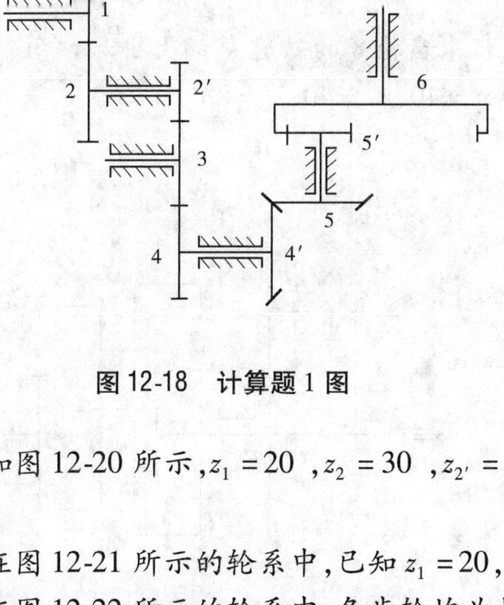

图 12-18　计算题 1 图

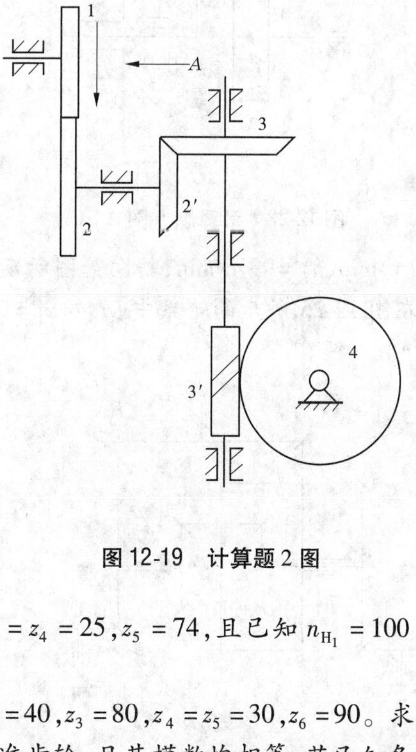

图 12-19　计算题 2 图

3. 如图 12-20 所示，$z_1=20$，$z_2=30$，$z_{2'}=z_3=z_4=25$，$z_5=74$，且已知 $n_{H_1}=100$ r/min。求 n_{H_2}。

4. 在图 12-21 所示的轮系中，已知 $z_1=20$，$z_2=40$，$z_3=80$，$z_4=z_5=30$，$z_6=90$。求 i_{16}。

5. 在图 12-22 所示的轮系中，各齿轮均为标准齿轮，且其模数均相等，若已知各齿轮的齿数分别为 $z_1=20$，$z_2=48$，$z_{2'}=20$。试求齿数 z_3 及传动比 i_{1H}。

6. 在图 12-23 所示的轮系中，$z_1=15$，$z_2=25$，$z_3=20$，$z_4=60$，$n_1=200$ r/min（顺时针），$n_4=50$ r/min（顺时针），试求 H 的转速。

7. 如图 12-24 所示的轮系，已知 $z_1=z_3=20$，$z_2=80$，$z_4=60$，$z_5=z_6$，$z_7=80$，$z_8=40$，

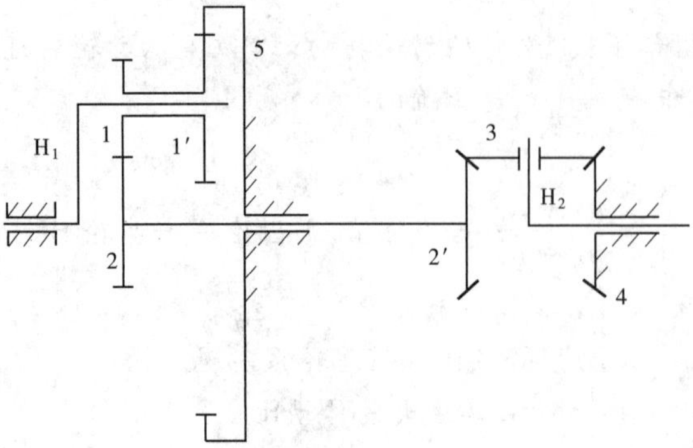

图 12-20　计算题 3 图

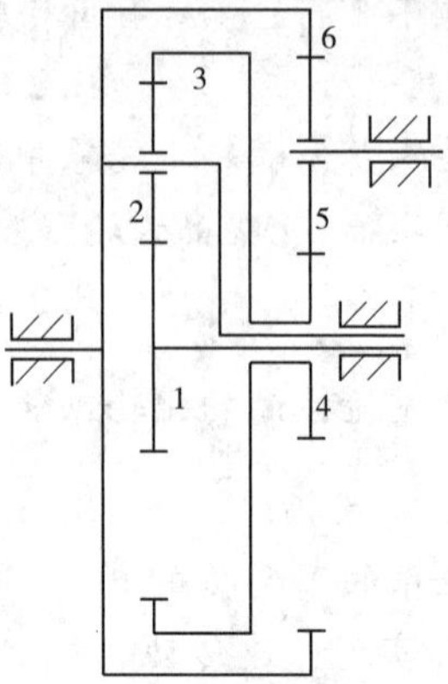

图 12-21　计算题 4 图

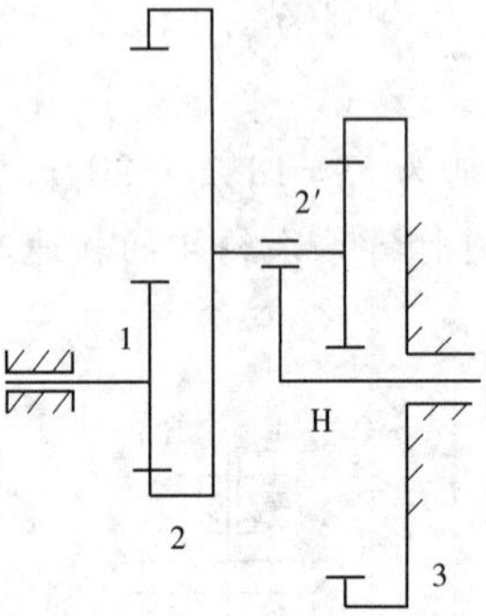

图 12-22　计算题 5 图

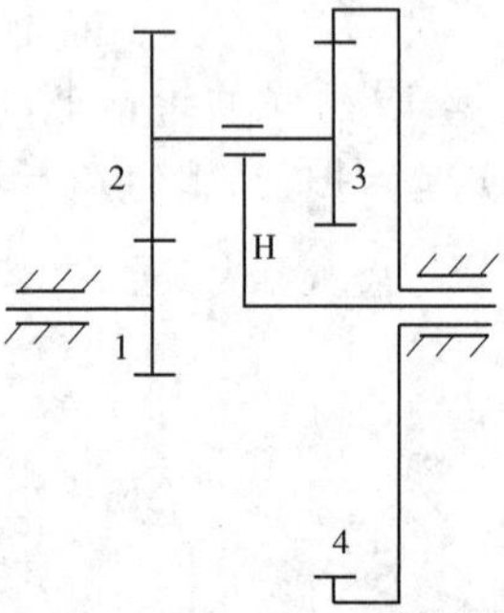

图 12-23　计算题 6 图

$n_1 = 100$ r/min，$n_3 = 99$ r/min，转向如图所示。试求齿轮 8 的转速 n_8 的大小和方向。

8. 在图 12-25 所示的轮系中，已知 $z_1 = 20$，$z_2 = 40$，$z_{2'} = 40$，$z_4 = 80$，$z_{4'} = 60$，$z_5 = 20$。试求传动比 i_{15}。

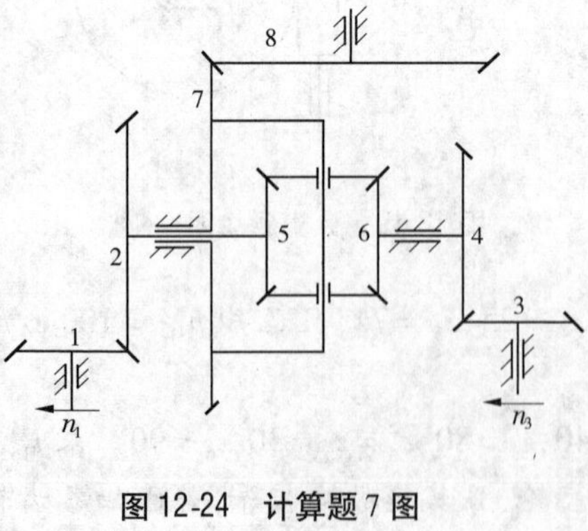

图 12-24　计算题 7 图

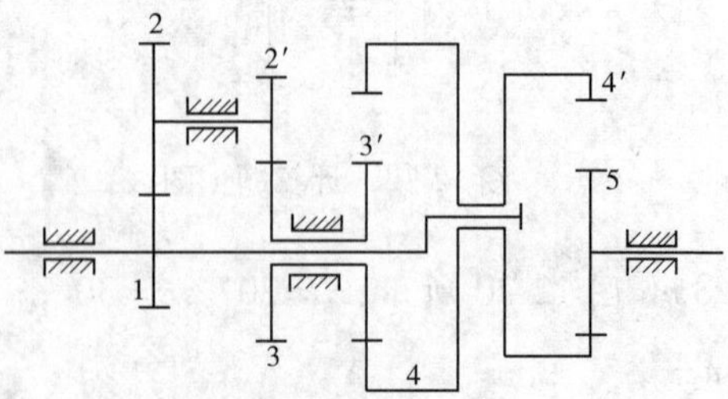

图 12-25　计算题 8 图

附录 A 综合实训任务书

机械零件课程设计任务书(一)

一、设计题目

带式运输机传动系统中的一级圆柱齿轮减速器(V 带转动)。

二、系统简图

带式运输机一级圆柱齿轮减速器(V 带转动)简图如附图 A-1 所示。

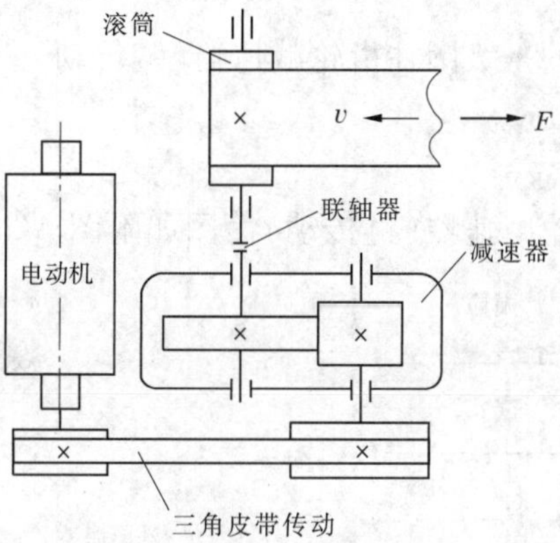

图 A-1 带式运输机一级圆柱齿轮减速器(V 带转动)简图

三、工作条件

输送机连续工作,单向运转,载荷变化不大,空载启动,使用期限为 10 年,两班制工作,输送带速度容许误差为 ±5%。

四、原始数据

原始数据如附表 A-1 所示。

附表 A-1　原始数据

已知条件	题号				
	1	2	3	4	5
输送带拉力 F(N)	3×10^3	2.9×10^3	2.6×10^3	2.5×10^3	2.2×10^3
输送带速度 v(m/s)	1.5	1.4	1.6	1.5	1.6
滚筒直径 D(mm)	400	400	450	450	450

五、设计工作量

(1)设计说明书 1 份。
(2)减速器装配图 1 张。
(3)减速器零件图 1 ~3 张。

机械零件课程设计任务书(二)

一、设计题目

带式运输机传动系统中的一级圆柱齿轮减速器(链传动)。

二、系统简图

带式运输机一级圆柱齿轮减速器(链传动)简图如附图 A-2 所示。

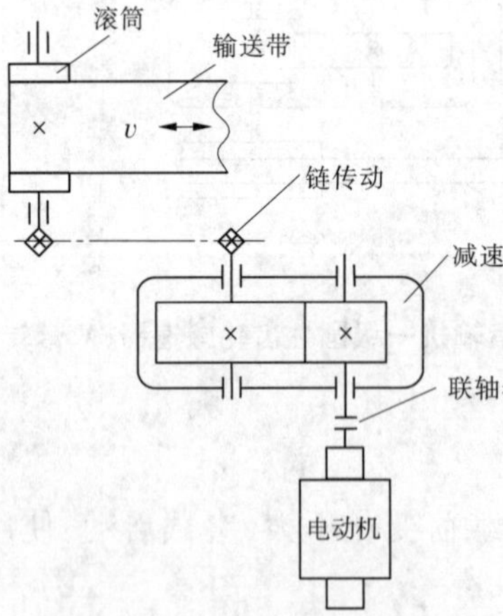

附图 A-2　带式运输机一级圆柱齿轮减速器(链传动)简图

三、工作条件

传动不逆转，载荷平稳，启动载荷为名义载荷的 1.25 倍，输送带速度容许误差为 ±5%。

四、原始数据

原始数据如附表 A-2 所示。

附表 A-2 原始数据

已知条件	题号			
	1	2	3	4
输送带拉力 F(N)	3 200	3 000	2 800	2 600
输送带速度 v(m/s)	1.7	1.7	1.7	1.7
滚筒直径 D(mm)	450	450	450	450
每日工作时数 T(h)	16	16	16	16
传动工作年限(年)	10	10	10	10

五、设计工作量

(1)设计说明书 1 份。
(2)减速器装配图 1 张。
(3)减速器零件图 1 ~ 3 张。

机械零件课程设计任务书(三)

一、设计题目

螺旋输送机传动系统中的一级圆柱齿轮减速器。

二、系统简图

螺旋输送机一级圆柱齿轮减速器简图如附图 A-3 所示。

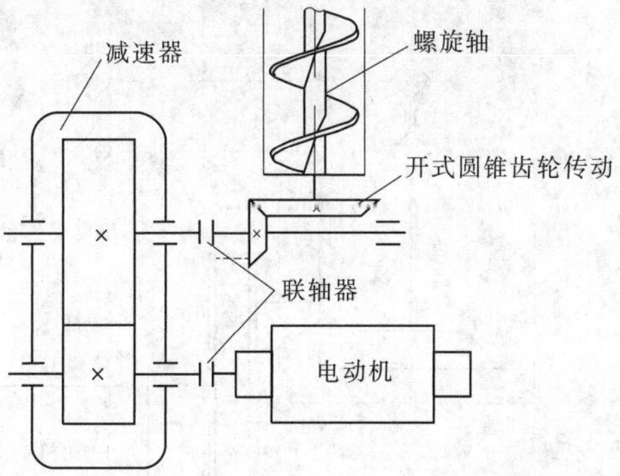

附图 A-3 螺旋输送机一级圆柱齿轮减速器简图

三、工作条件

螺旋输送机单向运转，有轻微振动，两班制工作，使用期限为5年，输送机螺旋轴转速的容许误差为±5%，减速器小批量生产。

四、原始数据

原始数据如附表A-3所示。

附表A-3　原始数据

已知条件	题号			
	1	2	3	4
输送机螺旋轴功率 P(kW)	3.5	4	4.5	5
输送机螺旋轴转速 n(r/min)	50	55	60	65

五、设计工作量

(1)设计说明书1份。
(2)减速器装配图1张。
(3)减速器零件图1~3张。

机械零件课程设计任务书(四)

一、设计题目

传送设备的一级锥齿轮减速器。

二、系统简图

传送设备的一级锥齿轮减速器简图如附图A-4所示。

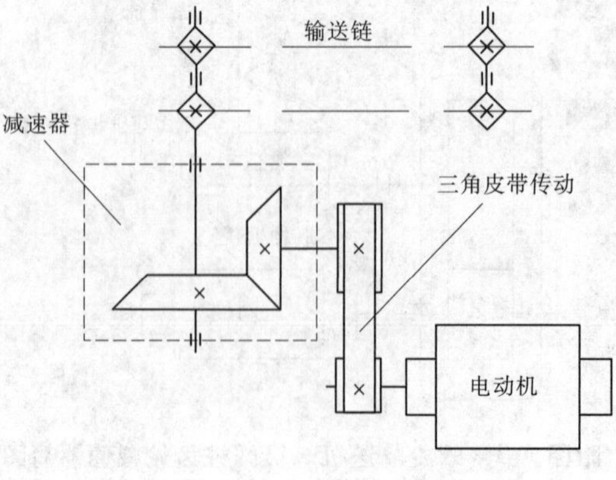

附图A-4　传送设备的一级锥齿轮减速器简图

三、工作条件

单向运转，载荷平稳，启动载荷为名义载荷的 1.25 倍，每天工作 16 h，使用期限为 10 年，输送链速度容许误差为 ±5%，输送链效率 $\eta=0.9$。

四、原始数据

原始数据如附表 A-4 所示。

附表 A-4 原始数据

已知条件	题号		
	1	2	3
输送链拉力 F(N)	2.1×10^3	2.4×10^3	2.7×10^3
输送链速度 v(m/s)	0.7	0.8	0.9
输送链链轮直径 D(mm)	100	125	150

五、设计工作量

(1)设计说明书 1 份。
(2)减速器装配图 1 张。
(3)减速器零件图 1~3 张。

机械零件课程设计任务书(五)

一、设计题目

带式运输机传动系统中的展开式二级圆柱齿轮减速器。

二、系统简图

带式运输机二级圆柱齿轮减速器简图如附图 A-5 所示。

三、工作条件

单向运转，有轻微振动，经常满载，空载启动，单班制工作，使用期限为 5 年，输送带速度容许误差为 ±5%。

四、原始数据

原始数据如附表 A-5 所示。

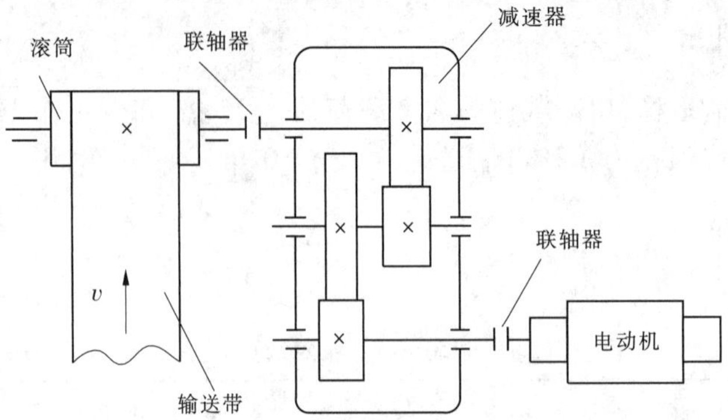

附图 A-5　带式运输机二级圆柱齿轮减速器简图

附表 A-5　原始数据

已知条件	题号					
	1	2	3	4	5	6
输送带拉力 F(N)	1.6×10^3	1.8×10^3	2×10^3	2.2×10^3	2.4×10^3	2.6×10^3
输送带速度 v(m/s)	1.0	1.1	0.9	0.9	1.2	1.0
滚筒直径 D(mm)	400	350	300	300	300	300

五、设计工作量

(1)设计说明书 1 份。
(2)减速器装配图 1 张。
(3)减速器零件图 1 ~ 3 张。

机械零件课程设计任务书(六)

一、设计题目

带式运输机传动系统中的二级圆柱齿轮减速器。

二、系统简图

带式运输机二级圆柱齿轮减速器简图如附图 A-6 所示。

三、工作条件

要求减速器沿输送带运动方向具有最小尺寸,单向运转,有轻微振动,两班制工作,使用期限为 10 年。

四、原始数据

原始数据如附表 A-6 所示。

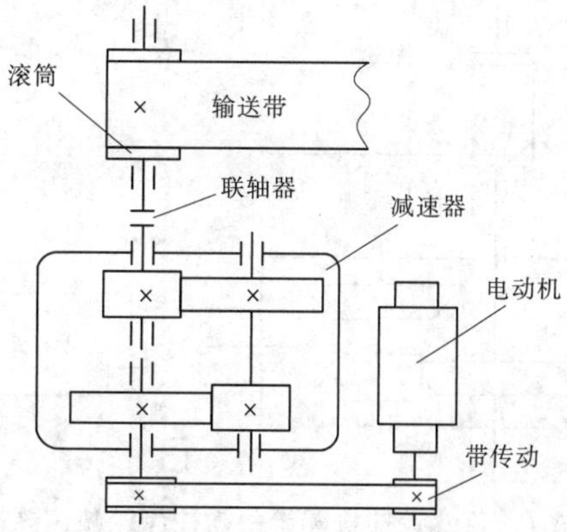

附图 A-6　带式运输机二级圆柱齿轮减速器简图

附表 A-6　原始数据

已知条件	题号					
	1	2	3	4	5	6
输送带拉力 F(N)	1 300	1 300	1 400	1 700	1 700	1 800
输送带速度 v(m/s)	0.68	0.8	0.75	0.85	0.75	0.8
滚筒直径 D(mm)	300	360	350	380	340	365

五、设计工作量

(1)设计说明书 1 份。
(2)减速器装配图 1 张。
(3)减速器零件图 1 ~ 3 张。

机械零件课程设计任务书(七)

一、设计题目

带式运输机圆锥—圆柱齿轮减速器。

二、系统简图

带式运输机圆锥—圆柱齿轮减速器简图如附图 A-7 所示。

三、工作条件

连续单向运转，载荷较平稳，两班制。环境最高温度 35 ℃，允许运输带速度误差为 ±5%，小批量生产。

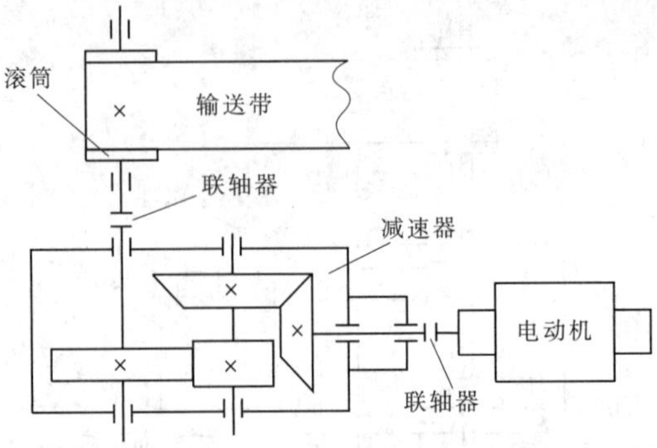

附图 A-7　带式运输机圆锥—圆柱齿轮减速器简图

四、原始数据

原始数据如附表 A-7 所示。

附表 A-7　原始数据

已知条件	题号			
	1	2	3	4
输送带拉力 F(N)	2 500	2 300	2 100	1 900
输送带速度 v(m/s)	1.3	1.5	1.6	1.6
滚筒直径 D(mm)	400	400	400	400

五、设计工作量

(1)设计说明书 1 份。
(2)减速器装配图 1 张。
(3)减速器零件图 1 ~3 张。

机械零件课程设计任务书(八)

一、设计题目

带式运输机用的一级蜗杆减速器。

二、系统简图

带式运输机一级蜗杆减速器简图如附图 A-8 所示。

三、工作条件

输送机连续工作,单向运转,载荷平稳,空载启动,输送带速度容许误差为 ±5% 。三班制工作,使用期限为 10 年,减速器小批量生产。

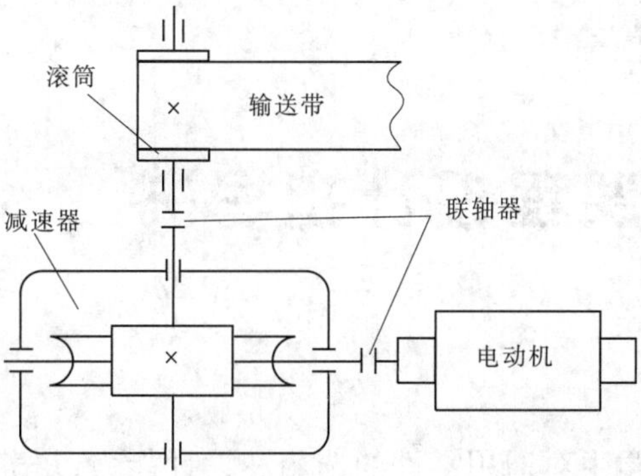

附图 A-8 带式运输机一级蜗杆减速器简图

四、原始数据

原始数据如附表 A-8 所示。

附表 A-8 原始数据

已知条件	题号			
	1	2	3	4
输送带拉力 F(N)	2 000	2 200	2 500	3 000
输送带速度 v(m/s)	0.8	0.9	1.0	1.1
滚筒直径 D(mm)	350	320	300	275

五、设计工作量

(1)设计说明书 1 份。

(2)减速器装配图 1 张。

(3)减速器零件图 1～3 张。

附录 B　课程设计指导书

一、技能培养

通过课程设计培养学生对通用零件的选用和设计能力，培养学生查阅手册的能力及绘制装配图、零件图的能力，进一步巩固学生运用计算机绘图的能力（下面以附图 A-1 为例加以说明）。

二、设计要求

（1）树立正确的设计思想，结合生产实际，总体考虑经济性、实用性、可靠性、安全性和先进性等因素，严肃认真地进行设计，设计一律在规定教室内进行。

（2）在设计中遇到问题时，要认真查阅资料，积极思考，提出个人见解，以培养个人独立工作能力。

（3）充分发挥自己的主观能动性和创造性，对各种资料中所附的减速器结构图要进行仔细的研究和比较，以明确优劣、正误，根据特定的工作条件进行具体的分析，取长补短，创造性地进行设计，力争设计最优。

（4）严禁同一问题采用不同标准。

（5）保质、保量、按时、独立地完成设计任务。

（6）零件图的绘制（用 AutoCAD 绘制）：图面全部用 A3 号图纸绘制，比例可用 1∶1或1∶2（也可按自己设定的比例），图面布置合理，线型正确和清晰，符合国家的制图标准，公差尺寸配合正确，结构合理，联接部分应圆滑，技术要求一律写在右上角，所标的字母、数字、汉字应做到字体端正、排列整齐、间隔均匀，汉字应写成仿宋体。

（7）装配图的绘制：用 1 号图纸绘制（可以手工绘图），比例可用 1∶1或 1∶2，绘制两个视图。

（8）图纸按规定叠好，连同设计说明书一起装入档案纸袋，档案纸袋的封面一律用仿宋体书写，包括班级、学号、姓名、资料名称、数量等，在答辩时交上，同时将电子图上交。

三、设计的基本步骤

（一）电动机的选择及运动参数的计算

一般电动机均采用三相交流电动机，如无特殊要求都采用三相交流异步电动机，其中首选 Y 系列全封闭自扇冷式电动机。

（1）确定皮带输送机所需功率。

$$P_w = F_w v_w / 1\,000 \quad (\mathrm{kW}) \tag{B-1}$$

式中　F_w——输送带拉力，N；

　　v_w——输送带速度，m/s。

(2)确定传动装置的速率。

$$\eta = \eta_1 \eta_2 \eta_3 \eta_4 \eta_5 \tag{B-2}$$

式中 η_1——三角带传动效率；

η_2——齿轮传动效率；

η_3——滚动轴承的效率；

η_4——联轴器的效率；

η_5——运输机平型带传动效率。

常用机械传动效率见附表 B-1。

附表 B-1 常用机械传动效率

机械传动类型		传动效率
圆柱齿轮传动		闭式传动 0.96 ~ 0.98(7 ~ 9 级精度)
		开式传动 0.94 ~ 0.96
圆锥齿轮传动		闭式传动 0.94 ~ 0.97(7 ~ 8 级精度)
		开式传动 0.92 ~ 0.95
带传动	平型带传动	0.95 ~ 0.98
	V 型带传动	0.94 ~ 0.97
滚动轴承(一对)		0.98 ~ 0.995
联轴器		0.99 ~ 0.995

(3)选择电动机的额定功率。

电动机的额定功率为

$$P \geqslant \frac{P_w}{\eta} = \frac{F_w v_w}{1\,000\eta} \tag{B-3}$$

(4)确定电动机的转数。

滚筒轴的工作转速为

$$n_w = \frac{60 \times 1\,000 v_w}{\pi D} \tag{B-4}$$

式中 v_w——皮带输送机的带速，m/s；

D——滚筒的直径，mm。

(5)确定电动机的转速。

$$n' = i' n_w \tag{B-5}$$

式中 i'——由电动机到工作机的传动比。

$$i' = i_1' i_2' i_3' \cdots i_n' \tag{B-6}$$

式中 i_1'、i_2'、i_3'、…、i_n'——各级传动比的范围。

按 n' 的范围选取电动机的转速 n，常用机械传动比的范围见附表 B-2。

附表 B-2　常用机械传动比的范围

选用指标	传动类型			
	平型带	三角带	齿轮传动	
功率(kW)	小(20)	中(≤100)	大(最大可达 50 000)	
单级传动比	2~4	2~4	圆柱	圆锥
			3~5	2~3
最大值	6	15	10	6~10

(6)列出电动机的主要参数。

电动机的主要参数见附表 B-3。

附表 B-3　电动机的主要参数

电动机额定功率 P(kW)	
电动机满载转速 n_m(r/min)	
电动机轴伸出端直径 d(mm)	
电动机轴伸出端的安装高度(mm)	
电动机轴伸出端的长度(mm)	

(二)总传动比的计算及传动比的分配

(1)传动装置总传动比:

$$i = \frac{n}{n_w} \tag{B-7}$$

(2)分配传动装置各级传动比:

$$i = i_1 i_2 i_3 \cdots i_n \tag{B-8}$$

式中:i_1、i_2、i_3、…、i_n从表 B-2 中选值。

(三)传动装置的运动和动力参数的计算

(1)各轴的功率计算:

$$P_1 = P\eta_1\eta_3 \tag{B-9}$$

$$P_2 = P\eta_1\eta_2\eta_3{}^2 \tag{B-10}$$

(2)各轴的转速计算:

高速轴转速为

$$n_1 = \frac{n}{i_1} \tag{B-11}$$

低速轴转速为

$$n_2 = \frac{n}{i_1 i_2} \tag{B-12}$$

(3)各轴扭矩的计算

$$T_K = 9.55 \times 10^6 \times P_K / n_K \tag{B-13}$$

式中:$K = 1,2,\cdots$

(四)V 传动设计(参考本书模块七)

(1)选择 V 型号。

(2)选择带轮的基准直径,并验算带速 (5 m/s≤v≤25 m/s)。

(3)确定中心距和带长,验算小轮包角($\alpha_1 \geqslant 120°$)。

(4)按许用功率计算带的根数。

(5)确定作用在轴上的压力。

(6)确定带轮的结构和尺寸(只要求绘制大带轮的零件图)。

(五)齿轮传动设计

(1)参考教材的步骤,设计这一对齿轮的尺寸(只要求绘制大齿轮的零件图)。

(2)选择齿轮传动的润滑黏度、润滑方式。

(六)轴的设计

参考教材的例题及设计步骤进行设计,只要求设计低速轴并绘制低速轴的零件图。

注意:与旋转零件(齿轮、带轮)配合的轴径可参考表 11-4。

(七)滚动轴承的选择(低转速)

按教材的选择步骤进行滚动轴承的选择,并确定润滑方式。

(八)键的选择及强度校核(低速轴的键)

键的尺寸选择可参照公差配合与测量技术方面的资料。

(九)联轴器的选择(低速轴)

主要检验它的转速和转距。联轴器的类型可参照相关机械设计手册进行选用。

(十)编写计算说明书

1. 设计说明书的内容

(1)目录。

(2)设计任务书。

(3)电动机的选择。

(4)计算传动装置的运动和动力参数。

(5)三角带传动设计。

(6)齿轮的设计计算。

(7)轴的设计计算。

(8)滚动轴承的选择及计算。

(9)键联接的选择及校核计算。

(10)联轴器的选择。

另外,还包括润滑与密封(润滑与密封的方式的选择、润滑剂的选择),设计小结(本设计的优缺点及课程设计的体会),参考资料目录,以及一些其他技术说明,例如拆装、安装的注意事项,维护保养要求等。

2. 编写说明书的要求

(1)设计计算说明书要求论述要清楚,文字精练,计算正确。

(2)说明书中应附有必要的插图,说明书格式可参照附表 B-4。设为目录、前言、后记等。

(3)计算中所引用的公式和数据应有根据,并注明来源。

(4)说明书中每一单元的内容,应有大小标题,使其醒目便于查阅。

(5)计算过程应层次分明。一般可列出计算内容,写出计算公式,然后代入数据,略去具体验算过程,直接得出计算结果,并写上结论性用语,如"合格""安全""强度足够"等。对技术计算出的数据,需圆整的应予圆整,属于精确计算的不得随意圆整。

3.设计计算说明书书写示例

设计计算说明书书写示例如表 B-4 所示。

表 B-4　设计计算说明书书写示例

设计计算及说明	主要结果
…… 四、齿轮传动设计 1、高速级齿轮传动设计 1)选择材料,确定许用应力 小齿轮:45 钢,调质,220 HBS 大齿轮:45 钢,正火,190 HBS ……	结 果

附录 C 深沟球轴承、角接触球轴承、圆锥滚子轴承的国家标准节选

附表 C-1 深沟球轴承

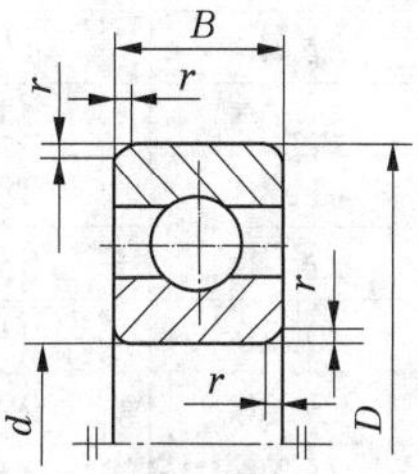

标准外形

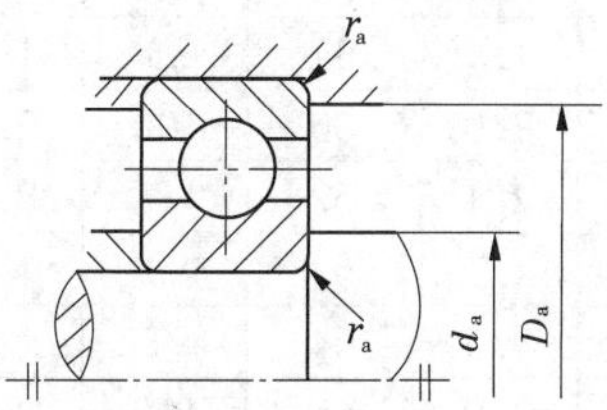

安装尺寸

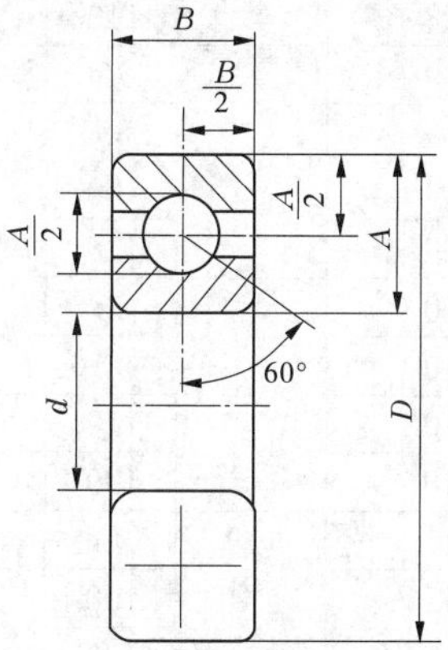

简化画法

轴承代号	基本尺寸(mm)				安装尺寸(mm)			基本额定动载荷 C(kN)	基本额定静载荷 C_0(kN)
	d	D	B	r_{min}	d_{amin}	D_{amax}	r_{amax}		
6004	20	42	12	0.6	25	37	0.6	9.38	5.02
6204		47	14	1.0	26	41	1.0	12.80	6.65
6304		52	15	1.1	27	45	1.0	15.80	7.88
6404		72	19	1.1	27	65	1.0	31.00	15.20
6005	25	47	12	0.6	30	42	0.6	10.00	5.85
6205		52	15	1.0	31	46	1.0	14.00	7.88
6305		62	17	1.1	32	55	1.0	22.20	11.50
6405		80	21	1.5	34	71	1.5	38.20	19.20
6006	30	55	13	1.0	36	49	1.0	13.20	8.30
6206		62	16	1.0	36	56	1.0	19.50	11.50
6306		72	19	1.1	37	65	1.0	27.00	15.20
6406		90	23	1.5	39	81	1.5	47.50	24.50
6007	35	62	14	1.0	41	56	1.0	16.20	10.50
6207		72	17	1.1	42	65	1.0	25.50	15.20
6307		80	21	1.5	44	71	1.5	33.20	19.20
6407		100	25	1.5	44	91	1.5	56.80	29.50

续附表 C-1

轴承代号	基本尺寸(mm)				安装尺寸(mm)			基本额定动载荷 C(kN)	基本额定静载荷 C_0(kN)
	d	D	B	r_{min}	d_{amin}	D_{amax}	r_{amax}		
6008	40	68	15	1.0	46	62	1.0	17.00	11.80
6208		80	18	1.1	47	73	1.0	29.50	18.00
6308		90	23	1.5	49	81	1.5	40.80	24.00
6408		110	27	2.0	50	100	2.0	65.50	37.50
6009	45	75	16	1.0	51	69	1.0	21.10	14.80
6209		85	19	1.1	52	78	1.0	31.50	20.50
6309		100	25	1.5	54	91	1.5	52.80	31.80
6409		120	29	2.0	55	110	2.0	77.50	45.50
6010	50	80	16	1.0	56	74	1.0	22.00	16.20
6210		90	20	1.1	57	83	1.0	35.00	23.20
6310		110	27	2.0	60	100	2.0	61.80	38.00
6410		130	31	2.1	62	118	2.1	92.20	55.20
6011	55	90	18	1.1	62	83	1.0	30.20	21.80
6211		100	21	1.5	64	91	1.5	43.20	29.20
6311		120	29	2.0	65	110	2.0	71.50	44.80
6411		140	33	2.1	67	128	2.1	100.00	62.50
6012	60	95	18	1.1	67	88	1.0	31.50	24.20
6212		110	22	1.5	69	101	1.5	47.80	32.80
6312		130	31	2.1	72	118	2.1	81.80	51.80
6412		150	35	2.1	72	138	2.1	108.00	70.00
6013	65	100	18	1.1	72	93	1.0	32.00	24.80
6213		120	23	1.5	74	111	1.5	57.20	40.00
6313		140	33	2.1	77	128	2.1	93.80	60.50
6413		160	37	2.1	77	148	2.1	118.00	78.50
6014	70	110	20	1.1	77	103	1.0	38.50	30.50
6214		125	24	1.5	79	116	1.5	60.80	45.00
6314		150	35	2.1	82	138	2.1	105.00	68.00
6414		180	42	3.0	84	166	2.5	140.00	99.50
6015	75	15	20	1.0	82	108	1.0	40.20	33.20
6215		130	25	1.5	84	121	1.5	66.00	49.50
6315		160	37	2.1	87	148	2.1	112.00	76.80
6415		190	45	3.0	89	176	2.5	155.00	115.00

注:1. 标准摘自 GB 276—2013 滚动轴承、深沟球轴承外形尺寸。

2. 表中 r_{min} 为 r 的单向最小倒角尺寸,r_{amax} 为 r_a 的单向最大倒角尺寸。

附表 C-2　角接触球轴承

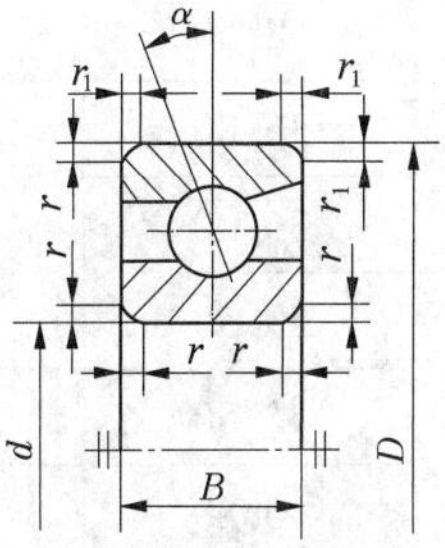

标准外形

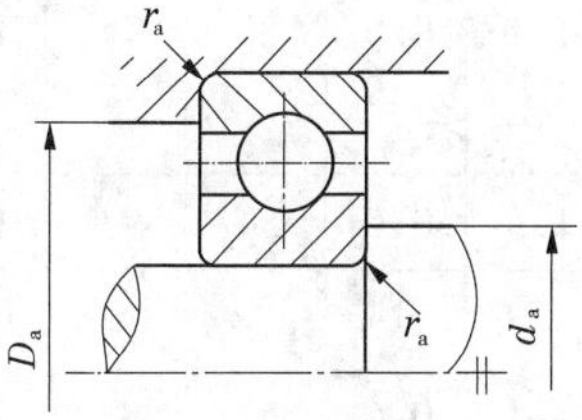

安装尺寸

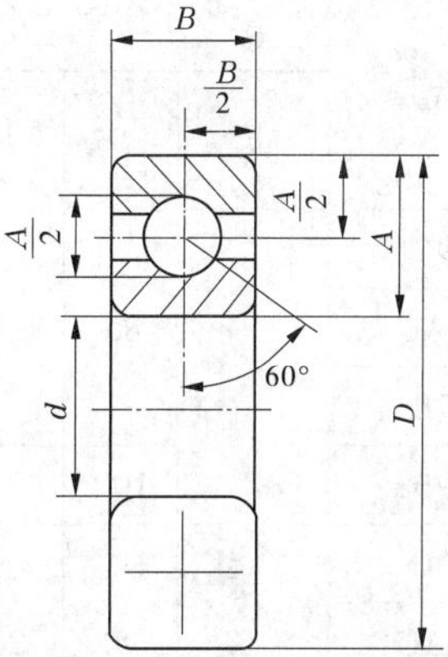

简化画法

轴承代号	基本尺寸(mm)					安装尺寸(mm)			基本额定动载荷 C(kN)	基本额定静载荷 C_0(kN)
	d	D	B	r_{min}	$r_{1\,min}$	d_{amin}	D_{amax}	r_{amax}		
7204C	20	47	14	1.0	0.3	26	41	1.0	14.50	8.22
7204AC									14.00	7.82
7204B									14.00	7.85
7205C	25	52	15	1.0	0.3	31	46	1.0	16.50	10.50
7205AC									15.80	9.88
7205B									15.80	9.45
7305B		62	17	1.1	0.6	32	55	1.0	26.20	15.20
7206C	30	62	16	1.0	0.3	36	56	1.0	23.00	15.00
7206AC									22.00	14.20
7206B									20.50	13.80
7306B		72	19	1.1	0.6	37	65	1.0	31.00	19.20
7207C	35	72	17	1.1	0.6	42	65	1.0	30.50	20.00
7207AC									29.00	19.20
7207B									27.00	18.80
7307B		80	21	1.5	0.6	44	71	1.5	38.20	24.50
7208C	40	80	18	1.1	0.6	47	73	1.0	36.80	25.80
7208AC									35.20	24.50
7208B									32.50	23.50
7308B		90	23	1.5	0.6	49	81	1.5	46.20	30.50
7408B		110	27	2.0	1.0	50	100	2.0	67.00	47.50

续附表 C-2

轴承代号	基本尺寸(mm)					安装尺寸(mm)			基本额定动载荷 C(kN)	基本额定静载荷 C_0(kN)
	d	D	B	r_{min}	$r_{1\,min}$	d_{amin}	D_{amax}	r_{amax}		
7209C									38.50	28.50
7209AC	45	85	19	1.1	0.6	52	78	1.0	36.80	27.20
7209B									36.00	26.20
7309B		100	25	1.5	0.6	54	91	1.5	59.50	39.80
7210C									42.80	32.00
7210AC	50	90	20	1.1	0.6	57	83	1.0	40.80	30.50
7210B									37.50	29.00
7310B		110	27	2.0	1.0	60	100	2.0	68.20	48.00
7211C									52.80	40.50
7211AC	55	100	21	1.5	0.6	64	91	1.5	50.50	38.50
7211B									46.20	36.00
7311B		120	29	2.0	1.0	65	110	2.0	78.80	56.50
7212C									61.00	48.50
7212AC	60	110	22	1.5	0.6	69	101	1.5	58.20	46.20
7212B									56.00	44.50
7312B		130	31	2.1	1.1	72	118	2.1	90.00	66.30
7213C									69.80	55.20
7213AC	65	120	23	1.5	0.6	74	111	1.5	66.50	52.50
7213B									62.50	50.20
7313B		140	33	2.1	1.1	77	128	2.1	102.00	77.80
7214C									70.20	60.00
7214AC	70	125	24	1.5	0.6	79	116	1.5	69.20	57.50
7214B									70.20	57.20
7314B		150	35	2.1	1.1	82	138	2.1	115.00	87.20
7215C									79.20	65.80
7215AC	75	130	25	1.5	0.6	84	121	1.5	75.20	63.00
7215B									72.80	62.00
7315B		160	37	2.1	1.1	87	148	2.1	125.00	98.50

注:1 标准摘自 GB/T 292—2007 滚动轴承、角接触球轴承(单列)外形尺寸。

2. 表中 r_{min}、r_{1min} 分别为 r、r_1 的单向最小倒角尺寸,r_{amax} 为 r_a 的单向最大倒角尺寸。

3. 轴承代号中的 C、AC、B 分别代表轴承接触角 $\alpha=15°$、$25°$、$40°$。

附表 C-3　圆锥滚子轴承

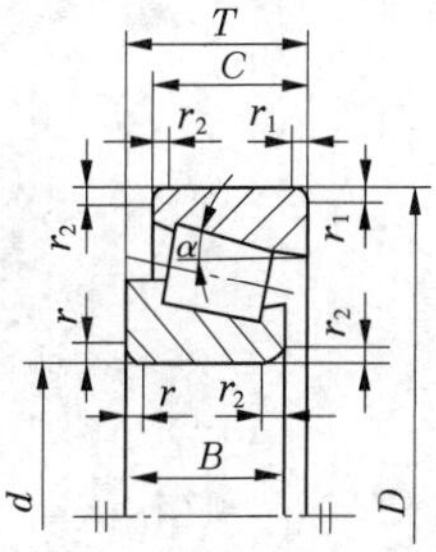

标准外形

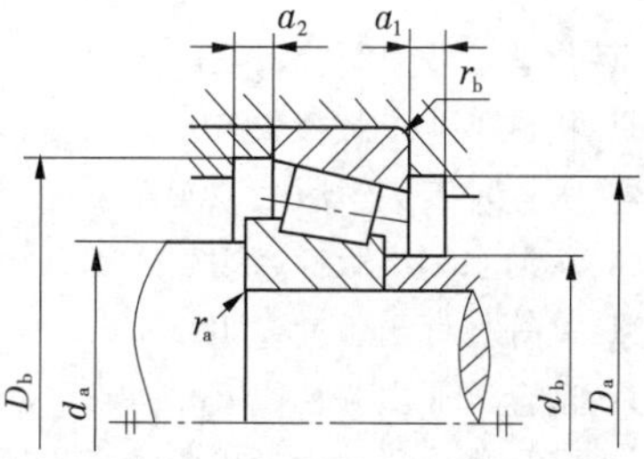

安装尺寸

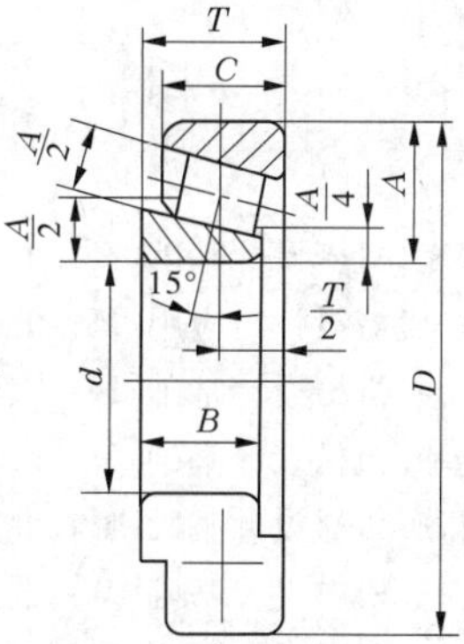

简化画法

轴承代号	基本尺寸(mm)					安装尺寸(mm)				基本额定动载荷	基本额定静载荷	计算系数		
	d	D	T	B	C	d_a	d_b	D_a	D_b	C(kN)	C_0(kN)	e	Y	Y_0
30204	20	47	15.25	14	12	26	27	41	43	28.2	30.5	0.35	1.7	1.0
30304		52	16.25	15	13	27	28	45	48	33.0	33.2	0.3	2.0	1.1
30205	25	52	16.25	15	13	31	31	46	48	32.2	37.0	0.37	1.6	0.9
30305		62	18.25	17	15	32	34	55	58	46.8	48.0	0.3	2.0	1.1
30206	30	62	17.25	16	14	36	37	56	58	43.2	50.5	0.37	1.6	0.9
30306		72	20.75	19	16	37	40	65	66	59.0	63.0	0.31	1.9	1.0
30207	35	72	18.25	17	15	42	44	65	67	54.2	63.5	0.37	1.6	0.9
30307		80	22.75	21	18	44	45	71	74	75.2	82.5	0.31	1.9	1.0
30208	40	80	19.75	18	16	47	49	73	75	63.0	74.0	0.37	1.6	0.9
30308		90	25.25	23	20	49	52	81	84	90.8	108.0	0.35	1.7	1.0
30209	45	85	20.75	19	16	52	53	78	80	67.8	83.5	0.4	1.5	0.8
30309		100	27.75	25	22	54	59	91	94	108.0	130.0	0.35	1.7	1.0
30210	50	90	21.75	20	17	57	58	83	86	73.2	92.0	0.42	1.4	0.8
30310		110	29.25	27	23	60	65	100	103	130.0	158.0	0.35	1.7	1.0
30211	55	100	22.75	21	18	64	64	91	95	90.8	115.0	0.4	1.5	0.8
30311		120	31.50	29	25	65	70	110	112	152.0	188.0	0.35	1.7	1.0
30212	60	110	23.75	22	19	69	69	101	103	102.0	130.0	0.4	1.5	0.8
30312		130	33.50	31	26	72	76	118	121	170.0	210.0	0.35	1.7	1.0
30213	65	120	24.75	23	20	74	77	111	114	120.0	152.0	0.4	1.5	0.8
30313		140	36.00	33	28	77	83	128	131	195.0	242.0	0.35	1.7	1.0
30214	70	12	26.25	24	21	79	81	116	119	132.0	175.0	0.42	1.4	0.8
30314		150	38.00	35	30	82	89	138	141	218.0	272.0	0.35	1.7	1.0
30215	75	130	27.25	25	22	84	85	121	125	138.0	185.0	0.44	1.4	0.8
30315		160	40.00	37	31	87	95	148	150	252.0	318.0	0.35	1.7	1.0

注:标准摘自 GB/T 297—2015 滚动轴承、圆锥滚子轴承(单列)外形尺寸。

参 考 文 献

[1] 周智光. 机械设计基础[M]. 北京:化学工业出版社,2011.
[2] 李敏. 机械设计与应用[M]. 北京:机械工业出版社,2010.
[3] 罗玉福. 机械设计基础[M]. 大连:大连理工大学版社,2009.
[4] 梁建和. 机械设计基础[M]. 郑州:黄河水利出版社,2008.
[5] 杨可桢. 机械设计基础[M]. 北京:高等教育出版社,2006.
[6] 侯长来. 机械设计基础[M]. 北京:冶金工业出版社,2010.
[7] 唐增宝. 机械设计课程设计[M]. 武汉:华中科技大学出版社,2006.
[8] 高中庸. 机械原理[M]. 武汉:华中科技大学出版社,2011.
[9] 上官同英. 机械设计基础[M]. 上海:复旦大学出版社,2010.
[10] 李继庆. 机械设计基础[M]. 北京:高等教育出版社,2006.
[11] 申永胜. 机械原理教程[M]. 2 版. 北京:清华大学出版社,2005.
[12] 廖汉元. 机械原理[M]. 3 版. 北京:机械工业出版社,2013.
[13] 张策. 机械原理与机械设计 上册[M]. 北京:机械工业出版社,2004.
[14] 张策. 机械原理与机械设计 下册[M]. 北京:机械工业出版社,2004.
[15] 刘向锋. 机械设计教程[M]. 北京:清华大学出版社,2008.
[16] 李国斌. 机械设计基础[M]. 北京:清华大学出版社,2007.